▶ **개정판**

문화와 식생활

김혜영 조은자 한영숙 김지영 표영희 공저

도서출판 효 일
www.hyoilbooks.com

머리말

　인간이 생명을 유지하기 위해 행하는 활동을 '生活'이라고 한다면 가장 기본적인 활동은 食과 性에 관련된 생활이다. 그 중 음식물 섭취행위와 관련된 모든 생활 활동은 '食生活'이며 인간의 생명과 건강유지를 근본 목적으로 한다.

　그러나 인간의 일상적인 식생활은 다른 동물과는 달리 給食 행동에만 국한되는 것이 아니라 식생활을 통해 정신적 위안이나 만족감을 얻음으로써 전체 생활의 폭을 풍성하게 하는 것도 중요한 역할이 된다.

　먹거리인 食品은 生物이고 그 성분이 인체의 건강에 미치는 영향에 대해서는 식생활과 관련된 영양, 식품, 조리 등의 자연과학적 체계의 학문을 통해 이미 그 지식을 전수하여 왔다. 그러나 이들 학문만으로는 해석할 수 없는 식생활의 미지의 영역은 역사적인 체험의 집적이나 문화유산 등을 통해서만 이해할 수 있으므로 식생활의 문화적인 학문체계가 필요하게 되었다. 따라서 식생활의 자연과학적 측면과 문화적 측면을 융합시켜 '식생활 문화'나 '식문화'라는 새로운 학문이 시도된 것은 20세기 후반의 일로, 21세기에 접어든 이 시점에서도 미지의 학문 분야로 인식되고 있다.

　그동안 대학에서 '문화와 식생활' 혹은 '식생활 문화'라는 학과목으로 개설된 강좌를 오랫동안 강의해 오면서 국내외의 여러 서적들을 참고로 강의노트를 이용해 왔으나 식생활의 전반적인 내용과 문화사적 흐름을 한 학기에 모두 다루기에는 역부족이었다. 따라서 분야별로 몇 사람이 각각 분담하여 학부에서 강의할 수 있도록 개괄적인 내용을 총 6장으로 간단하게 정리하여 다음과 같이 서술하였다.

　먼저 1장에서는 문화와 식생활의 제목을 이해하기 위해 식생활의 문화와 과학의 학문적 배경의 차이점을 설명하였고, 식문화의 개념과 식생활의 형성요인 및 발전단계, 나아가 21세기의 식생활의 전망 등을 다루었다.

　2장과 3장에서는 자연적·사회적 배경에 따라 형성, 발전되어 온 우리나라와 세계 여러 나라의 식생활 문화를 음식문화를 통해 그 차이점과 공통점을 상호 비교함으로써 지구촌의 음식문화를 올바르게 이해하는 데 그 목적을 두었고, 현대인의 식생활에서 그 비중이 날로 높아져 가는 가공식품의 이용과 동향, 외식의 발전과 외식산업의 현황과 전망, 외식의 위생적 조건과 환경문제 등 각각 4장과 5장에서 기술하면서 오늘날 우리의 식생활 문화에 미치는 영향을 재조명하였다.

마지막으로 6장에서는 1960년대 이후의 한국인의 식생활과 건강문제를 식품과 영양소 섭취량의 변화와 사망원인 등을 통해 그 관계와 결과를 설명하였고, 나아가 몇 가지 중요한 성인병과 식사와의 관계를 서술하여 올바른 식습관과 건강한 식생활의 소비문화를 지향하도록 하였다.

따라서 이 책은 새로운 식생활에 대한 문화적 욕구를 충족시키고 한국과 세계의 식생활에 대한 기본적 이해를 넓히려는 의도와 바람직한 식생활 문화를 통한 건강지향 등을 목표로 편찬했다.

그러나 내용의 구성과 기술 등 여러면에서 미흡하고 부족하여 오류가 적지 않을 것이다. 특히 우리나라를 비롯한 세계 각 나라의 식생활 문화의 구체적 사항과 체계적 접근이 시도되지 못한 점이 가장 아쉬우나 앞으로 보완하고자 한다.

차 례

제 2 장　한국의 식생활 문화

제 3 장   세계의 식생활 문화

I. 아시아 식문화권

II. 유럽 식문화권

Ⅲ. 아메리카 식문화권

제 4 장 가공식품과 식생활

제 5 장　　식생활과 외식문화

제 6 장   한국인의 식생활과 건강

1

문화와 식생활

1. 문화와 식생활의 이해

1 식생활의 목적과 역할

인간이 지구상에 생존하면서 그 생명을 유지하기 위해 수면이나 휴식 등을 포함하여 행하는 일체의 활동을 '생활(生活)'이라고 한다.

인간을 비롯한 모든 동물의 생명유지를 위한 활동 중 가장 기본은 개체와 종족보존을 위한 행위로서 이른바 '食'과 '性'의 생활을 들 수 있다. 食을 위한 활동에서 인간은 다른 동물과는 달리 대뇌의 발달과 양손의 활용 등의 장점으로 자연환경적 생활조건에 잘 순응할 뿐 아니라, 보다 적극적으로 바람직한 생활여건을 마련하기 위해 여러 가지 노력과 실천을 전개하여 왔는데, 이같은 음식물 섭취행위와 관련된 모든 생활의 활동을 '식생활(食生活)'이라 한다.

인간의 식생활은 원래 무슨 목적이나 역할을 갖고 영위된 것일까? 우선 그 하나는 인체의 생명유지와 활동에 필요한 에너지와 영양소의 공급으로서 무엇보다 식생활을 통한 개인의 생명과 건강 보존을 그 목적으로 한다. 그러나 이러한 신체적·생리적 충족을 위한 목적 이외에도 식생활은 인간생활에 대한 심리적 충족을 위한 역할로도 중요하다. 즉, 인간이 일상적으로 영위하는 식생활은 다른 동물과는 달리 급식(給食) 행동에만 국한되는 것이 아니라 식생활을 통해 정신적인 만족감과 안정을 얻음으로써 전체 생활의 깊이와 폭을 풍성하게 하는 것도 그 목적이 된다. 이같은 역할의 식생활의 행동을 구체적으로 파악하기 위해서는 인간의 음식물 섭취와 관련된 행위를 "언제, 어디서, 무엇을, 누가(혹은 누구와), 어떻게(얼마나)" 행하였을까 하는 방식을 도입하여 적용할 수 있다.

식생활의 목적을 영양섭취 및 공급 측면에서만 생각하는 것이 아니라 오히려 어떠한 상황에서 음식물 섭취의 행위가 이루어지는가에 중점을 두고 이해하는 것이다. 즉 음식물의 섭취란 사람, 시간, 공간, 물질, 기술 등과 어떻게 관계되는가를 확인하는 종합적인 고찰을 통해서 비로소 '식생활'의 전모를 파악할 수 있게 된다.

2 식생활의 구조와 형태

인간의 육체적·정신적 충족을 목적으로 하는 식생활의 역할을 구체적으로 설명하기 위해 식생활의 구조를 앞의 5가지 측면으로 검토하면 다음과 같다.

"언제, 어디서, 무엇을"의 '언제'는 음식물 섭취를 단순히 시간적으로 취하는 것 뿐 아니라 평소의 식사처럼 일상식(日常食)과 경사스런 날의 행사식(行事食) 등의 식사양식(食事樣食)과도 관련되어 이루어진다. 또한 '무엇을' 먹는가에서는 섭취 식품의 종류나 상태, 특성 등은 물론 취급하는 방법과 조리법, 나아가 가족의 기호, 섭취의 내력 등 다양한 관계까지 발전시켜 설명할 수 있다. 따라서 이러한 식생활의 구조를 형성하는 주요한 구성 인자는 그림 1-1과 같이 생산, 유통, 과학, 정보,

소비의 5가지 인자로 정리할 수 있다.

먼저 식생활을 영위하기 위한 식품원료(먹거리)의 확보는 자연물의 채취 및 생산은 물론 가공단계까지 포함하는 넓은 의미에서의 먹거리의 생산(生産)을 들 수 있다.

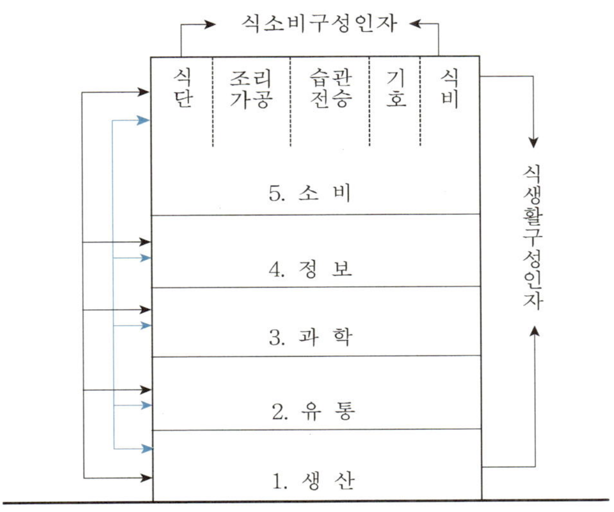

그림 1-1 식생활의 구조

이렇게 확보된 식품재료는 음식물의 종류와 양적 증대에 따라 개인 간의 물물교환에서부터 나라간의 대외교역에 이르기까지 유통(流通)의 영역이 확대됨에 따라 식생활의 구조는 영향을 받는다. 또한 근대부터 실시되어 온 음식물의 성분에 관한 영양소의 발견과 소요량의 산출, 나아가 오늘날의 생명공학의 기술(Biotechnology)에 이르기까지 과학(科學)의 발달은 물론, 교육을 통한 음식물의 지식과 내용 등을 알 수 있는 정보(情報)도 식생활의 형태를 이루는 구성인자로 작용한다.

그밖의 식단, 조리습관, 전통, 기호, 먹는법, 식비 등 여러 가지 각 개인의 내적인자의 영향에 따라 최종적으로 구성되어 소비(消費)되며, 현대의 식생활을 이루는 이러한 요소들은 독자적 혹은 상호 인자간에 서로 영향을 주어 오늘날의 다양한 형태의 식생활로 발전하여 왔다.

❸ 식생활의 과학과 문화

근대 학문발달의 선도적인 역할은 무엇보다도 자연과학의 발달이 크게 기여하여 발전되어 왔다. 어떤 사물에 대한 현상의 인과관계(因果關係)를 객관적인 척도의 실험과 관찰을 통해, 보편적이고 일반적인 법칙으로 도출해 낼 수 있는 자연과학은 합리적이고 논리정연한 방법론을 적용할 수 있는 분야로서 누구나 쉽게 접근할 수 있는 학문분야이다. 따라서 지금까지의 식생활에 관련된 모든 연구도 음식물의 물질적인 측면과 생물적 인간의 신진대사의 메커니즘(mechanism)에 초점을 맞춰 과학적인 분야로서 연구되어 왔다. 즉 식품생산에 관한 농학(農學)이나 인체와 음식물의 관계를 규명하는 영양학(營養學), 조리 및 가공시의 음식물의 이화학적 변화 등을 조사하는 조리과학(調理科學) 등 주로 자연과학적 수단이 적용되는 분야의 연구와 발달이 주류를 이룬다. 그러므로 역사학의 응용으로서 식물사(食物史) 혹은 식품사(食品史)에 대한 연구 업적 이외에는 세계적으로 보더라도 문화로서 식생활을 검토한 것은 매우 뒤떨어져 20세기 후반에 이르러서야 비로소 그 연구와 발달이 시작되었다. 이것은 각 나라의 식생활에 관련된 문화가 너무나 다양하고 비합리적인 면이 많아 과학처럼 논리정연한 방법론을 갖고 객관적으로 검토한다는 것이 곤란했기 때문에 그동안 식생활 문화에 관한 연구는 지연될 수밖에 없었다.

세계의 여러 민족이 제각기 발달시켜 온 음식물의 종류와 그 요리법, 배선법 및 식사에 관한 여러 가치관 등은 각 민족의 역사적, 문화적 소산들이다. 식욕이나 성욕·수면 등과 같은 인간의 선천적인 기본욕구는 세계속의 모든 인간에게 공통적인 행위이나, 그 본능을 충족시키는 방법은 각 나라의 민족적 문화에 따라 다양하게 달라진다. 즉 식욕을 채우기 위해 빵을 먹는 민족이 있는 반면 밥을 먹는 민족도 있고, 음식물을 먹을 때 손으로 직접 먹는 민족이 있는 반면 포크나 나이프·수저 등의 식사도구를 이용하는 민족 등이 있듯이 식생활에 관련된 행동의 차이는 각 민족의 문화적 내용에 따라 다르다는 것을 알 수 있다.

　이처럼 인간의 행동은 인간내면의 가치관어 따라 달라지는데 '가치관'은 각 개인이 자란 집단, 즉 문화적인 환경 속에서 영향을 받고 형성되기 때문이다. 특히 문화는 상대적인 것으로 과학적인 합리주의 사상으로 각기 다른 문화를 해석한다는 것은 불가능한 일이다. 예를 들어 힌두교나 이슬람교도들의 돼지고기를 금기시하는 음식문화는 돼지고기를 자유롭게 식용하는 사람들의 과학적인 사고방식으로 판단하면, 지극히 비합리적이고 이해할 수 없는 편견으로 받아들여질 수 있다. 그러나 그 사회의 관념과 가치관에 적응되어 온 사람들에게는 오히려 이러한 행동이 가장 합리적이고 과학적인 행동으로 간주된다. 일찍이 T. S Eliot는「문화란 생활의 방식이다」,「문화란 인간에게 선천적으로 획득된 행동이 아니고 후천적으로 습득된 행동이다」라고 정의하였는데, 우리는 이러한 문화 인류학적인 정의를 통해 그같은 행동의 차이점을 이해할 수 있게 된다. 또한 'You are what you eat!'라는 서양 속담에서도 알 수 있듯이 음식물이란 각 나라의 여러 민족들을 제각기 특징 지워주는 핵심적인 재료이면서 그 나라의 문화를 이해할 수 있는 가장 중추적인 역할의 배경이 된다. 뿐만 아니라 매일의 먹는 행위는 하나의 독립된 행동이 아니라 먹는법이나 상차림법에서 나타나는 것처럼 일련의 '의식형태(儀式形態)'라고도 말할 수 있다. 즉 지금의 먹는 행위는 그 자체로 간단히 이루어진 것이 아니라 오랜 과거부터 현재까지 연계되어 이루어진 하나의 의식(儀式)행위이며, 각자가 속해 있는 그 나라의 문화적 산물로서 표출되는 복합적인 행동이다. 그러므로 우리는 '문화적 통일'이 동일 민족임을 증거하고 외부세계와의 문화권과 구별짓는 척도가 되는 것을 이해할 수 있다. 따라서 한 나라의 식생활에 관한 문화적 측면의 이해를 계량적이고 합리적이며 객관적·보편적 수단이 적용되는 과학적 방법론을 갖고 접근한다는 것은 지극히 잘못된 일이며 얼마나 무례하고 위험한 일인지를 먼저 깨닫는 것이 문화와 과학의 분야를 구분짓는 기준이 될 것이다. 이같은 식생활 연구의 과학적 측면과 문화적 측면의 다른점을 대비해 보면 표 1-1과 같이 정리할 수 있다.

표 1-1 식생활 연구의 문화적·과학적 측면의 차이점

구 분	문화적 측면	과학적 측면
대 상	정신적(비가시적)	물질적(가시적)
방 법	상대적·주관적	계량적·객관적
사 상	비합리적	합리적
결 과	역사적 배경의 가치관에 따른 공통성과 다양성의 차이점 이해	보편적 법칙의 도출(인과관계 성립)

4 식사문화(食事文化)와 식문화(食文化)

인간은 일찍이 수렵이나 채집, 목축, 농업, 어업 등의 수단으로 '환경'에 적극적으로 대응하여 먹거리를 확보하여 왔다. 이렇게 얻은 식량자원에 사람이 손을 대어 먹기 쉽게 변화시킨 행위가 「식품가공체계」이며, 완성된 먹거리의 먹는 법을 규정하는 것이 「식사행동체계」이고, 음식물을 입에 넣은 이후부터는 「생리(生理)」와 관련된 체계가 진행된다고 할 수 있다. 이같은 '먹는다'는 행위를 그 수준에 따라 하나의 모형으로 도식화하면 그림 1-2와 같다.

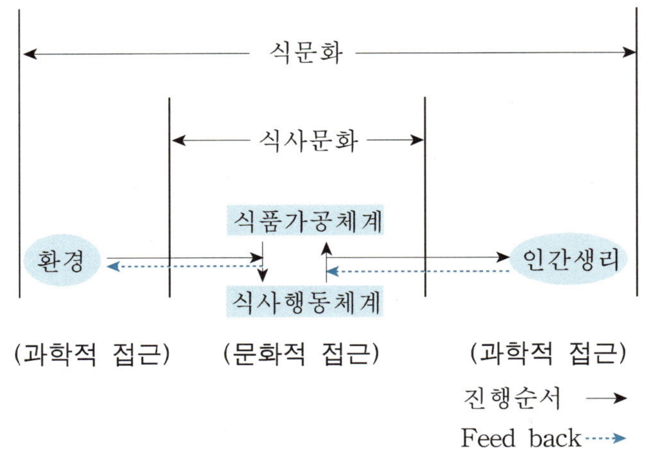

그림 1-2 먹는 행위의 체계

그림 1-2에서 환경과 생리를 과학적 수준으로 분류한 것은 과학적 측면의 연구방법이 주로 적용되기 때문이다. 즉 환경에 있어서는 농학(農學)과 관계되는 모든 과학이, 생리에 있어서는 생리학(生理學)과 영양학(營養學)이 관련된다. 그러나 환경과 생리의 측면에도 「문화」가 관계될 수 있다. 예를 들어 돼지고기를 금기시하는 식사행동체계의 이슬람 사회에서는 돼지는 사육하지 않으며(환경에 영향), 경건한 이슬람교도에게 돼지고기를 강제로 먹였을 때 생리적 거부 반응으로 구토 등을 일으킨다면 이런 경우(생리에 영향)가 대표적인 사례이다. 한편 문화적 수준으로 분류된 「식품가공체계」 역시 조리과학적 측면도 연구되므로 과학적 수준도 적용될 수 있다.

이처럼 환경과 생리가 밀접하게 직결되어 영위되는 동물의 먹는 행위, 그 중에서도 문화적 동물인 인간의 먹는 행위에는 과학적 측면의 환경과 생리 사이에, 문화적 측면의 식품가공과 식사행동체계가 개입되어 이루어진 행위임을 알 수 있다. 또한 식생활의 물질면을 다루는 식품가공체계와 정신면을 다루는 식사행동체계 역시 서로 밀접하게 작용하여 이루어지는데 이것은 조리법(식품가공체계)과 먹는 방식(식사행동체계)이 따로 분리될 수 없는 것과 같은 이치이다. 따라서 '식품가공체계'와 '식사행동체계'를 모두 통합한 문화를 「식사문화(食事文化)」라 할 수 있으며, 때에 따라서는 '환경'과 '생리'까지 모두 포함시켜 광의의 개념인 「식문화(食文化)」라는 용어로도 표현한다. 이와 같이 '식품가공체계'와 '식사행동체계'를 중심으로 일컬어지는 「식사문화」는 가정의 경우 부엌이 식품가공체계의 장소가 되고, 식탁에서 식사행동체계가 드러난다. 그러므로 부엌에서 식탁에 이르기까지의 일련의 음식물과 관계되는 일체의 행위를 이른바 그 가정의 「식사문화」라고 표현할 수 있다. 그러나 앞에서 설명했듯이 「食」을 「文化」의 대상으로 연구해 온 것은 극히 최근의 일이기 때문에 연구의 방법론은 확립되어 있지 않다. 다양성이 풍부한 문화를 고찰한다는 것은 객관적 현상을 다루는 자연과학과는 달리 보편적 방법론을 성립시키기란 매우 어려운 일이다. 다만 방법론은 없어도 문화를 고찰할 때에 우선적으로 갖춰야 할 것은 전체적인 역사를 알아야만 다른 문화와 비교할 수 있다는 점이다. 이런 배경이 성립할 때 비로소 다른 문화와의 비교를 통해 '공통성'과 '다양성'을 도출해 낼 수 있다. 예를 들어 먹는 방법, 즉 식사행동체계가 서로 다른 문화간의 비교를 통해 그 차이점과 공통점이 무엇인지를 비교해 보자.

인간의 먹는 방법은 문화권에 따라 몇 가지로 분류하는데 수식문화(手食文化)와 수저문화 그리고 나이프·포크와 스푼문화의 세 가지 문화권으로 대별할 수 있다(표 1-2 참조). 먼저 수식문화는 힌두교를 기축으로 한 종교 문화권의 식사행동체계이므로 인도대륙과 동남아시아, 서아시아, 아프리카 및 오세아니아 지역 등이 주류를 이루고 있다. 같은 수식을 할 때라도 이슬람권과 힌두교권에서는 음식을 집어먹는 손은 반드시 오른손으로만 한정하는 습관 등이 철저히 지켜지는 일정한 규범의 식사문화가 전해진다. 유럽의 경우 16세기부터 이탈리아와 스페인에서 포크를 일상적으로 사용하였고 독일·프랑스·영국·스칸디나비아 등지에서 일반화 된 것은 17세기 이후의 일로 유럽의 나이프와 포크 및 스푼의 식사문화는 근대에 와서야 이루어진 것을 알 수 있다. 그 이전에는 유럽도 역시 수식문화가 일반적이었다.

한편 수저문화는 동아시아의 중국을 기점으로 한국·일본·베트남 등의 유교문화권이 젓가락을 사용하여 식사하는 행위가 이루어졌으나 세부적인 사항은 각 나라의 문화에 따라 조금씩 달라진다. 한국은 수저를 동시에 상(床)에 놓고 국이나 수프처럼 액즙의 음식에 숟가락을 사용할 뿐 아니라 밥도 숟가락으로 먹는다. 그러나 중국의 경우 숟가락으로 밥을 먹는 행위는 원대(元代)까지는 행하여 졌으나 그 이후에는 밥은 젓가락으로 먹고 숟가락은 수프 전용의 도구가 되었다. 이에 비해 일본은 역사적으로 귀족사회(왕조시대의 귀족)의 붕괴와 함께 숟가락은 보급되지 않았고 젓가락만으로 식사를 하는 전통이 이루어져 국을 먹을 때는 국그릇을 들어 올려 입으로 직접 마신다. 그릇을 들어 올려 먹는 이와 같은 행위는 우리나라의 경우 예절바르지 못한 식사행동으로 알려져 있다.

표 1-2 3대 문화권의 먹는 방법

먹는법	기능	특징	지역	인구
수식 문화권 (手食 文化圈)	음식을 섞다. 음식을 집다. 음식을 나르다.	이슬람 교권, 힌두교권, 동남아시아에서는 엄격한 수식 (手食)매너가 있음. 인류 문화의 근원	동남아시아, 중근동(中近東), 아 프리카, 오세아니아	40%
저식 문화권 (著食 文化圈)	음식을 섞다. 음식을 집다. 음식을 나르다. 음식을 자르다.	중국문명 중 화식(火食)에서 발생. 중국, 한국에서는 수저가 셋트. 일본은 저(著)만 사용	한국, 일본, 중국, 대만, 베트남	30%
나이프·포크·스푼 식문화권(食文化圈)	음식을 자르다. 음식을 찌르다. 국물을 뜨다. 음식을 나르다.	17세기 프랑스 궁정요리 중에서 확립. 빵만은 손으로 먹음	유럽, 구소련, 북아 메리카, 남아메리카	30%

　　이처럼 음식물을 입에 넣는 방법 뿐만 아니라 식탁과 식기에 관계되는 식사행위도 달라져 식탁의 경우 자리에 앉는 순서, 요리의 배선과 먹는 순서, 손님대접의 차이, 식사에 관한 타부 등이 각 나라의 문화에 따라 다르게 규정되므로 개인의 식사장면의 연출에 따라 그 나라의 식생활 문화를 유추해 볼 수 있다. 따라서 인간의 '식사행동'이란, 개체 단위로 먹는 행위가 이루어지는 동물과는 달리 「共食을 하는 사회적 동물」인 것을 알 수 있다. 인간의 식사는 한 개인만으로 완결되는 행위가 아니라 식사를 함께 하는 다른 사람들과의 관계를 통해 영위되는 행위이다. 따라서 먹는법과 관련된 여러 가지 「규정(rule)」이 각 나라 문화의 차이에 따라 성립되므로 국가간·개인간의 식사문화와 식문화는 다를 수밖에 없다. 이와 같이 식사행위에 따른 사람들의 일체의 행동거지를 규정하여 약속한 것이 먹는 방법 즉 식사행동체계로서 식품 가공체계와 함께 각 나라의 역사적 배경에 따라 다양한 식문화와 식사문화는 형성되어 왔다.

⑤ 기호식품은 나라의 상징

음식을 섭취하는 행위는 모든 사람들에게 있어 일상적인 일로 대부분은 무의식적인 행위로 이루어진다. 그러나 현재 우리들이 먹고 있는 음식물은 어떠한 역사적 배경과 문화를 토대로 형성되어 왔는지를 이해하는 것은 우리의 정체성을 파악하는 일과 일치한다. 해외여행과 국가간의 무역이 성행하고, 다국적 기업이 상호 교류하는 등 다른 나라의 문화가 횡행하는 오늘날의 사회에서 우리들 각자 자신들이 행하고 있는 음식문화가 어떻게 성립되어 어디로 향하는지 그 흐름을 인식해 볼 필요가 있다.

각 나라의 문화의 차이점을 고찰하는데 있어 가장 중심이 되는 대상은 바로 그 나라 음식문화를 이해하는 일이다. 특히 무슨 음식을 좋아하고 싫어하는지 각각의 기호식품과 혐오식품을 통해 그 사회의 전반적인 문화의 배경을 유추해 볼 수 있다.

음식물은 두 가지 측면에서 그 나라의 문화에 관여하는데, 우선 신체기능에 없어서는 안될 영양소를 함유한 영양물질이라는 기능을 먼저 꼽을 수 있다. 이것은 우리들이 매일 먹고 있는 식품으로서의 역할로 특히 그 나라의 「국민식(國民食)」으로 상징되는 「주식(主食)」이 대표적인 예가 된다. 즉 세계적으로 주식이 쌀인 나라를 연상하면 대개 우리나라를 비롯한 일본·중국 등과 같은 동아시아가 떠오르듯이, 주식이 상징하는 이미지가 바로 그 지역의 자연환경적 풍토와 더불어 식문화의 배경을 모두 관련시켜 유추하게 하며 그 나라 국민의 가장 중요한 영양소 식품이 된다. 그러나 음식물은 이처럼 영양물질로서의 문화에만 관여하는 것이 아니라 현대사회에 와서는 음식이 생활을 즐기기 위한 수단이 되어 간다는 문화적 측면의 기능도 생각해 볼 수 있다. 음식물 중에서도 선택적인 소비품목 즉 아이스크림, 초콜릿, 피자, 애플파이 등은 주식과는 다른 차원에서 선택적으로 소비하는 음식물이다. 즉 영양물질 기능보다 입 혹은 기분을 즐겁게 하기 위해 먹는 소위 즐기기 위해 소비하는 2차적 기능의 식품들이다. 그러나 생활 수준이 향상되고

먹거리가 풍부해 질수록 이같은 기능적 구분은 모호해지고 있다. 한 조사에 따르면 뉴욕에서는 이탈리아인의 상징적 음식인 스파게티를 기호식품으로 소비한다고 하여 나라에 따라 필수식이 선택식으로 바뀌고 있음을 알 수 있다. 보통 기호식품으로 선택하는 음식물은 개인의 기호와 신분, 성별, 나이의 차이를 가늠할 수 있는 '상징적 의미'의 소비재가 된다. 이러한 '상징적 의미의 음식물'은 개인 뿐만 아니라 한 국가의 문화적 이메지 형성에도 크게 기여한다. 예를 들어 쇠고기 하면 미국을 떠올릴 수 있듯이 세계인들은 쇠고기를 미국인들의 주요 기호식품으로 알고 있다. 그러나 최근, 뉴욕시를 대상으로 육류의 소비량을 조사한 결과에 따르면 쇠고기의 소비는 감소하고 닭고기를 비롯한 조류(鳥類)고기의 소비율이 오히려 증가한다고 한다. 그러나 세계인에게 미국이라는 나라의 식품 이메지로 쇠고기 대신 닭고기를 연상하는 일은 쉽지 않다. 왜냐하면 닭고기는 쇠고기가 내포하고 있는 독립의 이메지(cowboy), 광활한 토지의 이메지(放牧場), 남성다운 기질의 이메지(붉은색의 고기)와 연계되지 않기 때문이다. 이것은 한국과 김치문화, 일본과 초밥문화와 같이 나라마다 상징적인 음식이 있는 것과 일맥상통한다(표 1-3 참조). 이처럼 오랜 세월의 역사적 배경을 통해 형성된 각 나라의 상징적인 음식의 이메지는 나라마다 다르기 때문에 국민의 기호식품이 바로 그 나라를 상징(Symbol)하는 것을 알 수 있다.

그렇다면 어떻게 각 나라마다 상징적 이메지의 음식물들이 기호식품으로 정착할 수 있었을까? 프랑스 사회학자인 Pierre Bourdien의 "기호란 어느 일정한 기간을 경과해야만 형성될 수 있다."라는 용어의 정의에서 알 수 있듯이, 우리들이 매일 먹는 일상적인 음식의 종류는 하루아침에 이루어진 것이 아니라 오랜 세월의 역사적인 축적물의 문화적 산물(文化的 産物)인 것이다. 대부분 「국민식(國民食)」이라고 표현하는 각 나라의 상징적인 음식은 대개는 평균 100~200년의 시간적 경유를 통해 정착되는 경우가 실제적 상황이므로, 새로운 식품이 그 나라 국민의 기호식품으로 정착하기까지는 그만큼의 세월이 경과함을 뜻한다. 뿐만 아니라 기호식품의 소비 또한 각 나라의 「문화적 관습」에 따라 다양하게 표출된다. 예로서 Grape fruit를 소비하는 방법은 여러 가지가 있겠으나 미국에서는 일반적으로 아침식사용의 과일로 먹는 경우가 대부분이고 우리나라나 일본은 저녁식사 후의 디저트용으로 먹는 경우가 보통이다. 이처럼 음식을 '소비하는 방법' 역시 문화적 관습에 따라 나라마다 차이가 있기 때문에 어느 나라의 문화에 해당하는지의 여부가 바로 그 음식물이 상징하는 각 나라의 문화적 배경을 규정짓는다.

표 1-3 나라별 상징적인 음식

나 라	상징적인 음식
한 국	김치·쌈·갈비·불고기
일 본	스시·다꾸앙·우메보시
중 국	우동(라면)·교자
미 국	핫도그(hot dog)·칠면조·쇠고기(스테이크)
아르헨티나	아사도(assado)·맛데 차
프 랑 스	포도주·크로와쌍(croissant)·바게트(baggette)
이 탈 리 아	스파게티(spaghetti)·피자(pizza)
인 도	카레(curry)·난·짜파티(chapati)·기이(ghi)
몽 고	마유주(kumis)
북아메리카 인 디 언	옥수수(토치아, tortilla)
남아메리카 인 디 오	감자·큐쇼(patasica)
독 일	맥주·소시지
사하라사막지대	쿠스쿠스(couscous)·대추야자·우가리(ugari)

또한 음식물의 소비가 한 나라의 문화에 직접적으로 관여한다는 또 하나의 측면은 혐오식품이 무엇인가에 관점을 두고서도 설명할 수 있다. 가령 장기간 해외여행을 하는 대부분의 사람들은 다른 나라의 이질적인 음식에 거부감을 갖게 되는데 보기조차 먹을 기분이 들지 않는 혐오식품을 접했을 때는 누구나 위화감을 느낀다. 보통 음식물에 대한 혐오감은 문화적 배경에 따라 형성된 것으로 습관적으로 익숙하지 않은 것, 평상시 먹는 것과 다른 것 등에서 비롯된다. 예를 들어 우리나라의

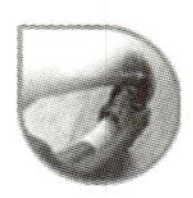

개고기나 돼지족발 등은 대부분의 나라에서는 혐오식품으로 분류하며, 일본인이 잘 먹는 해조류나 생선회, 생달걀 등도 프랑스 파리에서는 절대로 먹고 싶지 않은 식품으로 알려져 있다.

이와 같이 한 나라의 기호식품과 혐오식품을 분류하여 다른 나라의 문화와 비교해 보면, 자신들이 행하고 있는 음식문화에 대한 가치관을 재발견할 수 있는 계기가 되는 동시에 타문화(他文化)와의 차이점을 인식할 수 있는 좋은 척도가 된다. Pierre Bourdien는 "사람은 심미적으로 참을 수 없는 것에 대해 때로는 지극히 폭력적이 된다. 계급간의 장벽의 하나로 가장 혐오감을 주는 것은 생활 방식(Life style)에 따른 차이점이다. 자신들을 정당한 문화인으로 보지 않는 상대방에 대해 가장 참을 수 없는 것은 기호를 모독하는 것으로 기호에 대해 충고하는 일은 누구나 삼가야 한다."라고 하였다. 여기에서 '계급' 대신 '국가'로 바꾸어 읽어보면 한 나라의 문화적 상징물인 음식물이 갖고 있는 힘이란 얼마나 지대한지를 깨달을 수 있을 것이다.

그러나 각 나라의 모든 문화가 그러하듯 이렇게 나라를 상징하는 음식문화도 국가간의 활발한 문화적 교류에 따라 서서히 변하고 있다. 이것은 나라마다 국민들이 매일 소비하고 있는 음식물의 선택에 따라 상징적 의미의 음식들도 끊임없이 변하고 있음을 뜻한다. 따라서 식생활의 세계화(Globalization of food way)가 진행되고 있는 현 시점에서 우리들 각자가 소비하고 있는 음식물의 종류와 먹는 습관을 파악해 보면, 우리의 식생활 문화가 어디로 흐르고 어느 위치에 있는지를 가늠할 수 있다.

6 식생활 문화의 구조

문화가 자연과 어떻게 구분되며, 식생활과 문화와는 구조적으로 어떻게 관련되는지 요리 방법을 통해 그 내용을 비교·분석한 사람은 프랑스의 문화인류학의 대가인 레비스트로스(Claude Levei Strauss)이다. 그는 「요리삼각형」이라는 이론을 통해 문화와 자연의 차이점을 구분하였다. 즉 그림 1-3에서 처럼 요리에서 '날 것', '익힌 것', '띄운 것'을 삼각형의 세 정점에 놓고 다시 '손을 댄 것'과 '손을 대지 않은 것'으로 분류하여 문화와 자연적 수준의 관계를 비교하였다.

그림 1-3 에서 '날 것'에 비해 '익힌 것'이 문화적이고 익힌 것은 다시 구운 것과 삶은 것으로 구분할 수 있다. 그리고 음식물을 직접 불에 대어 요리하는 '구운 것'은 물을 담는 그릇이 매개되어 조리하는 '삶은 것'에 비해 자연적 범주로, 삶은 것은 문화적 범주로 또 다시 분류된다. 이 같은 대립 개념으로 구운 것과 삶은 것을 다시 '손을 댄 것'과 '손을 대지 않은 것'으로도 비교할 수 있다.

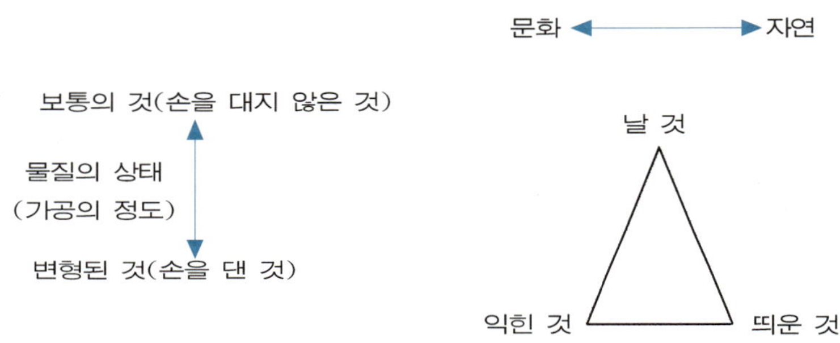

그림 1-3 요리 삼각형(The Culinary Triangle, Levi-Strauss)

여기서 '구운 것'은 고기를 골고루 익힐 수 없기 때문에 손을 대지 않은 요리법에 속하는 데 반해, 그릇 안에서 골고루 익히는 '삶은 것'은 손을 댄 문화적인 요리법이 된다. 이 때 문화와 자연을 구분 짓는 바로미터는 바로 '그릇(食器)'이 되는 것을 알 수 있다.

또한 구운 것과 삶은 것을 대립시켜 설명하면 다음과 같다.

이밖에도 말린 것과 삶은 것, 튀긴 것, 볶은 것, 지진 것, 찐 것 등 여러 가지 요리법을 서로 대립시켜 식생활과 문화와의 관계를 구조적으로 설명할 수 있다. 따라서 요리삼각형을 통해 유추해 볼 수 있는 식생활과 문화와의 구조적 관계는 다음과 같다.

· 인간은 문화적인 내용에 따라 식품을 선택하고 요리한다. 어느 때 어떤 음식을 먹느냐 하는 것은 그 사회가 갖고 있는 문화적 내용에 따라 결정되므로 인간의 음식물은 그 시대의 문화적 산물이며, 음식물을 통해 반대로 그 사회의 문화적 수준을 파악할 수 있다.

· 각 사회는 가장 손쉽게 구할 수 있는 식품을 음식물로 규정하여 먹을 수 있는 음식물의 범주를 결정하고 문화적 배경에 따라 요리법의 범주를 결정한다.

· 음식물의 범주와 요리의 과정은 문화영역에 따라 모두 구조화할 수 있다.

따라서 식품의 선택, 채취방법, 요리방식 등과 같은 인간의 식생활은 자연으로부터 인류의 문화를 구별짓는 가장 기본적인 문화적 척도로서, 지금 우리의 식생활의 내용이 바로 현재의 우리사회의 문화적 내용이라는 문화와 식생활의 상호 관계를 이해할 수 있다.

2. 식생활 문화의 형성요인

한 인간의 식생활 형성에 영향을 주는 인자는 여러 가지가 관련되나 무엇보다도 자라난 환경과 개인적인 기호 등이 큰 영향을 미친다. 오랜 세월에 걸쳐 형성된 개인의 식습관(Food habit, Food history)과 관련되는 여러 요인들을 하나 하나 열거하기란 쉽지 않다. 한 개인의 개인적, 가정적 차원의 요인들에서 벗어나 사회적, 환경적 영역까지 확대하여 식생활 형성 과정에 영향을 주는 몇 가지 인자들을 정리하면 다음과 같다.

- 자연적 요인 : 풍토, 기후, 지세(地勢), 자연환경조건
- 사회적 요인 : 종교, 전통, 관습, 도시화, 국제화, 정보화
- 경제적 요인 : 소득수준, 생활수준, 노동조건
- 기술적 요인 : 식품산업 및 가공기술, 식품저장기술
- 사회계층적 요인 : 세대차, 핵가족화, 연령차, 직업차
- 외부세계와의 교류 : UR 농산물 협상, WTO 체제
- 심리적 요인 : 생활가치관, 잠재적욕구
- 기타 : 주거상태, 여가상태

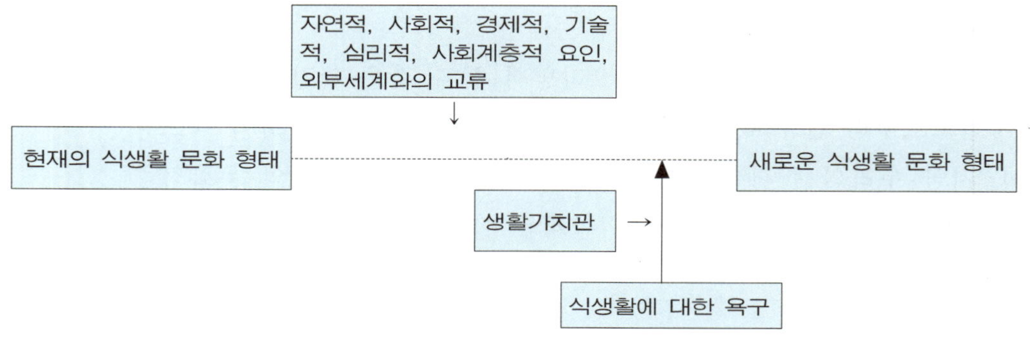

그림 1-4 식생활 문화 형태의 형성과정

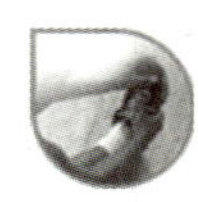

 이들 인자들은 각기 따로 별개의 영향을 미치는 것이 아니라 그림 1-4처럼 밀접하게 관련되어 서로 상호작용을 하면서 끊임없이 새로운 형태의 식생활 문화를 구축해 나간다.

1 자연적 요인

 우리 인간은 인류 역사의 초기부터 자신들이 처한 자연환경에 슬기롭게 적응하면서 살아 왔다. 인간이 사는 환경은 초원이나 숲, 강가나 습지, 섬이나 해변, 사막, 육지 등 풍토·지리적인 다양한 환경이 있는가 하면, 열대지방, 온대지방, 한대지방 등과 같이 기후에 따른 자연환경이 다양하여서 각기 다른 식생활 문화 형성에 직접적인 영향을 미친다. 따라서 지역이 다른 식생활 문화에 익숙하기란 쉽지 않은 일로 이미 자신들에게 고착된 식습관을 바꾸는 일은 누구에게나 어려운 과정이다. 예를 들어 온대지역 사람들이 열대지역에 가면 흔히 음식 때문에 어려움을 겪게 되는데 그 중 가장 적응하기 힘든 예는 열대지방의 음식들이 지나치게 기름기가 많고 향이 강하며, 시원한 물 대신 항상 차나 커피를 마신다는 점 등이다. 이처럼 음식이 기름지고 향신료를 지나치게 많이 사용하며, 차류(茶類)를 주로 마시는 이유는 단순한 관습이기보다 자연적 환경, 즉 기후조건이 그같은 식생활 형태를 형성하도록 영향을 미치기 때문이다. 기온이 높을수록 인체의 에너지 소모량은 늘어나 소비된 열량을 충당하기 위해서는 같은 식품이라도 열량가가 높은 에너지 식품을 이용하는 것은 당연한 생리적 욕구일 것이다. 따라서 당질이나 단백질 식품보다 효율적인 열량식품인 기름과 같은 지방식품을 식생활에 주로 이용하는 것은 신체적 본능에 의한 당연한 결과라고 생각된다. 뿐만 아니라 기온이 높기 때문에 위생적인 음식물의 관리가 곤란해지므로 상하기 쉬운 음식에 향신료를 듬뿍 넣어, 상한 냄새나 맛을 줄이고 일종의 방부효과를 얻으면서 입맛도 돋구는 등의 여러 효과를 얻는 향신료의 사용은 그들의 독특한 식문화로 정착될 수밖에 없다. 또한 마시는 물 역시 높은 기온의 영향으로 세균에 감염될 우려가 많기 때문에 소독하거나 끓여 먹을 수밖에 없는 실정이다. 그러나 끓인 맹물을 먹는 것보다 그 지역에서 많이 산출되는 홍차를 비롯한 엽차류를 이용해서 향긋한 맛과 더불어 위생적인 식수를 이용하는 것은 그들이 처한 자연환경에 순응하면서 지혜롭게 식생활을 영위하는 문화적 소산임을 이해할 수 있다.

이밖에도 각 지역에서 자생하는 작물 또는 가축 등의 식품원재료의 공급에 따라서도 음식의 종류와 식생활의 형태가 달라진다.

세계의 기후에 따라 나타나는 음식의 일반적인 특성과 주로 산출되는 먹거리의 종류를 요약하면 표 1-4와 같다.

표 1-4 기후와 음식의 특성

구 분	일반특성	주요 산출품
한 대	• 음식이 담백함 • 가공을 거의 안함 • 음식의 종류가 적음 • 생선의 생식	순록, 곰, 수렵, 해조, 치즈, 요구르트 등
온 대	• 다양한 먹거리 산출 • 가공품이 발달 • 다양한 음식의 종류 • 찰기의 쌀 이용 • 순하고 독한 술 모두 애용 • 적당량의 향신료 이용	목축, 건조식품, 유제품, 다양한 채소류, 수박, 딸기, 다양한 축산물, 쌀 등의 곡물류
열 대	• 과다한 향신료 사용 • 기름을 이용한 조리법 발달 • 음식의 종류가 비교적 적음 • 채소 대신 과일 이용 • 찰기가 적은 쌀의 이용	낙타, 물소, 목축, 유제품, 쌀, 옥수수, 밀, 콩, 땅콩, 카사바, 열대성 과일, 어패류, 각종 향신료

② 사회적 요인

한 사회의 전통과 관습은 자연환경에 이어서 음식문화에 지대한 영향을 미친다. 특히 사회적 요인 중 가장 영향력이 큰 종교는 인류가 지구상에 출현하여 살아갈 때 인간능력의 한계에 따른 초자연적인 어떤 힘을 의식하기 시작하면서 원시신앙의 기초를 마련하였다고 본다. 인류

초기에는 태양이나 달, 별, 산, 나무, 동물 등을 신(神)으로 섬기다가 인류의 지혜와 문명이 발전하면서 원시신앙에 대치되는 불교, 그리스도교, 회교, 힌두교 등의 제도적 종교가 형성되었다.

역사가 문자로 기록되기 이전부터 현대에 이르기까지 상당히 오랜기간 이들 여러 종교와 사상이 사람들로 하여금 어떤 음식은 먹지 말고, 어떤 음식은 특정시기에 먹고, 먹는 격식과 조화되는 음식은 무엇인가 등을 규정하여 그것을 지키도록 요구하여 왔다. 그리하여 때로는 이들 식습관이 종교 자체의 상징이 되는 경우도 많다. 따라서 우리가 특정집단의 식생활 문화를 이해하려 할 때는 그들의 신앙과 음식과의 관계를 알지 못하면, 그곳의 온전한 음식문화를 제대로 이해하기란 쉽지 않다. 예를 들어 불교와 자이나교는 채식(菜食)에 종교적 신성(宗敎的 神聖)을 부여하여 소의 도살이나 육식동물의 고기, 개고기, 칼로 자른 고기 등 불결한 음식 등은 엄격히 금지하였다. 따라서 이들 종교가 주요 신앙인 인도에서는 소를 신성시하여 쇠고기를 먹는다는 것은 상상할 수도 없는 일이그, 채식은 필수이며 미덕의 표현이기도 하여 오랜 세월 식물성 위주의 독자적인 식문화를 형성하게 되었다.

그밖의 여러 종교와 관련된 금기식품 및 식육(食肉)을 금기하는 식생활의 특징을 정리해 보면 표 1-5와 표 1-6과 같다.

표 1-5 세계적인 종교와 금기식품

	힌두교	불교	그리스도교	이슬람교
역사와 발원지	약 4천년 전, 인도	기원 전, 1천년 중엽 인더스강 유역	기원 후, 약 2천년전 예루살렘	약 800년 전, 사우디 아라비아
전파지역	인도대륙	전세계	전세계	전세계
신앙대상	브라만(Brahman)	불타(Budda)	예수(Jesus)	알라(Allah) 모하메드 (Mohammed)
신앙적 특징	카스트제도 (caste system)	소의 신성화	종파에 따라 금식, 금육을 제정	단식월 행사 (라마단)
금기식품	모든 고기와 술	▪ 동물의 고기 ▪ 시장에서 만든 기성음식 ▪ 더러운 음식	종파에 따라 술을 금지	죽은짐승의 고기와 피, 돼지고기, 목 졸려 죽은 고기
식생활의 특징	▪ 카스트 순위가 높을수록 육식금지 ▪ 채식주의 (vegetarian diet) ▪ 기이(ghi, ghee)의 애용	채식주의	종파에 따라 채식주의	▪ 금기식품 이외의 모든 음식 이용 ▪ 단식월 행사시 낮동안 물, 흡연, 모든 음식 금지

표 1-6 금기식육의 분포(禁忌食肉의 分布)

동물	부정적	긍정적	부정이유
돼 지	이슬람 사회	이슬람 사회 이외(以外)	종교상의 금기
소	힌두 사회	힌두 사회 이외	종교상의 금기
말	유럽 전역·미국	프랑스·일본 등	종교가 관련된 식습관상의 기피
낙 타	이슬람 사회 이외	이슬람 사회	종교상의 금기와 습관
개	동·남아시아, 오세아니아 이외	동남 아시아, 오세아니아, 중앙 아프리카	식습관상의 기피
닭	인도 대륙, 중앙·남아프리카	기타 사회	은유에 의한 기피 (다산다음, 多産多淫)
동물전체	쟈이나 교도, 채식주의자	기타 사회	종교상의 금기, 생활신조에 의한 기피
고 래	일본 이외	일본, 북극 원주민	식습관에 의한 기피

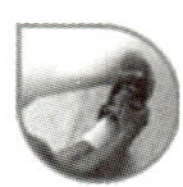

③ 경제적 요인

식생활 형태의 변화에 현실적인 영향을 미치는 것은 경제적 요인이
다. 독일의 통계학자 Ernst Engel(1821~1896)은 "인간에게 있어 굶주
림을 없애고자 음식을 먹으려는 것은 다른 어느 것과도 바꾸기 어려운
절실한 욕망이다. 그러나 일단 굶주림을 채울 만큼의 먹거리가 확보되
면 그 이상의 음식에 대해서는 욕망의 정도가 급속도로 감퇴하며 그 결
과 소득의 증가에 따라 나타나는 식생활의 상승템포는 점차 둔화될 것
이다."라고 하는 생각을 통계적으로 처음 입증하였다. 따라서 그는 "가
계비 총액 중에 차지하는 식품비의 지출비율은 소득이 높은 세대일수
록 낮아진다."는 이른바 엥겔의 법칙(Engel's law)을 정립하였다(표
1-7, 그림 1-5 참조).

표 1-7 세계 주요 국가의 가계에 있어서의 연도별 식품비 지출비율[a]

연 도	국 명						
	이탈리아	영국	일본	독일[b]	프랑스	미국	한국[c]
1980	28.7	27.5	24.4	23.9	21.4	15.6	42.9
1982	28.1	26.0	23.6	24.2	21.1	15.1	40.4
1984	26.4	25.2	22.8	23.2	21.2	14.2	37.6
1986	24.7	23.5	21.7	22.4	20.4	13.7	35.8
1987	23.3	22.4	21.2	21.9	20.0	13.3	34.7
1988	22.2	21.2	20.7	21.8	19.6	13.0	34.2
1989	21.5	20.5	20.2	21.9	19.5	13.0	31.2
1990	20.9	21.0	-	-	-	-	32.0

주 a. 가계최종소비지출에 대한 식품·식료 및 연초의 소비지출의 구성비
 b. 외식 포함
 c. 외식 및 식료품 관련 서비스포함. 단, 연초 제외
 자 료 : 국제비교통계·도시가계연보(한국)

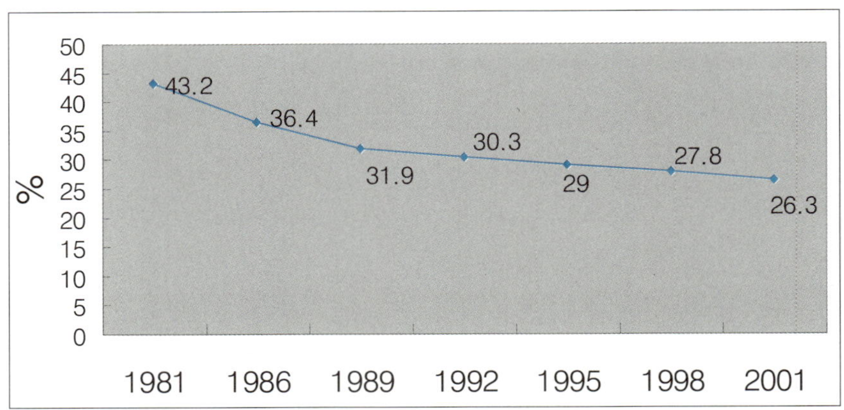

그림 1-5 전도시가구의 연도별 식품비 지출비율

(한국통계연감, 2002, 통계청)

소득수준이 상승하고 생활수준이 올라감에 따라 보다 질 좋은 식품, 보다 맛있는 식품, 그리고 새로운 식품을 구입하려는 욕망은 세계의 누구나 보편적으로 가질 수 있는 욕구이다.

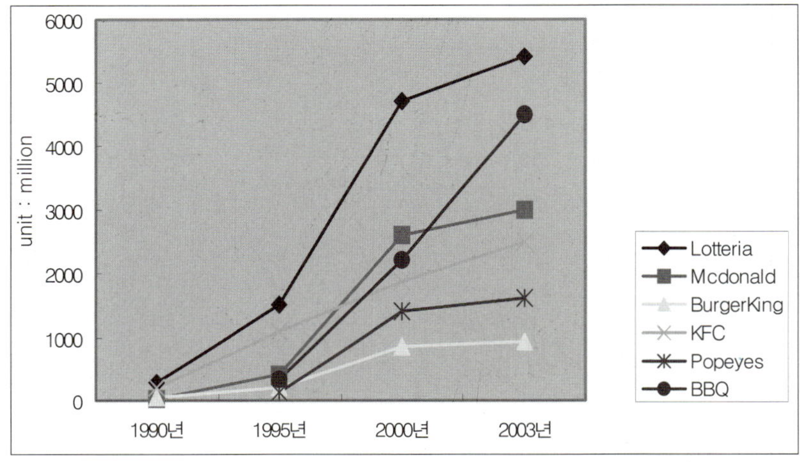

그림 1-6 패스트푸드 업소의 판매량 추이

(한국식생활문화학회지, 2004, 19(3), p.317)

그러나 최근에는 소득의 상승이 식생활에 직접 영향을 주기보다 다른 영역, 특히 여가생활 및 외식의 증가, 혹은 식생활에 관계된 식기류나 도구 등과 관련된 영향이 늘어나는 추세이다. 특히 주부의 직장 진출에 따른 가사노동과 시간과의 관계는 가족의 식생활 패턴에 밀접한 영향을 미치고 있다. 즉 식사준비에 따른 노동시간의 감소는 가공식품이나 완전조리식품 및 fast food 등의 편의식품(convenience food)의 소비량을 증가시켜(그림 1-6 참조) 또 다른 형태의 식생활 형성에 영향을 미친다.

4 세대차와 사회계층적 요인

세대에 따른 생활 가치관의 차와 식생활에 대한 사고방식 및 행동의 차이는 사회의 변화가 급진전함에 따라 식생활 형태에 대한 영향력이 점차 증대하고 있다. 배고픔을 체험했던 세대와 포식의 시대에 성장한 세대간의 차(Generation gap)를 생각해 보면 그 결과는 분명해진다. 예를 들면 일본의 경우 전쟁 이전과 이후의 세대에 대해 식생활 의식을 조사한 결과 전쟁이전의 기아세대에 해당하는 기성인들은 떡이나 생선, 장유(醬油)에 대한 집착이 강하고, 식사에 대한 의식도 영양유지를 위해 먹는다는 사고방식이 확고한 것으로 나타났다. 그러나 포식세대에 해당하는 신세대들은 하루 한끼는 빵을 먹고 커피나 맥주 등의 음료를 기호식으로 자주 마시며, 식사에 대한 생각도 영양을 위해 먹기보다 맛있는 것을 골라 즐기면서 먹는 것에 더 큰 비중을 두는 것으로 조사되었고, 서양음식과 새로운 음식에 대한 적응력도 구세대에 비해 신세대로 갈수록 빠른 것으로 보고되고 있다.

가족형태에 있어서도 3세대가 함께 생활하는 확대가족 및 대가족 형태는 점차 사라지고, 1세대와 2세대만의 핵가족 세대가 압도적으로 많아지게 되어 할머니와 어머니 사이에서 계승되는 가정의 전통적인 식생활 문화와 관습은 거의 사라지는 실정이다.

이러한 핵가족화의 진전은 새로운 식품과 새로운 형태의 식생활 방식을 쉽게 도입할 수 있어 식생활의 간편화와 서양화를 매으 빠르게 확산시킨다. 또한 사회 구성원의 직업의 종류에 따라서도 식생활의 형태는 영향을 받게 된다. 육체노동의 Blue color층의 직업인과 사무직이나 컴퓨터 조작 등의 가벼운 일에 종사하는 White color층의 직업인은 생리적으로 인체에 필요한 음식의 양과 질이 다르므로 식생활의 내용과 방식에 차이가 있다. 대개 육체노동을 하는 직업인은 우리나라의 경우 식사에서 밥은 반드시 먹어야 하고, 섭취하는 총열량도 다른 직업인에 비해 많기 때문에 소비하는 음식의 종류와 질은 당연히 다를 수밖에 없다. 이같은 직업의 계층화의 조건과 배경은 대개 학력이 좌우하는데 학교교육을 많이 받은 사람일수록 식품이나 조리 및 영양에 관한 지식도 풍부하여, 자신들이 영위하는 식생활의 내용을 주체적으로 관리할 수 있을 뿐 아니라 개방적인 사고방식이 음식의 수용여부에도 쉽게 영향을 미친다. 따라서 우리 사회도 점차 고학력시대로 진입하고 있고, 도시생활을 하는 사회구성원의 대부분이 White color층의 직업인으로 분류되고 있어 이같은 변화는 우리의 식생활 패턴이 예전과는 또 다른 형태의 식생활 문화로 끊임없이 역동적으로 변하고 있음을 뜻한다.

5 기술적 요인

식품산업의 발달, 즉 식품제조업이나 가공업, 식품유통업 및 식품포장이나 식품운반에 따른 일련의 식생활과 관련된 기술의 발달은 새로운 패턴의 식생활 형성에 혁신적인 영향을 미치고 있다. 오늘날의 사계절식품을 자유자재로 이용할 수 있게 된 배경에는 시설원예나 속성재배 및 억제재배와 같은 농업기술의 발달이 뒷받침한다. 가장 두드러진 기술적 영향요인은 식품저장과 가공에 관련된 기술의 발달이다. 인스턴트식품이나 완전조리식품 등의 유통이 가능해진 것은 바로 냉동저장, 통조림저장, CA(Controlled atmosphere)저장 및 방사선조사처리 등의 발달된 저장가공법의 결과로서 특히 냉동저장기술이나 CA저장기술의 발달은 과일의 소비를 사계절화 하는데 크게 기여하였다. 뿐만 아니라 식품포장의 기술발달도 식생활 형태의 변화에 직접적인 영향을 미친다. 즉 옛날의 우유병이 종이포장(Pack)으로 바뀐 것은 우유의 소비를 확대시킨 가장 큰 요인으로 지적된다. 또한 진공 팩의 포장기술은 유탕처리한 부서지기 쉬운 가공식품의 형태를 보전해줄 뿐 아니라 첨가물을 사용하지 않고도 저장수명을 늘려주는 효과 등을 부여한다. 특히 오늘날의 레토르트(Retort)식품의 소비증대는(표 1-8 참조) Retort pouch라 하는 포장재료의 기술의 발달이 이루어낸 혁신적인 문화적 산물로서 이와 같은 포장기술의 발달도 한 시대의 음식문화를 변화시키고 새로운 형태의 식생활 문화 형성에 크게 이바지하고 있다. 뿐만 아니라 식품의 대량유통 체계의 기술은 건조식품 뿐만 아니라 생선이나 도시락과 같은 신선도 유지가 생명인 식품의 운반까지도 가능하게 하여 Fast food나 완전조리식품 등의 공급에 따른 외식산업(外食産業)의 영역확충에도 크게 영향을 주어 우리의 식생활 문화에 새로운 변화가 끊임없이 시도되고 있다.

표 1-8 연도별 레토르트 시장규모 삽입

단위 : 억원

구 분	1997	1998	1999	2000	2001
전체시장	511	477	596	661	662
(일반용)	511	441	453	511	551
(렌지용)		36	143	150	111

자료 : 한국식품산업연감, 2004, 한국식품산업연구소

6 외부 세계와의 교류

세계의 농축산물 및 가공식품의 무역을 자유화하는데 그 목적이 있는 UR 농산물 협상이 타결되고, 새로운 무역질서를 관장하는 WTO 체제가 1995년 출범하면서 우리의 식품산업 및 농업은 커다란 전환기를 맞이하였다.

WTO 체제의 출범으로 농산물 및 가공식품의 수입자유화가 이루어져, 국내 생산의 식품 원재료뿐 아니라 다른나라의 식품재료까지 다양하게 식탁에 오르고 있는 실정이다(표 1-9 참조).

우리나라의 경우 초기에는 주로 미국의 영향력이 '식생활의 서양화(Westernization of food way)'에 직접적인 계기가 되어 주식은 물론 조미료

까지 밀접한 영향을 받아왔다. 즉, 밀의 전량수입은(그림 1-7 참조) 주식인 쌀의 소비량을 감소시키고(그림 1-8 참조) 밀가루의 소비량을 확대시켜 하루 한끼는 밥대신 빵이나 국수류의 인스턴트 면류에 의존하는 비율을 높이고 있고, 조미료의 경우도 전통적인 고추장이나 된장의 사용과 함께 마요네즈, 토마토케첩 등의 소비추세를 증가시키고 있다(표 1-10 참조).

표 1-9 나라별 주요 식품 자급률(단위 : %)

국명	곡류	두류	채소류	과실류	육류	우유류	어패류	유지류
한국	31.0	8.8	97.3	88.9	82.0	81.0	63.1	3.3
일본	24.2	5.2	80.8	52.1	53.5	79.6	52.1	73.9
미국	126.7	148.5	96.8	81.3	109.5	97.3	73.9	106.2
영국	88.5	53.9	47.3	6.0	70.0	91.1	44.3	47.4
독일	132.1	45.6	44.3	43.7	96.0	124.4	24.2	102.3
프랑스	175.5	110.4	88.1	77.1	105.4	120.9	39.3	77.6
덴마크	124.2	48.3	50.5	10.1	366.1	173.0	301.9	86.8
스웨덴	119.7	36.2	36.7	3.4	88.3	97.9	130.9	116.9
이태리	80.0	72.1	125.5	113.0	79.5	70.8	30.9	65.0

주 1) 한국은 2002년, 나머지 국가는 2001년 통계자료
   2) 두류에는 종실류와 견과류가 포함되며, 어패류에는 해조류가 포함됨
   3) 자료 : 한국식품연감, 2003, 농수축산식품

나아가 세계의 농축산물 및 가공식품의 무역이 점차 확대되면서 미국뿐만 아니라 지구촌 여러 나라의 먹거리가 물밀듯이 밀려오는 오늘날의 추세는 식생활의 서양화 뿐만 아니라 '식생활의 세계화(Globalization of food way)'를 확산시키는 경향이다. 빵의 원료인 밀가루부터 시작하여 커피, 설탕, 기름, 생선, 채소, 과일에 이르기까지 다양한 먹거리의 원산지가 여러 나라로 확대되면서 다국적 식품의 원재료의 이용은 불가피한 실정으로 받아들여진다. 이처럼 외부세계와의 교류의 확대는 우리의 전통적인 식문화의 구조에 점진적인 영향을 미쳐 다양한 양식의 새로운 식생활문화 창출에 이바지하고 있다.

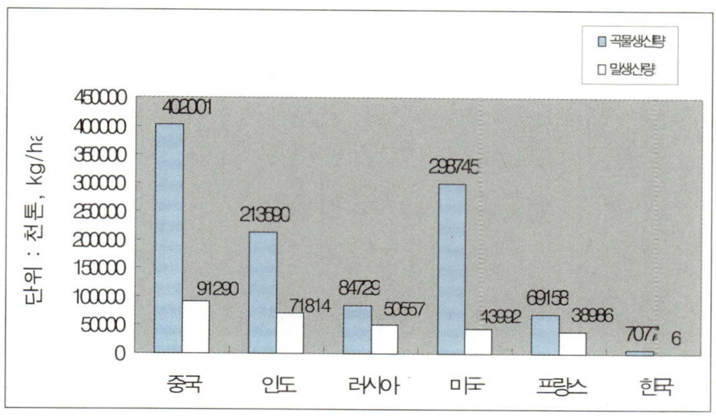

그림 1-7 각 국의 곡물과 밀생산량
(통계로 보는 세계 속의 한국농업, 2004, 농림부)

이밖에 소비자의 심리적 요인도 식품 소비문화에 영향을 미쳐 대중소비사회에서는 음식문화 뿐 아니라 나라 전체의 경제에까지도 영향을 미친다. 먹고사는 식생활이 일단 만족해지면, 사람들의 잠재욕구도 새롭게 변하여 새로운 생활가치관이 또 다른 형태의 식생활의 양식을 등장시킨다. 획일적인 가치관에서 다양화된 다원적 가치관으로 바뀜에 따라 건강이나 개성, 자아성취, 창의적인 사고, 생활의 쾌적성 등을 추구하는 경향으로 개인의 가치관은 끊임없이 변하고 있다. 이에 따라 식생활도 간편하면서 심미적 욕구에 충족하는 식품소비를 지향하므로, 여유롭고 즐거운 분위기의 외식문화(外食文化)는 물론 건강지향의 건강보조식품의 소비가 증대하는 것은(그림 1-9 참조) 자연스런 시대적 문화산물이라 할 수 있다. 뿐만 아니라 주택의 구조와 주변환경 및 기타 다른 식생활과 관계된 내구성 소비재에 이르기까지 식생활의 변화에는 여러 가지 인자들이 관련되어 영향을 준다. 따라서 식생활 문화란 독립된 것이 아니라, 다른 생활영역과 복잡하게 관련되어 새로운 생활패턴을 점진적·역동적으로 형성해 가므로, 일상적인 전체의 생활문화와 불가분의 관계로 상호작용을 하고 있다.

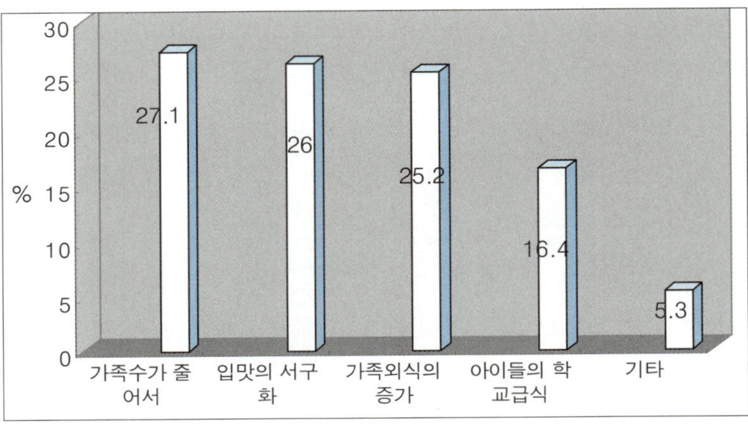

그림 1-8 쌀 소비량 감소의 이유
(주요농산물 소비패턴 조사분석, 2003, 농수산물유통공사)

표 1-10 토마토 페이스트의 수입량 추이

(단위 : 톤)

구 분	1998	1999	2000	2001	2002
중 량	17,680	21,894	21,259	23,593	22,338

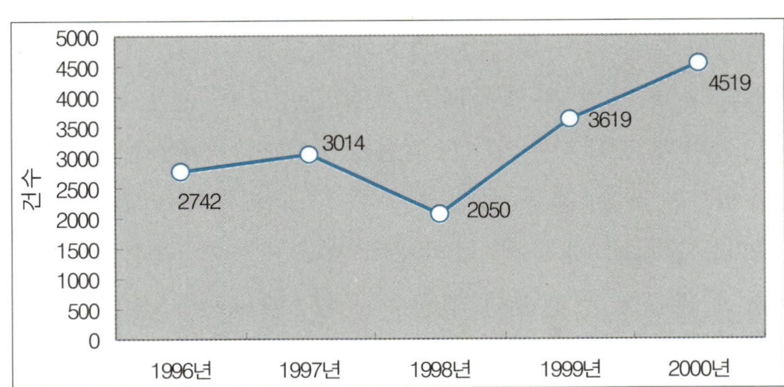

그림 1-9 건강기능성식품 수입현황
(기능성식품시장의 현황 및 전망, 2002~03, 데이코 산업연구소)

3. 식생활의 발전 과정

　인류의 식생활은 인류 출현 이래로 아주 서서히 변화·발전해 오다가 농경문화가 정착되면서 그 속도가 점차 빨라지기 시작하였다. 18세기 후반부터 유럽을 중심으로 일어난 산업혁명(Industrial revolution)의 결과 문명의 발전 속도가 가속화되었고, 식생활의 변화도 급격히 이루어졌다. 20세기에 들어오면서 식생활 문화와 관련된 정보를 다양한 정보매체가 빠르게 전파시켜 지구상의 여러 나라들의 식생활문화는 급속도로 국제화·세계화되어 가고 있다. 따라서 음식 소비 형태도 다양하고 복잡해져서 한 상에 차려 놓은 음식을 먹으면서도 그 식품의 원산지가 어디인지, 우리가 취하고 있는 식사규범은 어디에서 유래한 것인지도 모른 채, 여러 나라의 복합문화 속에서 우리는 살고 있다. 이처럼 주변 문화의 다양한 변화와 발전 속에서 우리가 취하고 있는 식생활의 형태는 어느 단계에 해당하고 어느 수준인지를 알기 위해, 먼저 그림 1-10처럼 식생활의 발전과정을 통해 설명해 보기로 한다.

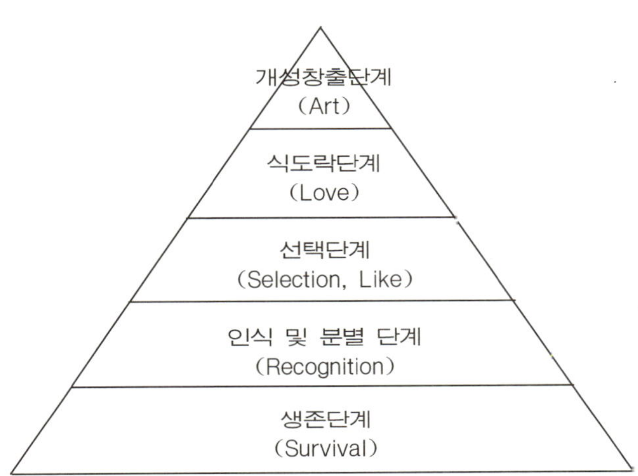

그림 1-10　식생활의 발전 단계

먼저 인류의 식생활 형태는 초기에는 생존하기에 급급한 식생활의 본능적 단계다. 생명을 유지하기 위한 식량구입과 식생활의 내용은 지극히 보편적이고 기초적인 단계로서 경제수준이 낮은 세계의 여러 나라에서는 아직도 널리 행해지는 수준이다.

그러나 먹고사는 문제가 어느 정도 해결되면 사람들은 식생활에 대한 가치관을 인식하게 되어 이때부터는 음식의 양(量)은 물론 질(質)적인 측면도 고려하는 소위 자급자족(自給自足)의 자가조리 제품 등을 주로 소비하는 단계에 접어들게 된다. 경제적 수준이 향상됨에 따라 사람들은 식생활의 인식 단계를 벗어나 보다 간편하고 질 좋은 다양한 식품을 골고루 선택할 수 있는 식생활 단계로 향상된다. 이 단계에서는 자가조리식품보다는 인스턴트식품 등의 편의식품이나 가공식품을 선택하여 식생활을 보다 더 여유있게 영위할 수 있다. 사회의 모든 분야의 질적 향상에 따라 사람들의 삶의 질도 격상됨으로써 이제는 식생활이 생리적 욕구만을 충족하기 위한 수단이 아니라, 생활의 여유와 즐거움을 먹는 것을 통해 성취하는 소위 식생활을 즐기는 단계로 접어들게 된다. 이 단계는 조리기구의 발달과 가공기술의 발달의 영향으로 언제 어느 때나 먹고 싶은 음식을 자유롭게 즐길 수 있는 이른바 '식도락(食道樂)'의 단계라 할 수 있다. 이러한 과정과 함께 식생활에 대한 가치관은 점차 정신적 성취감을 느낄 수 있는 단계로 접어든다. 이때는 각종 향신료와 기호식품 등을 골고루 이용하여 조리·완성된 음식물에서 자아실현욕구의 성취까지 맛볼 수 있는 심미적 수준의 식생활 형태가 달성된다. 그러나 이같은 식생활 형태의 발전에 대한 설명은 간단히 설명하기 위해 도식화한 것에 불과하므로, 인류의 식생활 형태의 변화를 전체적으로 이해하고 추이하기 위해서는, 풍토적 배경과 함께 그 사회의 문화 전반에 따라 어떻게 변하여 향상되어 왔는지 판단해야만 종합적인 식생활 형태의 변화를 평가할 수 있다. 따라서 인류의 원시단계부터 시작하여 오늘에 이르기까지의 식생활 전반에 따른 발전 과정을 단계별로 정리해 보면 다음과 같다.

1 원시단계(제 1 단계)

사람들이 광대한 토지를 자유로이 이용할 수 있고 수렵이나 채취 및 가축의 사육 등으로 식량 확보를 하여, 육식을 주로 소비하는 단계이다.

이 단계의 특징은,

- 사회 구성원의 대부분이 식량 수집에 종사하였고,
- 구성원 전부가 비슷한 질의 음식을 손으로 직접 먹었으며,
- 사회적 계급의 구분이 없고 씨족적 관계가 우세하여 사유개념이 희박하며,
- 자연환경의 변화에 따라 식량조달에 영향을 크게 받고,
- 질병을 주술이나 신앙, 민간요법 등으로 다루어 무당이나 신관(神官)의 영향력이 크고, 무속이나 Taboo가 사회를 유지하는 수단이 되며,
- 먹거리와 인구와의 균형을 위해 기아(棄兒)나 기로(棄老)의 풍습이 많았다.

특히 이 단계의 사람들은 자연의 생태 변화에 대한 정보를 자생적으로 취득하여 변화하는 자연에 합리적으로 적응하며 살아갔다. 20세기 현재도 아프리카의 일부지역과 브라질과 인도네시아의 일부지역에서는 이러한 제 1 단계의 식생활 형태가 지속되고 있다.

2 기아단계(제 2 단계)

식량조달의 수단이 유목과 축산 뿐 아니라 계획적인 농경이 시작되는 단계이다. 농경(農耕)의 시작으로 초기에는 식량문제의 고통에서 벗어나 지배계급들은 질좋은 음식을 먹지만, 인구가 점차 증가하면서 대부분의 피지배계급의 서민들은 계속해서 허기를 면치 못하는 단계이다. 따라서 생존을 위해서는 열악한 재료의 음식을 소비래야만 하는 단계로 우리나라는 국민 1인당 GNP가 100~200불에 불과했던 1960년 후반까지 이 단계로 분류하며(표 1-11 참조) 일본은 대체로 1950년대 초반까지, 북한은 1990년대 후반까지도 이 단계에 해당하는 것으로 볼 수 있다.

이 단계의 특징은

44

- 전 인구의 절반 이상이 농업에 종사하면서도 식량이 부족하고
- 외부로부터의 식량원조를 원하지만 지불능력이 없고
- 지역간, 신분계급간의 식생활의 차이가 매우 크며
- 식량의 생산력이 큰 남자, 즉 가부장의 권위가 높아 가족간의 음식 소비에도 차별이 있으며
- 영양 부족으로 인한 영아 사망률(그림 1-11 참조)과 기아로 인한 사망률이 높으며 특히 남아선호사상이 두드러진다.
- 생활 문화 및 사회규범을 지배하는 가치관의 주체가 식량 조달이나 제공 등에 초점이 모아져, 먹는 문제를 안정적·장기적으로 해결할 수 있는 직업(정치인·의사·판사·변호사 등)이 선망되며
- 선·후배간의 유대와 상부상조의 정신이 강하고 특히 손님 접대시 음식을 심하게 권하는 습관이 많다.

1 인당 국민 소득이 150~250불 내외인 아프리카의 여러 나라들과 네팔, 인도 및 인도네시아의 일부지역 등이 여기에 해당한다. 따라서 세계 인구의 반수 정도가 아직도 이 단계의 식생활 수준을 벗어나지 못하는 것을 알 수 있다(표 1-12 참조).

표 1-11 1960 년대 우리나라의 식품비 지출 추이

연 도	1 인당 GNP($)	식품비 지출	
		도 시	농 촌
1961	82	-	-
1962	90	-	-
1963	100	54.2	60.3
1964	103	47.9	59.3
1965	105	56.8	53.1
1966	125	48.6	50.2
1967	142	44.5	49.1
1968	169	42.4	47.4
1969	210	40.9	46.4

자료 : 한국경제통계요람

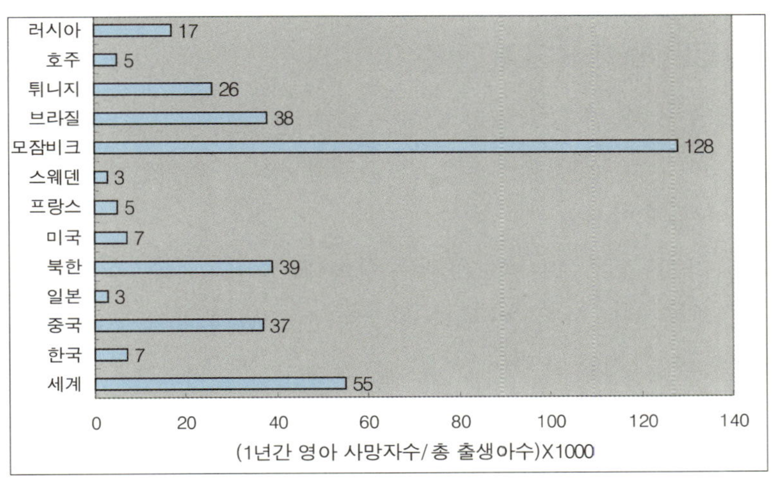

그림 1-11 국가별 영아 사망률
(UN, World Population Prospects, 2000~2005)

표 1-12 개도국의 영양부족 인구와 비중(1996~98)

(단위 : 백만명, %)

지 역	영양부족인구	영양부족인구의 비중
개도국전체	791.9	18
아시아 및 태평양지역	515.2	17
동아시아 지역	155.0	12
오세아니아 지역	1.3	29
동남아시아 지역	64.7	13
남아시아 지역	294.2	23
라틴아메리카 및 카리브 지역	54.9	11
카리브 지역	9.6	31
중미지역	11.7	20
남미지역	33.6	10
근동 및 북아프리카 지역	35.9	10
근동지역	30.3	13
북아프리카 지역	5.6	4
사하라이남 아프리카 지역	185.9	34
중앙아프리카 지역	38.5	50
동아프리카 지역	79.9	42
남아프리카 지역	34.5	42
서아프리카 지역	33.0	16

자료 : 국제연합식량농업기구(FAO) 한국협회, 2000년

3 안정단계(제 3 단계)

인구의 급속한 팽창과 더불어 상업적인 영농이 시작되는 단계로, 1인당 국민 소득이 700~1000불 수준으로 굶주림이라는 절박감에서 해방되는 식생활의 안정단계이다.

우리나라의 경우에는 1960년대 후반에서 1970년대 후반에 이르기까지 이 단계에 해당하며, 일본의 경우는 1950년대 초반부터 1960년대 초반까지를 일컫는다.

· 음식 소비에 있어 잡곡류와 고구마 등의 구황식품의 소비비중이 점차 줄어들고 쌀 소비의 상대적 비중이 증대된다(그림 1-12 참조).

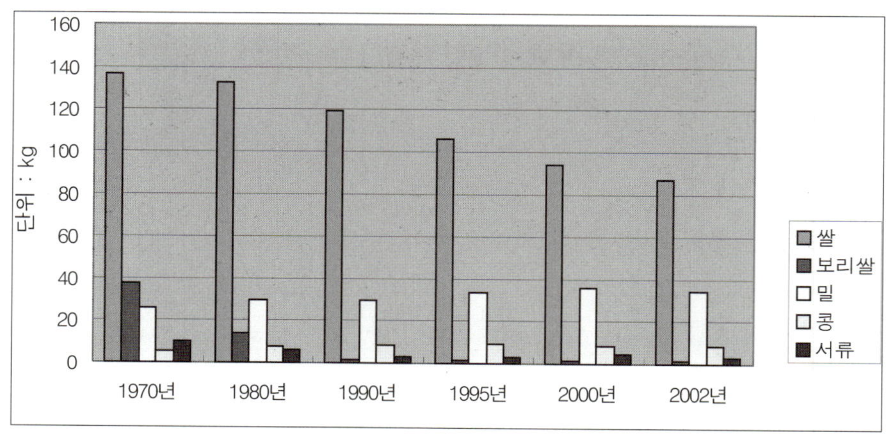

그림 1-12 1 인당 연간 양곡소비량 추이

(2003년도 농정에 관한 연차 보고서, 농림부)

· 식생활의 지역간, 계급간의 차이가 여전히 크지만 지배와 피지배계급 사이에 중간계층이 확대되고

· 동물성 식품의 소비가 점진적으로 증대하나, 계층간의 소비량의 차이가 매우 크며

· 유아 사망률이 현저히 감소하고

· 식품의 자가 조리 및 제조가 음식 소비의 대부분을 차지하며

· 하층계급이라도 관혼상제시의 행사 음식의 준비는 분수에 넘치게

준비하는 경향으로, 사회적 상호부조 관습이 강하며

  • 남·녀가 함께 한 자리에서 식사하는 경우는 거의 없고 연회시라
도 따로따로 앉아 음식을 먹는다.

4 식도락의 단계(제 4 단계)

  인구증대가 평균적 안정 수준으로 근접하고 상업적인 영농이 정착하
는 반면에 농업인구의 수는 급격히 감소하는 단계이다. 1 인당 국민 소
득 수준이 1000~5000불로 평균 3500불 수준으로서 우리나라는 1970년
대 말에서 1980년대에 걸친 시기이며, 일본은 1960년대 중반 이후부터
1970년대 중반까지로 분류한다. 이때는 엥겔계수가 40% 내외 또는 그
이하로 감소하여 식생활의 비용이 가계의 총 지출에서 부담이 없어지
는 단계이다.

  이 단계의 특징은

  • 동물성 식품의 섭취가 증대하여 고기·생선과 과일 소비가 늘어난
반면 쌀의 소비량이 줄어들기 시작한다(그림 1-13 참조).

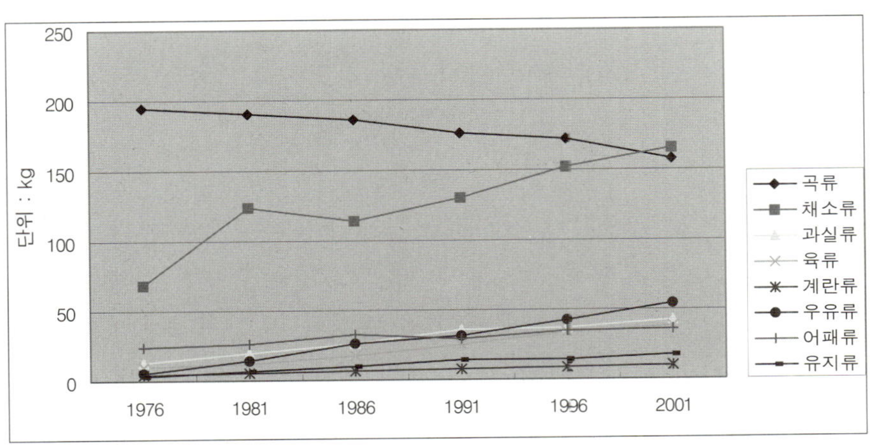

그림 1-13   1인 1년당 식품공급량

(한국식품연감, 2003, 농수축산신문)

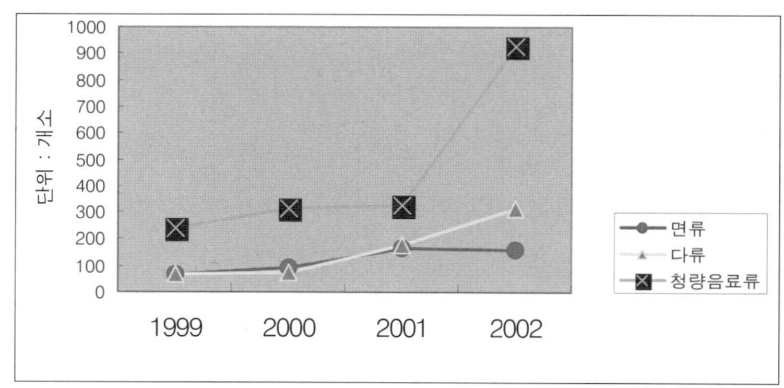

그림 1-14 즉석판매제조, 가공업소추이
(한국식품연감, 2002, 농수축산신문)

• 가공식품 특히 인스턴트식품의 소비와 청량음료의 소비가 증대하기 시작하며(그림 1-14 참조),

• 성인병 등의 질병이 많아지고 40대의 사망률과 충치의 발병률이 급증하기 시작한다.

• 가족과 함께 외식을 즐기기 시작하고

• 음식의 양보다는 질을 중시해서 손님 접대시에도 손님의 기호를 존중하여 질적인 대접을 하며

• 외국의 유명 음식체인점이 활발하게 진출하고(그림 1-6 참조)

• 개성있는 식생활을 즐기는 단계로 접어든다.

그러나 한 사람의 사고나 가치기준은 보통 어느 한 단계의 규범에만 의존하여 성립하거나 행해지는 것이 아니고, 혼합된 규범 안에서 실제적 행동으로 표출되는 경우가 대부분이다. 따라서 이 단계는 전(前)단계의 식습관이 남아 있는 사람들과 같은 규범 안에서 공존하는 경우가 많아 세대간의 갈등이 심화되는 단계이기도 하다. 특히 우리나라는 사회의 성장 속도가 다른 나라와는 달리 급속도로 발전하여 한 단계에서 다른 단계로 이행하는 기간이 보통 30~60년 이상이 소요되는 다른 사회에 비해, 식생활의 계층간·세대간의 갈등이 더욱 심한 특징이 있다.

5 건강 및 장수 지향의 단계(제 5 단계)

농촌의 비율이 현격하게 감소하고 고도화된 영농기술의 발달로 산업적인 영농이 정착하는 단계로서 총 인구의 수도 감소하는 단계이다.

1인당 국민소득이 4000~10,000불 이상으로(그림 1-15 참조) 생활의 여유가 생기며 자동차를 소유하는 것이 일반화된다. 대체로 자동차의 보유대수가 인구 1000명당 100대의 수준을 넘게 되면(그림 1-16 참조) 비만인구가 점차 증가하여 성인병의 문제가 사회문제로 대두하기 시작한다. 따라서 국민의 주된 관심은 건강 문제와 장수에 집중되므로 음식의 선택과 소비에도 영향을 미친다.

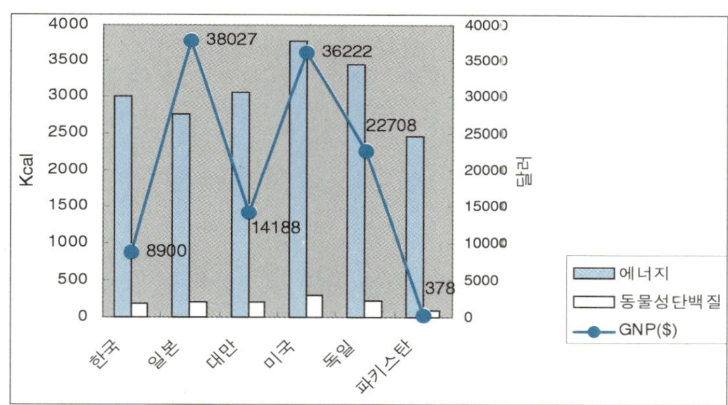

그림 1-15 주요 국별 1인당 GNP와 영양공급량

(식품수급표, 2002, 한국농촌경제연구원: 한국은 2001년, 나머지국가는 2000년 통계자료)

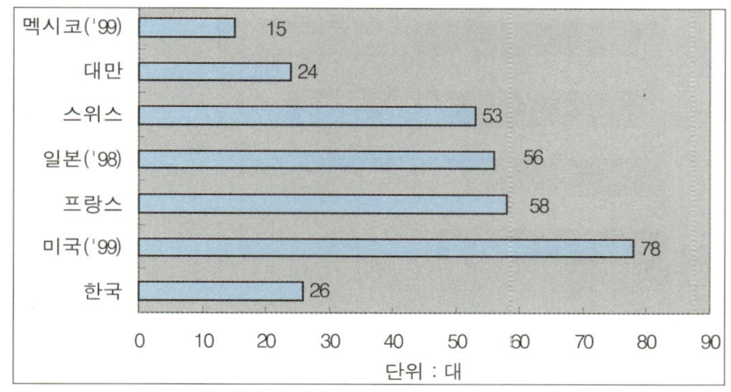

그림 1-16 인구100명당 자동차 보유대수(2000년)

(한국통계연감, 2002, 통계청)

우리나라는 1990년대 초를 전후하여 이러한 현상이 사회의 일부계층 사이에서 뚜렷하게 나타나기 시작하였고, 일본은 대체로 1970년대 말 이후부터 이 단계로 접어들었다고 할 수 있다.

- 다양한 종류의 가공식품과 동물성식품의 소비가 두드러지고
- 건강식품에 대한 인식 및 소비가 증가하므로 대중매체의 주요 정보로 '건강'과 관련된 내용이 많으며, 영양보충제의 섭취율이 증가하고(그림 1-17참조)
- 지역간·계층간의 식사의 내용이 비슷해지며
- 성인병의 급증은 식사요법에 대한 관심을 증대시켜 다이어트와 스포츠가 일상화되고
- 억지로 음식을 권하거나 술을 권하는 관습은 드물어지고 사회적으로 금연운동이 확산된다.
- 연회시에는 식사 이외의 것(꽃장식, 인테리어, 여흥 등)에 오히려 비중을 두며
- 평균 수명이 70세 이상으로 늘어나 고령화로 인한 노인문제가 등장하고(표 1-13, 그림 1-18 참조)
- 노인과 관련된 음식이나 시설 등 이른바 실버산업(Silver-business)이 번성하며
- 건강식 코너가 등장하여 건강식품의 종류와 판매가 증가한다(그림 1-17 참조).

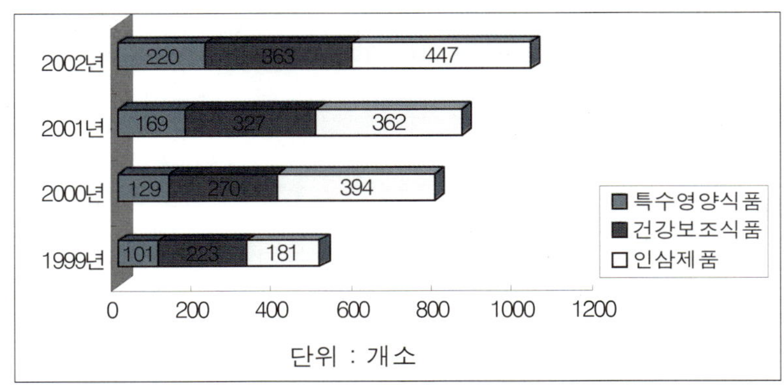

그림 1-17 건강식품 제조업의 현황
(한국식품연감, 2003, 농수축산신문)

• 자연식으로의 회귀현상(U-turn)도 나타나 보리밥이나 산채나물 등의 옛날 음식이 다시 선호되며

• 가족과 함께 자동차로 교외까지 이동하여 외식을 즐기는 추세가 늘어난다.

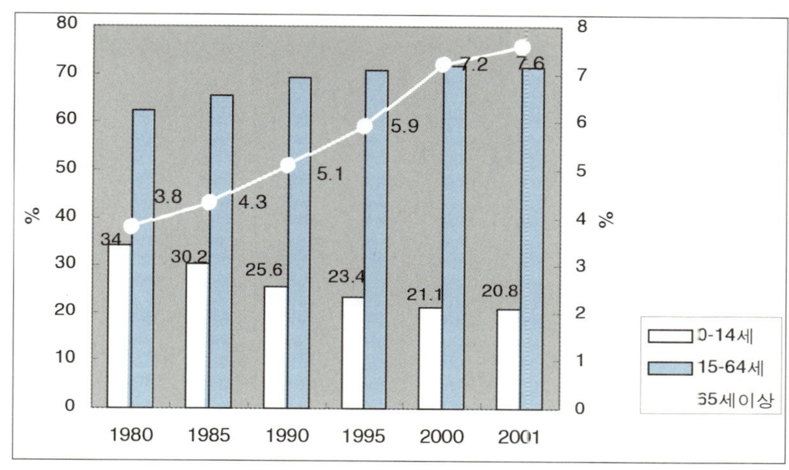

그림 1-18   연령계급별 인구 구성비(1980년~2001년)
(한국통계연감, 2002, 통계청)

이상에서 설명한 식생활 변화의 발전 단계는 예외가 되는 경우도 매우 많다. 즉 음식 소비에 변화가 있어도 옛 전통이 강하게 남아 있는 아랍권의 나라들은 소득이 높아져도 옛 관습을 고수하는 대표적인 지역이다(특히 사우디아라비아). 또한 5단계로 구분된 경제성장에 따른 식생활 문화의 변천은 위의 내용처럼 단계마다 뚜렷하게 특징이 구분되는 것은 아니며 소득수준이 같다고 하여 식생활 문화의 발전단계가 같은 것도 아니다. 대체로 사람들은 어렸을 때 자기가 겪었던 음식규범을 매우 강하게 고수하기 때문에 나이를 먹고 사회가 변천해도 식습관은 쉽게 변하지 않는 특성이 있다. 특히 우리나라처럼 경제 속도가 급속도로 발전한 사회일수록 세대간의 갈등이 심해져, 한 가정이나 한 사회 속에서도 음식 소비의 문화는 여러 단계에 걸쳐 이루어지고 있다.

표 1-13 세계인의 평균수명

국가	1980~1985	1990~1995	1995~2000	2000~2005
세 계	61.4	63.9	65.0	66.0
한 국	67.2	72.0	74.3	75.5
중 국	66.6	68.4	69.8	71.2
일 본	76.9	79.5	80.5	81.5
북 한	69.1	69.1	63.1	65.1
미 국	74.4	75.6	76.3	77.5
영 국	74	76.4	77.2	78.2
프 랑 스	74.7	77.5	78.1	79.0
스 웨 덴	76.3	78.2	79.3	80.1
모잠비크	43.6	43.7	40.3	38.0

자료 : 한국통계연감, 2002, 통계청

4. 21세기의 식생활 전망

1 변화하는 현대의 식생활

(1) 식량자급률의 저하

오늘날 우리 나라의 식생활양식은 양적, 질적인 변화가 그 어느 때 보다도 다양하게 전개되고 있다. 1960년대까지의 궁핍한 식량 사정에서 완전히 벗어나 먹거리의 종류와 내용은 역사 이래 가장 풍요로운 시대에 살고 있다고 해도 과언이 아니다.

그동안 현대화의 물결과 함께 식량생산 증대에 힘쓴 결과 쌀은 충분히 먹을 수 있게 되었으나 1980년대 후반에 이르러서는 국민 1인당 쌀의 소비량이 그림 1-12에서 처럼 오히려 감소하고 있다. 1990년대 이후의 고도성장과 개방화의 시대에 접어들면서 생활수준의 향상과 함께

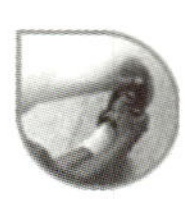

식생활의 내용은 더욱 다양해지고 다채로워 졌다. 그러나 경제 정책을 자동차를 비롯한 중공업의 발달을 수출의 중요 품목으로 구축하면서, 식량생산과 식량의 수요 공급에 대한 정책은 상대적으로 소홀해져 왔다. 그 결과 나라 전체의 인구가 도시로 집중하게 되었고 농촌에도 중소도시가 증가하면서 국민의 생활양식은 도시화의 경향으로 바뀜에 따라 농업 인구는 해마다 감소할 수밖에 없었다.

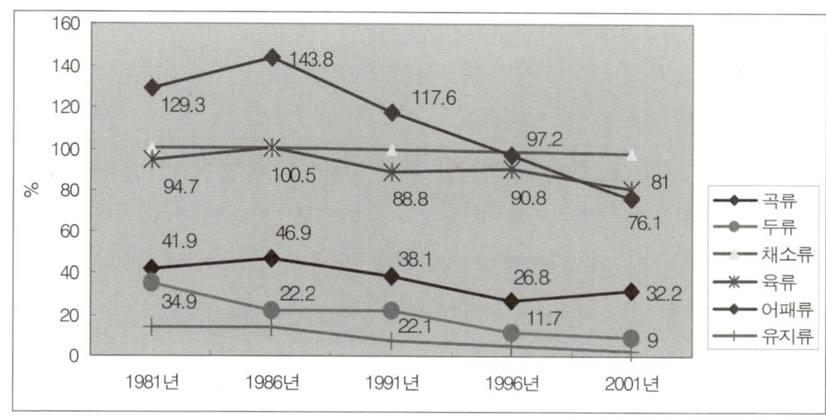

그림 1-19 연도별 주요식품 자급률 추이
(식품수급표, 2002, 한국농촌경제연구원)

그림 1-19에서처럼 우리나라의 식량 자급률은 쌀의 경우 1990년에는 100% 이상이었으나 1994년에 87.8%로 저하되고 1995년에 다시 93.6%로 향상된 것에 비해, 밀은 1985년 이래로 전량 수입에 의존하는 것으로 나타나고 있다. 또한 식용유지의 주요 자원이며 우리의 필수 먹거리인 대두의 자급률 역시 1980년 이후부터 점점 감소되어 1995년에 9.9%로 떨어져 국민 소비량의 90% 이상을 외국에서 들여오고 있는 실정이다.

현재 쌀의 자급률은 안심할 수 있는 수준이나 향후 WTO 체제와 FTA(Free Trade Agreement, 자유무역협정)시대의 도래는 그 조차도 예측할 수 없어 우리의 자립식량기반이 지극히 취약한 구조인 것을 알 수 있다. 농업인구의 감소는 주식은 물론 부식의 먹거리 조차도 자급자족의 체제를 점점 사라지게 하여 농촌의 식탁에까지 수입 농산물이 대신하는 실정이다.

한편 우리밀 생산과 같은 먹거리의 자급률 회복은 식량자원의 확보 뿐 아니라 환경유지의 측면에서도 중요한 것으로 지적된다. 따라서 식량의 자급률을 어떻게 유지하고 정립하는가가 향후 우리의 식생활 문화의 방향을 결정하는 가장 중요한 과제가 될 것이다.

(2) 유통시장의 확대와 가공식품의 소비 증가

오늘날의 식품 유통시장의 규모는 비약적으로 발전하여 확대되어 왔다. 대도시는 물론 농촌에까지 슈퍼마켓 등의 대규모 유통점이 들어서 국민이 섭취하는 식품의 지역차가 사라짐으로써 전국 어디서나 균등한 식품 소비를 할 수 있게 되었다.

이같은 유통시장의 확대와 함께 식품공업의 발달은 다양한 가공식품의 공급을 가능하게 하여 국민의 식사양식을 전환하는데 획기적인 계기가 되고 있다. 즉 가정에서의 조리를 감소시킬 뿐 아니라 가정 내에서의 식사빈도를 줄이는데도 영향을 미치기 때문이다.

가공식품의 이용이 증가하는 가장 큰 이유로는 가공식품이 갖는 여러 장점 중에서도 '간편성'과 '편리성'의 기능을 들 수 있다. 이것은 주부가 처음부터 끝까지 식품을 조리하여 완성하는데 드는 시간과 노력 등의 가사노동을 가공식품으로 대체하는 편리성 뿐만 아니라, 즉석면이나 3분 카레 등과 같이 간편성의 기능까지 부가되어 더욱 손쉽게 음식을 이용할 수 있게 한다. 사회가 복잡해지고 전문화됨에 따라 주부의 직장 진출이나 여러 목적의 사회 진출은 바쁜 주부들과 쉬고 싶은 주부들을 증가시키므로, 식생활에 드는 노동과 조리기술의 대체욕구는 가공식품의 이용률을 더욱 증대시킬 것이다.

따라서 유통시장의 확대에 따른 가공식품이나 조리완제품 등 편의식품의 자유로운 이용은, 외식과 더불어 우리의 식생활 문화를 새롭게 전개하여 갈 것이다.

(3) 생활양식의 변화

가족의 평균수명 연장, 자녀 수의 감소 등 가정 환경의 변화도 식생활 문화에 영향을 미친다. 특히 가정의 생활양식은 현저하게 변해서, 대

부분의 가정의 가족형태는 핵가족 제도가 정착하고 더불어 그에 따른 식생활의 양상도 바뀌게 되었다.

예전의 가부장적 중심의 대가족 제도에서는 새로운 식단이 밥상에 차려지는 것은 대단히 어려운 일이었으나 간단한 핵가족의 가족형태는 가공식품이나 조리완제품 등의 새로운 식품을 손쉽게 이용할 수 있게 한다. 가족 구성원간의 힘과 중심이 가장에게 집중된 대가족 제도에서는, 집안의 어른들 위주의 식단이 식탁에 반영되어 한 가정의 식사 문화가 형성되었으나, 오늘날은 오히려 아이들 중심으로 가정의 식사문화가 바뀌고 있다. 학교급식이나 친구들의 집에서 먹어 본 가정 밖에서의 아이들의 새로운 식사 경험은 어머니에게 전달되어 대부분은 그대로 식탁에 반영되기 때문이다. 이것은 아이들이 있는 가정일수록 식단의 변화와 식생활의 다양화가 그렇지 않은 가정에 비해 매우 역동적으로 진행되는 것을 시사한다. 나아가 고령화 사회로 접어들면서 노인들만 생활하거나 독신형태의 생활, 집 밖에서의 생활이 연장되는 등, 오늘날의 생활양식의 다양한 변화는 식품의 소비 문화도 다채롭게 창출시켜 새로운 식생활 문화를 형성해 가고 있다.

② 21세기 식생활의 특징

(1) 가정의 전승(傳承)이 사라지는 식사

인간은 태어나면 누구라도 갓난아기 때는 모유를 먹는다. 즉 인간이 세상에 태어났을 때는 세계인은 누구나 모유라고 하는 똑같은 음식물을 섭취한다.

그러나 유아기(乳兒期)를 벗어나게 되면 성장에 따라 각자의 식사양식은 나라와 지역에 따라 그들 나름의 식사문화로 정착하기 된다. 거기에는 각 가정을 통해 전승하는, 소위 식습관이 크게 관여하여 가정에서의 식사양식이 유아기 이후부터 길들여지고 학습되기 때문이다.

그러나 미래의 모습은 부모의 식사양식이 자녀들에게 전승될 수 있는 조건이 점점 사라져 가고 있는 상황이다. 오늘날은 가공식품과 외식의 이용이 증가하고, 모유로부터 성인식으로 이행하는 단계에 맞들이는 이유식 조차도 완성된 유통제품을 이용하고 있기 때문이다. 같은 가족끼리도 각자 자신의 취향과 기호대로 자유롭게 완제품의 식품을 구입하여 즉석에서 이용하는 등 반드시 동일식단의 식사를 하지 않아도 좋고, 배달이나 외식 등에 의존해서 먹는 식사양식도 증가하고 있다. 또한 여성의 사회 진출이 증가함으로써 아이들을 유아원이나 보육원에 맡기는 일이 증가하는 세태도 그 원인이 될 수 있다.

이러한 요인들이 많아질수록 가정에서의 食의 전승성은 앞으로는 점점 희박해질 것이다. 그러나 1995년에 조사된 우리나라의 국민영양 조사 보고서에 의하면 가정에서의 식사섭취 횟수의 비율은 아침이 86.1%, 저녁이 82.2%로 나타나 불가피한 집 밖에서의 낮동안의 활동 이외에는 대부분의 국민이 아직까지는 가정에서 식사를 해결하는 것으로 조사되었다. 이것은 새로운 식품이나 식사 양식이 한 나라의 국민식이나 식문화로 정착하는 데는 앞에서도 언급했듯이 100~200년이라는 시간이 걸릴 정도로 食의 고착성(固着性)이 대단히 강하기 때문으로 사료된다. 그러나 인간의 衣·食·住의 생활에서 예전에는 모두 가정의 기능이었던 衣생활과 住생활의 기능이 오늘날은 완전히 사회로 이행되어 영위되듯이, 食의 기능도 그 흐름은 느리지만 서서히 사회로 이행될 것이라는 생각은 부정할 수 없다.

따라서 향후 가정의 기능 중에 식생활과 관련된 부분이 어디까지 얼마만큼 유지될 것인가 하는 것은, 앞으로의 21세기의 식생활을 전망하는 데에 중요한 지표가 될 것으로 생각된다.

(2) 개성 지향의 식생활

오늘날 백화점의 식품 매장에 들어가 보면 우리가 어느 나라에 와 있는지 모를 정도로 세계 속의 다양한 먹거리들이 풍성하게 진열되어 있는 것을 볼 수 있다.

도시 뿐만 아니라 농촌에도 요즈음은 대형마켓이나 24시간 영업의 유통점, 외국의 식품체인점 등 다양한 형태의 식품매장이 현대의 식생활 문화를 상징하듯 늘어나고 있다.

따라서 어느 도시에서나 같은 음식이 소비되어 식생활의 지역성이 희박해질 뿐 아니라 대량 생산체제의 식생활 양식에 개인의 식습관도

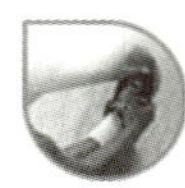

개성과 상관없이 일반적으로 통일되는 양상을 나타낸다. 그러나 이같은 대량생산의 소비 풍조 속에서도 한편에서는 손으로 직접 만들고 손수 집에서 특별식을 준비하여 먹는 것을 하나의 취향이나 개성 창출의 기회로 생각하는 추세도 끊임없이 병행하고 있다.

오늘날 세계의 먹거리가 저렴한 가격으로 물밀듯이 들어온다 해도, 국적불명의 기계화된 특정의 맛에 인간의 개성적인 입맛이 매몰되는 것은 안타까운 일이다. 더구나 21세기는 인간의 고령화가 더욱 진행되어 어떻게 먹는 것이 얼마나 건강과 장수에 기여할까라는 관심이 증가하면서 식품의 기능은 한층 더 다양해질 것으로 전망된다.

건강에 지향을 둔 식사에 대한 관심이 높아질수록 자신만의 개성과 건강상태에 따라 식품의 선택과 조리법을 구사하여 손으르 직접 만든 음식에 더 많은 가치를 부여할 것이다.

오늘날의 '손칼국수'와 '손만두'처럼 대량생산의 식품에 대응하는 음식점의 상술이 성행하는 추세에 비추어 보면, 앞으로는 더욱 인간의 수고와 체온이 개재된 식품의 부가가치는 높아질 전망이다.

예전에는 '먹는다'는 말이 뇌리에 들어오면 '만든다'라는 생각이 조건반사적으로 연상되었으나 지금은 먹는다와 만든다는 별개의 것으로 인식되어 그 간격이 점점 멀어지는 시대에 살크 있다.

따라서 21세기는 이러한 만든다와 먹는다의 관계를 어떻게 조화시켜 올바른 식생활양식을 창출하느냐가 우리의 식문화를 전개하는데 중요한 지표가 될 것으로 예측된다.

(3) 건강·장수(웰빙) 지향의 식생활

진나라의 시황제 시대부터 건강 장수는 인간의 꿈이었고, 오늘날의 풍족한 경제사회 실현과 초고령화 사회의 도래는 인간으로 하여금 오래도록 건강하게 잘 먹고 행복하게 사는, 소위 '웰빙(Well-being)'의 욕구충족이 궁극적인 미래의 식생활의 개념으로 다가오고 있다. 예전의 위생상태와 영양상태로 인한 감염성 질환은 줄어드는 반면 생활습관에 기인하는 비만, 순환기계질환, 암 등의 생활습관병(표 1-14 참조)의 이환율은 날로 증가하는 실정이다. 따라서 식품 측면에서도 영양실조 시대의 식품개발과 간편성을 추구해 왔던 식품개발의 풍조가, 이제는 급증하는 생활습관병 즉 성인병의 대책으로서의 식품개발로 그 목적이 전환되어 건강과 장수를 식품의 이메지로 부각시키는 시대가 도래하고 있다. 건강관련 식품은 국민건강의 "예방분야"에 개입하는 것으로 나날이 확대하는 의료비지출에 제동을 걸어 세계적인 건강지향식품의 개발경쟁에도 그 역할을 담당하는 중요분야가 되고 있다. 소위 '건강식품(Health foods)'이란 건강한 삶을 위해 도움이 되는 식품으로서, 보건기능식품(특정보건용식품, 영양기능식품)과 건강식품(건강보조식품, 기타 건강식품) 등으로 분류하여 사용한다. 그동안 맛있는 것, 안전한 것, 편리한 식품 등을 제공해 왔던 식품제조업체는 오히려 '병의 원인을 만들어 왔다'라는 소위 "식원병(食原病)"의 진원지로서, 오늘날 현대인의 오염된 식습관을 조장해 온 것으로 평가할 수 있다.

표 1-14 생활습관과 질병과의 관계

	암	고혈압	당뇨병	골다공증	동맥경화	비만	심근경색
고지방식	○	○	○	-	○	○	○
저복합당식	○	-	○		○	○	○
저비타민, 무기질식	○	○	-	○	○	-	-
고자극성식품	○	○	-	○	-	-	○
다량의 알코올	○	○	-		○	○	○
흡연	○	○	○	○	○	-	○
유전자	○	○	○	○	○	○	○
연령	○	○	○	○	○	-	○
스트레스	○	○	○	○	○	○	○

따라서 미래의 식생활은 '의식동원(醫食同源)', 즉 음식을 먹는다는 것과 질병퇴치 및 생명을 건강하게 보존하기 위한 본질은 동일하다는 개념을 궁극적으로 실현하는 건강 장수의 식생활을 지향하게 될 것이다(표 1-15 참조).

표 1-15 현대식과 건강장수식의 비교

현대식(유해물질 축적)	건강장수식(生氣축적)
부분식(편식)	전체식
수입식품	신토불이식
과식	소식
외식	전통식
공장요리(인스턴트식)	가정요리
일반식품	기능성식품
동물성식품	식물성식품
가공식	천연식

식습관을 오염시키는 7가지 실태

- 지나치게 정제하고 가공된 식품, 껍질을 제거하거나 떫은맛을 우려내어 사용하는 식품처럼 전체로서의 식품 즉, 전체식을 부분식으로 이용하는 것은 미네랄과 섬유소 부족을 야기하여 생명이 없는 먹거리를 양산하는 것으로 우리 몸의 만성적인 기아상태를 조장하고 있다.
- 풍토식 대신 일부의 먹거리를 수입식으로 이용하는 것은 우리 몸과 지구의 생태계를 빈사상태로 만들 수 있다.
- 계절식 이외의 먹거리의 이용은 먹거리를 통해 얻을 수 있는 적응력과 저항력을 저하시킨다.
- 기호식을 일상식으로 이용하는 것은 산성체질화를 조장하여 몸의 기능을 마비시켜 간다.
- 공장요리의 먹거리는 음식의 기(氣)를 분산시켜 저항력을 약화시킨다.
- 자연식이 아닌 인공의 먹거리(인스턴트식)는 몸의 병기(病氣)를 야기시킨다.
- 동물성 위주의 식생활은 대지의 생태계를 파괴하는 행위로서, 결국 인체의 대사체계를 문란하게 한다.

미래식의 가이드 라인 : 파괴에서 창조로 가는 식생활

- 몸과 마음이 맛있는 식생활 ; 전신의 세포가 살아 움직이는 천혜의 맛을 즐기는 식생활
- 생명력을 창조하는 식생활 ; 환경오염의 해를 극복할 수 있는 원기를 키워, 생명력을 최대한 발휘할 수 있는 식생활
- 지역자급이 가능한 자립형 식생활 ; 안심하고 자유롭게 먹고 살 수 있는 근간은 자립형 식생활
- 인간과 지구를 희생하지 않는 평화로운 식생활 ; 자연과 어린 생물을 희생하지 않고, 절제하며 생활하는 식생활
- 생명력이 충만한 먹거리의 생기(生氣)를 천연 그대로 살릴 수 있는 조리법의 식생활 ; 계절의 생명력이 충만하고 다양한 먹거리를 통해 몸과 마음의 기운을 샘솟게 하는 식생활

한국의 식생활 문화

1. 우리나라의 식생활 문화

1 자연환경과 식생활 문화

문화란 자연에 대한 인간의지의 대립으로 발생하는 것이다. 그러므로 문화는 자연환경에 언제나 제약받고 있으며 이 자연환경은 각 지역과 민족문화 내용의 특성을 규정짓고 있다. 따라서 자연환경은 식품의 산출과 조리가공에 기저적인 요인으로 작용하여 왔다.

한국의 지리적 위치는 유라시아 대륙의 극동에 위치한 반도로서 동경 $131°51′ \sim 22 \sim 124°16′$ 사이 북위 $33 \sim 43°$ 에 이르는 3면이 바다로 둘러싸인 반도국이다. 기후에 있어서는 대륙적인 기온과 사계절의 구분, 지세, 계절풍으로 인한 강우량의 분포, 습도, 일조율 등 다변적인 기후 구조를 이루고 있어 농림, 축산의 입지를 다양하게 하였고 여름철의 고온다우(高溫多雨)와 남북의 기후차, 일조시간이 많고 건조한 계절은 밭작물에 적합한 환경을 조성하였다. 또한 지리적 위치가 세계 최대의 유라시아 대륙의 동부 주변에 위치한 반도국으로 대륙과 해양의 양방으로부터 문화를 받아들이고 전파할 수 있는 위치에 있다. 이와 같이 한국풍토의 다양성으로 인하여 일찍이 농경문화 조건을 갖추었고 지역별 특성을 살펴보면, 기후가 한랭하고 강우량이 적은 관북지방은 메밀을 재배하기에 적합하였고 황해도, 평안도 지방은 소맥, 기장 재배가, 온화하고 습도가 많은 영남지역은 대맥이 재배되었다. 고대의 고조선이나 예맥, 고구려 등이 위치했던 만주일대는 콩의 원산지이므로 일찍이 콩을 생산하여 주변지역에 전파하였으며, 콩으로 장류를 가공하는 기술을 개발하여 발효 식품인 장의 가공, 콩밥, 콩가루 및 콩나물 기르기 등 콩 문화를 증진시킴으로써 쌀, 보리를 주식으로 하는 한국의 일상 식생활에 영양상의 균형을 이루었다.

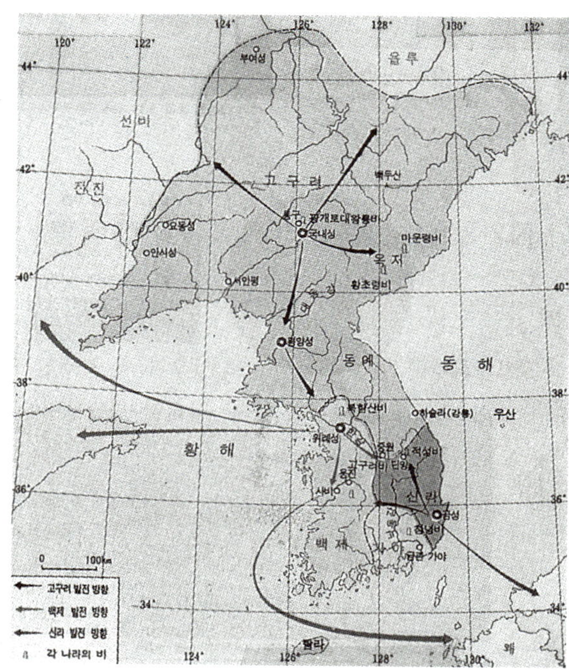

그림 2-1 한반도의 지리적인 위치

또한 고대의 명물인 맥적(貊炙 : 고기구이)의 솜씨는 한민족의 선조로 보이는 예맥족의 것으로 보며 우리 전통 고기구이의 원조이다. 3면의 해양환경은 수산물 보고를 이루고 염전의 경영과 조선기술을 발달시켰으며 해양을 통하여 일본으로 벼농사 기술, 발효식품 기술 등을 전하였고 외국식품 유입경로도 해양을 통해 전해졌다. 3면이 바다로 둘러싸인 우리나라의 위치는 풍토의 다양성과 식생활 문화의 다면성 형성으로 작용하였다.

① 곡물의 상용화

우리나라의 농업은 잡곡농사로 시작(신석기시대 중기)하였으며 기원전 2000년경에 벼농사가 시작되었다. 우리나라는 곡물음식이 가장 많이 개발되고 널리 보급되어 토착성이 짙은 전통음식으로 계승되어 왔다. 일상 식생활은 쌀, 보리, 조(기장) 등으로 지은 밥을 주식으로 한다. 밥은 상용 주식인 기본음식으로 농경사회가 본격화된 시기 이후부터 오늘날까지 그 뿌리를 지켜오고 있으며 삼국시대 후기 경부터 밥짓는 법이 일반화되었다. 죽은 농경문화가 싹트면서 최초로 시작된 곡물요리로서 밥과 떡보다 먼저 시작되었으며 밥이 상용주식으로 정착되면서 죽은 대용주식, 보양식, 별식, 구황식으로 발전되었고 떡은 의례 음식화되었다.

곡물 상용화의 식생활을 전개하면서 콩의 상용화, 채소의 상비화를 위한 저장, 가공기술을 개발하여 식생활의 기본형을 이루었다.

② 발효개발식품은 장과 김치 등이다.

삼국지 위지 동이전에서 고구려 생활풍습을 수록한 내용에 "고구려 사람들은 장양을 잘한다"라고 기록되었는데 장양(藏釀)이란 술빚기, 장 담그기 같은 식품가공 기술을 말한다.

고구려는 콩의 원산지인 만주벌판에 근접하고 있어 콩을 소재로 한 발효식품을 개발하였다. 이것은 콩을 어두운 곳에서 발효시켜 소금을 섞어 만든 것으로 중국 사람들은 "시"라 하였고 일본문헌에는 "미소" 또는 "고려장(醬)"이라고 기록하였다. 장은 모든 음식 맛을 좌우하는 조미용 식품이고 식물성 단백질 급원으로 그 효용성이 크며 또한 가정

상비 식품으로서 김치와 함께 고유한 전통을 이룬다.

또한 비타민, 무기질의 급원 상비 식품인 김치는 한국의 기후조건에 따라 겨울철 3~4개월 동안의 엄동설한에 대처한 상비식품으로 개발되었는데, 김치의 역사는 삼국시대까지는 소금 절임, 장 절임, 소금과 술 또는 술지게미 절임 등 마치 지금의 동치미, 짠지, 장아찌류와 같은 형태였다. 이후 숭불사상으로 고기 음식이 절제되면서 나박김치류가 개발되어 김치로 정의할 수 있는 것으로 발달하였으며 16세기 말 고추가 유입되면서 오늘날과 같은 김치로 발전하여 왔다.

김치는 숙성 중에 생기는 유산이 정장작용을 하여 영양상 효과와 청량감을 줌으로써 맛의 합리성을 갖게 한다. 이와 같이 우리의 조상은 채소발효식품인 김치에 고추를 도입하고 수산발효 식품인 젓갈을 슬기롭게 결합시켜 오늘날의 김치를 개발하였다.

③ 민간신앙의 고사행위에 사용된 제물은 가축의 사육화와 수렵생활을 숭상하게 하였고 그에 따른 고기음식의 조리법도 곡물음식과 더불어 발달하였다.

④ 3면이 바다로 된 우리나라는 수산자원(어패류, 미역, 다시마, 김)의 이용도 활발하였다.

⑤ 사계절의 구분은 농사관리와 식생활 관리에서 계절배분의 관행을 정착시켰다.

② 사회환경과 식생활 문화

식생활 문화 형성의 기저적인 영향 요인이 자연환경 이라면 여러 형태의 변천과 발전에는 각 시대의 사회적 환경의 영향이 크게 작용하였다.

한국의 식생활 문화는 지리적으로 아시아 동북부에 위치하고 있어서 국외적으로는 대륙과 해양 즉, 중국대륙의 역대문화와 남방의 해양문화의 영향을 받아 상호간의 정치, 문화간의 교류가 이루어졌으며, 그 과정에서 새로운 식품의 유입과 재배기술이 발달하는 계기도 되었다.

국내적으로는 역대의 정치, 문화, 경제의 여건에 따라 식생활 문화에

많은 영향을 미쳐왔다.

사회환경의 요인으로는 법률, 종교 같은 사회규범과 제도 및 풍속을 들 수 있는데 부족연맹체 국가를 형성하여 가던 고대사회의 배경은 농업이 주산업화가 되면서 공동체형의 식생활을 이루어 살았으나 농경문화의 정착으로 식생활이 안정되면서 왕권중심 체제를 형성하였고, 계급의 구분으로 인해 식기와 상차림의 양식이 귀족식과 서민식으로 분리되는 식생활의 계층화를 이루었으며 상무(尙武)환경에서는 고기음식이 발달하였다.

또한 숭불환경에서는 차(茶)와 과정류 및 고려자기가 발달하였고 유교문화로 새로운 정치윤리를 확립하면서 조상봉제사 등 관혼상제의 의례절차에 따른 식생활의 변화, 향토음식 발달 등 식생활 문화의 변천과 발달에는 역대의 사회적 환경이 크게 작용하여 이루어져 왔음을 알 수 있다.

그러므로 우리나라 역대의 사회환경이 고대부터 오늘날의 식생활 문화형성에 이르기까지 어떠한 영향을 미쳤는지 시대별로 요약하면 다음과 같다.

① 고대의 씨족사회와 부족국가를 이룬 사회적 배경은 씨족이나 부족 전체에 바탕을 둔 공동체적 의식이 농토에 결부되어 공동체적 식생활 양식을 이루었다. 즉 제천의식에 차려진 음식이나 무속행의, 고사행의, 부락제 등에서 시루에 찐 떡을 시루째로 놓고 통돼지 상징으로 돼지머리를 올리고 술은 동이채로 담아 의식을 행하는 풍습은 고대의 공동체적 사회환경에서 유래되었다.

② 중농정책(重農政策)을 근본으로 삼았던 환경이었던 삼국시대에는 도작 중심의 농경생활이 확립되었고 쌀을 주식으로 하고 수조어육류를 주부식으로 하는 주부식 분리의 정착화를 이루었다. 3면의 어장을 활용하여 어패류를 공급받았으며 근접 국가와의 해상교류도 활발하였으나 목축, 어로를 통한 식품은 종교의 영향으로 인하여 제한을 받았다.

③ 삼국의 통일은 삼국의 문화를 조화롭게 융합시키고 국제간의 무역교류를 통하여 다양한 식문화로 발전되는 시대였으며 통일신라시대

부터 고려 때의 숭불사조 환경은 육식절제 풍습을 낳았고 육식의 쇠퇴 현상을 초래했다.

그러므로 이로 인하여 이 시기에는 국물 김치류와 쌈싸기 같은 고유의 채소음식이 발달하였고 음다(飲茶)풍습과 과정류도 발달하였다. 또한 고려시대의 경우 국제간의(송, 글안, 여진, 몽고) 대외교역이 확대되면서 외국 상인들을 위한 객관요식업이 발달하게 되었으며 소주(燒酒), 상화(霜貨), 호초, 사탕(砂糖) 등이 우리나라에 유입되었다.

④ 조선시대에는 농사에 관련된 천문과학 기술의 발달과 농사기술 지침서 간행 등으로 인하여 농사발달에 도움을 주었으며 유교문화가 정착되면서 음다 풍습은 쇠퇴하였고 숭늉과 막걸리를 대신 마시게 하였다. 조상에 대한 봉제사와 가족제도에 따른 식생활이 크게 발달하였으며, 공자시대에 사용된 숟가락은 우리나라의 수저문화를 정착시키고 향약의 연구보급은 음식에 약식동의(藥食同意)의 개념을 토착화시켰다. 약효가 있는 식품들을 일상식사에 자연스럽게 가미하여 식이요법적인 효율성을 높였다.

⑤ 19세기 중엽 이후 개화기 시대에는 식생활의 근대화로 인하여 식품유통 체제가 지역별로 확대된 시기로 식생활의 근대화가 이루어지고 다양한 식생활 문화가 시작되었다. 서양의 식생활 문화가 전래되면서 재래의 한식과 서양식의 식문화가 혼합된 이중구조의 식생활 문화가 등장한다. 즉 밥과 빵, 숭늉과 커피, 우유, 수저와 포크, 스푼 등이다.

⑥ 일제시대는 우리의 생업권을 박탈하여 식생활의 암흑기로서 극도로 궁핍했으며 일본에 의해 가공식품이 제조되면서 식생활의 범위가 확대되었다.

⑦ 1960년 말부터 1970년 중반까지 경제개발 5개년 계획은 자립경제 기반을 구축하였고 산업구조가 고도화되면서 식품산업의 공업화가 성립되었다.

❸ 통과의례와 식생활

통과의례는 인간의 출생에서 죽음까지 한 생애를 지나는 동안에 겪게 되는 중요한 고비의 과정을 의미있게 하려는 의식으로 의례는 각기 규범화 된 의식에 따라 축하하거나 기념하고 있으며 의례음식에는 의례의 의미를 상징하는 특별양식이 있다.

민속학자인 Arnold van Gennep은 통과의례에 관하여 정의하고 있는데 "한 개인의 일생은 출생, 사회적 성숙, 결혼, 부모가 되는 것, 사회적 지위의 상승, 죽음 같은 즉 한 고비의 끝이자 동시에 다음고비를 맞이하는 시작의 의미가 있으며, 각각의 의식마다 목적이 있다. 그 목적은 개인을 특정한 [Status]에서 다른 [Status]로 통과시키는 일이다" 라고 정의하였다. 한국인의 전통적인 통과의례는 크게 분류하면 출산과 혼례, 상례와 제례로 구분할 수 있는데 그에 대한 식생활의 풍습은 다음과 같다.

(1) 출산과 혼례에 대한 식생활

① 출산에서 돌

아기가 출생하면 먼저 삼신상을 올리고 산모에게 백반과 미역국을 먹인다. 삼신상은 아기와 산모의 탄생과 순산을 신께 감사 드리고 건강 회복을 축복하는 의례행사이다.

미역은 해초류로 파혈(破血)의 성분이 있어 산부(産婦)에게 맞기 때문이다. 또한 해산미역은 넓고 길게 붙은 것으로 고르며, 가격을 깍지 않고 사오는데 이것은 미역을 살 때 상인이 미역을 손님에게 깎아주면 그 미역을 먹은 산모가 아기를 낳을 때 난산한다고 믿었기 때문이다.

아기가 출생한지 21일인 삼칠일에는 금줄이 내려지면서 외부인들이 방문을 하게 되고 주인집에서는 백설기와 수수경단을 대접하며 축하하였다. 삼칠일까지도 산모는 밥과 미역국만을 먹으며 지낸다. 100일째 되는 날인 백일에는 아기를 위해 잔치를 베풀어주었으며 이때는 출생의 신성함과 무병장수를 의미하는 백설기를, 적색은 부정을 막는다는 의미로 붉은 팥 수수경단 등 떡을 만들어 백 집에 나누어주는 풍습이 있었는데, 이는 백일부터는 인간사회의 한 일원이 된다는 뜻에서 떡을 돌리며 인사를 겸하는 것이다.

첫 돌은 생후 1년 만에 처음 맞는 생일로 생활이 어려운 집에서도 반드시 차려주는 통과의례이다. 돌날에는 가족, 친지들을 모시고 아기의 무병한 성장과 복록을 누리도록 축복해 준다. 돌날에는 돌장이에게 돌상을 차려주어 돌을 잡히게 하는데 이는 돌상에서 처음 또는 두 번째 잡은 물건을 가지고 아이의 장래를 점치는 풍속이 있었다. 돌상에는 흰밥, 미역국, 백설기, 수수경단, 생과일 외 흰쌀, 타래실, 책, 붓, 활, 돈 등을 놓는다. 또한 해마다 돌아오는 생일에는 흰밥과 미역국을 준비해 준다.

② 혼례

혼례는 신랑 신부가 결합하여 부부로 인연을 맺는 의례행사로 혼례음식은 혼례절차에서 예(禮)와 서약(誓約)의 표징이 되어왔으며 이날 차리는 혼례상을 교배상이라고 한다. 신부집에서의 혼례예식을 마친 후에는 신랑집으로 시부모님께 인사를 드리러 가게 되는데 이때 신부집에서는 신랑집으로 가져갈 음식과 의복을 정성스레 준비한다. 신부가 시부모를 처음 뵙고 인사드리는 예식을 신부의 현구고례라 하는데 이때 신부집에서 준비해 온 음식을 가지고 시부모님께 인사를 올린다. 이때의 음식을 "폐백(幣帛)"이라 하고 그 절차를 "폐백 드린다"고 한다. 지방별로 약간의 차이는 있지만 폐백음식은 대개 시부에게는 대추, 시어머니에게는 육포를 쓰는 것이 보통이다. 신랑과 신부가 절을 드리면 시댁 어른들은 대추와 생률을 신부에게 던지며 "아들딸 많이 낳아 잘 길러라"라는 덕담을 해주었다.

그림 2-2 신랑이 신부집에 들어설 때 호박을 깬다.

신부는 받은 생률과 대추가 아무리 많은 양이라도 혼자서 하나도 남기지 말고 다 먹어야 자손이 번창하게 된다는 속신이 있었다. 또한 시어머니는 육포를 던져주기도 하는데 이는 시어머니가 며느리에 대한 관용을 의미하는 것으로 고부간의 정을 나타내 보여 주기도 하였다.

또한 신부집에서 보낸 음식들은 시댁 일가 친척들이 나누어 먹었으며, 신부가 준비해 온 음식의 정도로 신부의 가문에 대한 경제능력을 가늠하기도 했다고 한다.

(2) 상례와 제례에 대한 식생활

① 상례

상례는 사람이 운명한 후 그에 대하여 마지막 이별을 절차 있게 행하는 의례를 말한다.

예로부터 관혼상제 의례 행사 중에서 상례의 절차가 가장 복잡하고 정중하였으며 이 의례의 절차를 통해 한 가문의 자손들의 효심을 가늠하기도 했다고 한다.

상례 중에는 몇 번의 전(饌)을 올린다. 전은 술과 과일(생과, 조과), 포를 놓았다. 사람이 운명한 후 3일, 5일, 7일간 장례식까지 살던 집에 머물러 친척, 친지들이 애도를 받는데 오는 조객들마다 밥상을 내주고 하루에도 수많은 상을 차린다. 밤을 새우는 조객들은 밤참까지 대접하였으므로 장례식이 끝날 때까지의 소비되는 술, 고기 등 음식의 양이 죽은 사람이 삼년 먹을 것을 가지고 간 폭이 된다고 하여 "죽어도 3년 먹을 것 가지고 간다."라는 말이 여지껏 전해지고 있다.

② 제례

제례는 고인을 추모하고, 근본에 보답하는 의례라는 뜻으로 보본의식(報本儀式)이라 한다.

이 날은 멀리 일가 친척들이 제사에 참여하여 서로 복 받기를 기원한다. 제사를 지내는 집에서는 음식을 정성스럽게 준비하였으며 음복이라 하여 제사가 끝나면 제사에 참여한 사람들과 함께 음식을 나누어 먹는 제례의 절차중의 하나로, 음복을 함으로써 제사를 모신 사람과 받는 사람이 합체를 이룰 수 있다고 믿었으며 이 때에 제사음식 중의 하나인

나물들을 밥에 듬뿍 넣고 비빈 비빔밥을 친지와 가족들에게 나누어 먹는 풍속이 있었다.

또한 참석한 사람들에게 제사 음식을 싸주어 복을 서로 나누어 받고자 하였다.

2. 우리나라 식생활 변천

우리나라의 식생활사의 시대구분은 다음과 같은 내용으로 요약된다.

① 선사시대(구석기·신석기시대) : 자연식품 채취식시대

② 부족국가시대(삼국정립 이전시대) : 벼의 재배와 주부식분리시대

③ 삼국시대(고구려, 백제, 신라 정립시대) : 식생활의 계층화시대

④ 통일신라시대(7 세기 중반~10 세기 초반) : 식생활 체제의 정착시대

⑤ 고려시대(10 세기 중반~14 세기) : 식생활 변천시대

⑥ 조선전기시대(15~16 세기) : 한식의 발달시대

　조선후기시대(17~19 세기) : 한식의 완성시대

⑦ 개화시대(19 세기 중반~19 세기 후반) : 식생활의 다양화시대

⑧ 현대(20 세기 중반~20 세기 후반) : 합리적인 식생활의 모색시대, 식생활의 서구화 시대

각 시대의 변천에 따른 사회적 배경과 식생활의 특성에 대하여 살펴보기로 하자.

1 선사시대의 식생활

한반도에 인류가 출현한 것은 구석기시대부터라는 것이 여러 유적발굴에서 확인되고 있다. 선사시대는 시대별로는 자연식품 채취 중심의 식생활이었던 구석기시대와 어로와 수렵의 중심의 식생활을 했던 신석

기 시대로 구분되어지는데 구석기시대와 신석기시대의 식생활의 특징
을 살펴보면 구석기 시대에는 동굴이나 움집에 살면서 동물을 사냥하
고 자연에 산재해 있는 과일, 곡류, 나무뿌리 등을 먹고 살았다. 불을 발
견함으로써 불을 이용하여 요리를 해서 음식을 먹었으며, 난방의 효과
와 짐승으로부터 보호를 받았을 것이다. 이 시대의 유물로 보아 사냥과
요리기구는 타제 석기를 이용한 것으로 해석된다. 신석기시대는 서기
5000년 전부터 시작되었으리라고 추정되며, 이 시대의 문화적 주류를
이루는 것은 빗살무늬토기로 이것은 주방용구로 많이 이용되었다. 식생
활의 특징은 어업 문화가 발달한 시대로 조개와 패총이 유물로 여러 곳
에서 발견되었던 점을 보아 조개류가 식량이나 교역의 주류로 많이 이
용된 것을 볼 수 있다. 대형의 빗살무늬토기에 채취 가능한 식품을 이
용하여 공동식사 형태로 생활하였음을 알 수 있다.

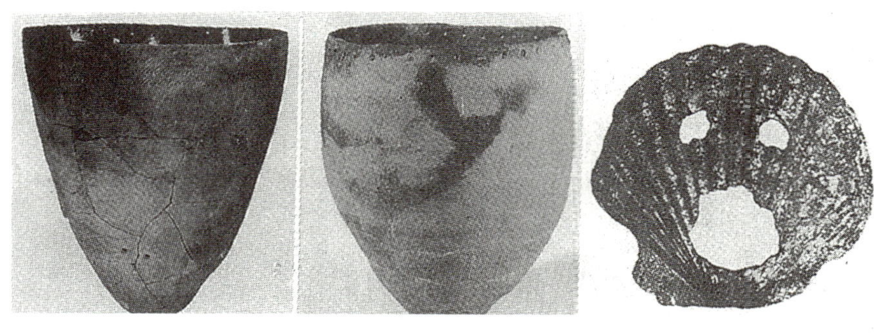

<table>
<tr><td>즐문토기</td><td>무문토기</td><td>패면</td></tr>
</table>

그림 2-3 즐문토기와 무문토기 및 패면

원시적인 식생활을 한 빗살무늬토기인들은 날 것을 먹거나 직화(直
火) 조리, 삶거나 찌는 조리법과 발효시키거나 햇볕에 말리는 법, 냉동,
움 저장하는 저장법도 사용하고 있었던 것으로 추정된다.

② 부족국가 시대의 식생활

북방 유목민들이 청동기를 갖고 들어와서 선 주민들과 서로 어울려 우리 민족의 원형인 맥족이 형성되었고 이들은 단군 고조선을 세웠다. 그 후 B.C 900년경에 청동기 문화가 유입되면서 청동기 문화 발전과 더불어 무문토기시대가 전개되는데, 이는 화북지방으로부터 농경문화가 들어와 벼농사가 시작되었음을 뒷받침하고 있다.

벼농사는 B.C 4세기경 연 나라의 교류로 인해 철제농기구를 수입, 제작하면서 농경문화를 더욱 발전시켰으며 경지 면적의 증대를 가져옴으로써 쌀의 수확량을 급격히 증가시켰다. 이로써 기존의 어로, 수렵 중심의 식생활과의 이중 구조를 이루면서 차츰 곡류를 주식으로 하는 농경문화로 정착되어가고 있었다.

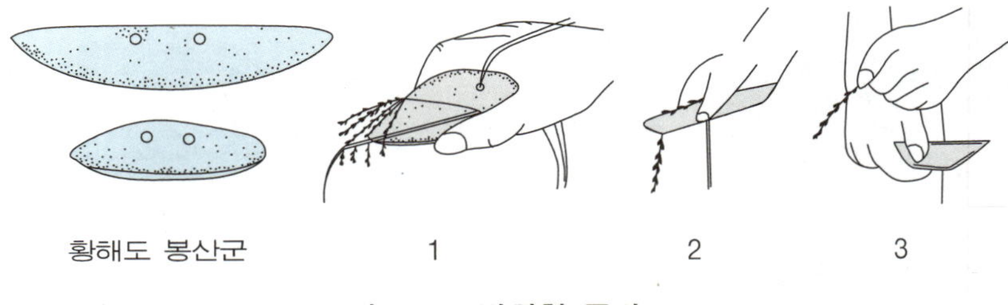

그림 2-4 반월형 돌칼

B.C 2000년경 유적에서 반월형 돌칼이 출토되었는데 곡식의 이삭을 자르는 기구로 농업기술이 발달되었을 것이라고 추정된다.

농경 문화가 발달하면서 부족국가시대 사람들은 안정된 생활을 하였고 풍요로운 생산을 기원하게 되었으며 수확량에 대한 감사의 뜻에서 제천의식(祭天意識)을 행하였다. 곧 부여의 영고, 마한의 5월제와 10월제(풍년기원), 고구려의 동맹, 예의 무천 등으로 농경에 대한 절대성을 보여 주고 있으며 이때는 하늘과 백성이 함께 어울려 술을 마시고 음식을 먹고 즐기는 공동 식사 형태 위주의 식생활을 영위하였다. 이 시대의 곡류 조리법은 시루를 이용하여 찌는 형태였다. 술과 장류 등의 발효성 식품들이 개발되었고 어육류 맛을 좋게 하기 위해 암염과 과일 등으로 각기 짠맛, 신맛을 가미해 맛을 좋게 하기도 하였다. 또한 부족간의 교류와 중국, 일본과의 국제적인 교류도 있었다.

❸ 삼국 및 통일신라시대의 식생활

삼국시대에는 고구려, 백제, 신라 등 삼국이 정립되면서 4세기 경에는 왕권 중심의 국가 체제를 형성하였고, 상층 계급과 서민 계급의 이중 구조의 식생활을 형성함으로써 상차림과 식기류의 계층화가 이루어졌다.

그림 2-5 시장의 광경

이 시대에는 쌀을 주식으로 하는 주, 부식이 확립되었다. 중국으로로부터 불교 문화가 들어오면서 식생활에 크게 미친 영향은 살생금지로 육류 섭취에 대한 제한과 음다 풍습이다. 이 시대에는 조선 기술과 항해술이 발달하여 수산물의 수확과 대외 무역도 활발했다. 부엌 용구와 조리법도 발달하여 이전의 곡물조리법인 찌는 형태에서 직화(直火)의 원리로 가마솥을 이용하여 지금의 밥짓기를 시작하였다. 또한 콩을 가공하여 발효 식품인 두장(獎)을 개발하여 단백질 보급원으로 식생활에 많이 이용하였다. 7세기에는 신라에 의해 삼국이 통일되면서 고구려, 백제 문화를 수용, 융합하여 세련되고 다양한 문화와 식생활을 이루었다. 당과 일본과의 교역도 활발하여서 우리나라는 금, 은, 동 인삼 등을 수출하였고 비단, 의복, 차, 책, 금, 은 세공품 등을 수입하였다. 효소왕 4년에는 시장이 발달하여 상업활동이 활발해지면서 식생활과 관련된 교류가 이루어졌다.

4 고려시대의 식생활

고려시대에는 불교를 숭상하고 권농정책을 이루었으며 관료제도가 정착되었다. 고려시대의 식생활은 중기 이후 몽고의 침입을 받은 전과 후에 크게 달라지는데 몽고침입 이후에는 제한되었던 육식이 일부 성행하였는데 이는 몽고의 식생활의 영향을 받았기 때문이다.

青磁象嵌唐草文碗

青磁象嵌柘榴唐草文大接

그림 2-6 고려청자 식기

빈번해진 외국(몽고, 여진, 거란, 송)과의 교류로 인하여 설농탕, 소주법(燒酒法), 상화(霜花), 포도주, 사탕(砂糖), 호초(胡椒) 등이 유입되었고 불교문화가 茶와 병과류(떡, 약과, 다식) 및 저장·가공식품(국수, 두부, 장, 김치)의 발달을 가져왔다. 또한 고려청자의 발달은 식기의 고급화를 가져왔다.

또한 원나라에 우리의 상추쌈과 약과 등 과정류가 전해져서 인기가 높았다고 한다.

5 조선시대의 식생활

조선시대에는 사대주의, 숭유배불(崇儒排佛)주의로 인하여 극단의 문치정치(文治政治)가 이루어졌으며 사례(四禮 : 관혼상제)존중사상으로 식생활에 많은 변화와 발달을 가져왔다. 숭유주의가 가져온 식생활의 변화를 살펴보면

① 음다(飮茶) 풍습을 쇠퇴시켜 차대신 숭늉과 막걸리로 대신 하였고 병과류 사용도 금지하였다.

② 효를 근본으로 삼은 유교사상은 노인 영양학을 발전시켰는데 이는 부모가 질병이 들었을 때 투약과 간호를 정성껏 하여 효도에 만전을 기하는 것으로, 약효가 있는 식품을 연구하여 약식동의(藥食同意)의 관습을 토착화 시켜 식이요법의 효과를 이루었다.

③ 중국, 한국, 일본 삼국은 젓가락과 숟가락을 아울러 사용하여 수저 문화권에 속하였으나 중국과 일본은 송대(13~14세기)부터 숟가락이 탈락하여 젓가락 문화권으로 되었고 우리나라만이 지금까지 유일한 수저 문화권을 유지하였다. 이는 공자 시대에 숟가락이 사용되어 공자로의 복고사상을 주장하는 숭유주의자들이 숟가락을 버리지 못하였기 때문이다.

④ 숭유주의에 따라 조선시대에는 조상에 대한 봉제사와 가부장 제도에 따른 식생활이 크게 중요시되었으며 상차림의 규범화가 한식의 발달을 이루었다.

Columbus에 의해 미 대륙이 발견되었고 교역을 통하여 곡물과 채소 등이 유입되었는데 그 종류는 옥수수, 땅콩(낙화생), 호박, 토마토, 고구마, 감자, 고추 등이다. 고려청자에 비하여 조선시대의 식기는 백자 그릇으로 견고하고 실용적이며 소박하고 세련된 아름다움이 있다.

조선시대에는 국민사이에 빈부의 차이가 격심해지고 식생활도 신분에 따라 심한 차별제도가 생기게 되었다. 또한 16세기말경에는 고추의

전래로 우리나라 식생활에 대변혁을 일으켰다.

6 개화시대의 식생활

19세기 중엽 이후 개화기에 접어들면서 국제항쟁(國際抗爭)의 소용돌이에 말려들어 외부의 침략을 받으면서 외국의 식생활이 유입되었고 국제간의 식품 유통이 확대되면서 식생활의 근대화가 이루어졌으며 다양한 식생활 문화가 시작되었다.

그리하여 서양의 식품, 요리법, 식생활의 관습이 전해져 우리나라의 한식과 서양식의 식문화가 혼합된 이중구조를 이루었다. 또한 다방(茶房)이 생겨 커피를 보급시켰고, 밥과 빵, 양과자, 서양요리, 중국요리 등을 맛볼 수 있었으며 수저와 포크, 스푼을 혼용하게 되었다.

7 현대의 식생활

일제시대와 6.25 사변(한국전쟁)으로 인하여 식생활의 궁핍화 시대를 초래했으며 60년대 말 70년대에는 경제개발 5개년 계획으로 급속한 경제 성장을 이루기 시작하면서 산업구조가 고도로 성장하였고 식품 산업의 공업화가 형성되었다.

과자류, 라면, 통조림, 된장, 고추장, 햄, 소시지 등의 가공식품과 청량음료와 알코올 음료 등의 기호식품이 생산되었다. 식품산업의 발달로 시장의 규모도 대형화 되었고 소규모의 상점으로 이루어지던 유통체계는 대규모 슈퍼마켓의 형태로 바뀌었으며 소비체제도 점차 확대되었다. 중화학공업이 발달하면서 고도의 경제성장과 소득증대가 이루어지기 시작한 80년대 이후부터는 쌀의 생산량은 과잉상태에 이르러 자급자족이 이루어졌다. 그러나 식생활의 서구화 추세로 인하여 밀가루 음식의 소비량이 높아지고 반면에 쌀의 소비량이 계속 감소추세를 보이자 거의 수입에 의존하는 밀의 소비를 줄이고 쌀의 재고를 방지하기 위해 쌀막걸리나 전통 한과 등을 개발하여 쌀을 위주로 한 전통 식생활 습관에로의 전환을 도모하기도 하였다. 90년대에는 서구식 식생활의 양식이 점차 확대되면서 고단백, 고지방, 고당질의 과잉섭취로 인한 식생활이 성인병의 발병률을 증가시켜 오늘날 국민의 건강을 위협하는 요인으로 논란이 되고 있다.

따라서 국민의 건강한 식생활 방안을 모색하기 위하여 건강식품, 자연식품 등에 대한 관심이 증대되어지고, 정부에서는 한국인을 위한 영양 권장량의 기준을 두어 합리적이고 균형있는 식생활을 영위하도록 하였다.

3. 상차림의 종류와 절사음식(節事飮食)

1 상차림의 종류

한국인의 상차림은 음식배합의 구조의 특성에 따라 일상적인 밥상 차림, 의례상 차림 형식을 갖춘 교자상 차림, 제례상 차림 등으로 구분되어 지며 내용은 다음과 같다.

① 밥상은 밥을 주식으로 하고 반찬은 부식의 성격으로 구성

② 교자상은 주식, 부식의 구분 없이 여러 음식으로 구성하는데 종류에는 잔칫상 등의 특별음식(면상, 주안상, 다과상)으로만 구성.

③ 제례상은 일상적인 밥상과 교자상의 복합형태로 상그적(尙古的)인 의미에서 고인이 생전에 접한 평소음식과 특별음식을 혼합하여 조화롭게 배열한 상차림.

④ 그 외 각기 의례의 의미를 상징할 수 있는 음식을 중심으로 구성한다.

(1) 반상차림

한국의 일상식 차림은 밥과 반찬으로 이루어진 밥상 차림이다. 밥은 상용 주식인 기본음식으로 농경사회가 본격화된 시기 이후부터 오늘날까지 이어져 내려왔다.

밥과 반찬의 내용구성은 영양적인 면과, 미각·시각적인 면에서 상호 보

완성을 기본원칙으로 하며 한 상에 모아 차리는 양식으로 정착되었다.
　　반상 차림의 종류에는 가장 기본이 되는 상차림인 3첩부터 반찬 수에
따라 내용물이 달라진다.

표 2-1　반상차림

	기본 음식					찬품의 조리법								
	밥	탕	찌개	찜	김치	생채	나물	구이	조림	장아찌	전유어	회	자젓반갈	수편란육
3첩반상 (1즙3채)	○	○	/		○	○	○	○ 구이 또는 조림			/	/	/	/
5첩반상 (2즙5채)	○	○	○ 찌개		○	○	○	○ 구이 또는 조림			○	/	○ 자반 또는 젓갈	/
7첩반상 (3즙7채)	○	○	○ 찌개	○ 찜	○	○	○	○	○	○	○	○	○ 자반 또는 젓갈	/
9첩반상 (3즙9채)	○	○	○ 찌개	○ 찜	○○	○	○	○○ 2 종류	○ 조림	○ 장아찌	○	○	○ 자반 또는 젓갈	/
12첩반상 (5즙12채)	○○ 2 종류	○○ 2 종류	○ 찌개	○ 찜	○ ○	○	○	○○ 2 종류	○ 조림	○ 장아 찌	○	○	○ 자반 젓갈	○○ 수편 란육

1. 반
2. 탕
3. 간장
4. 초간장
5. 김치
6. ⎫
7. ⎬
8. ⎬ 반찬
9. ⎬
10. ⎭
11. ⎫ 조치
12. ⎭

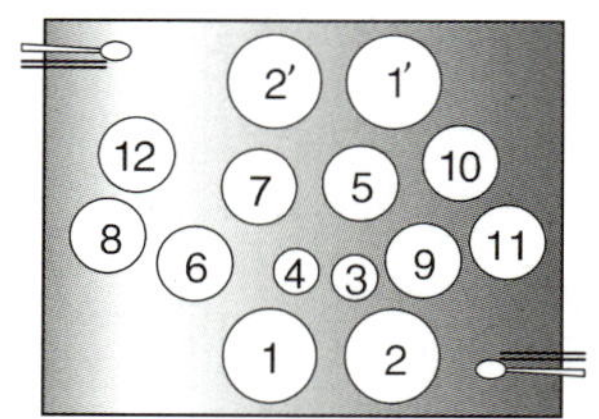

그림 2-7　5첩 겸상

　3첩의 구성은 밥, 국, 김치를 기본으로 하고 반찬으로는 나물, 생채, 구이나 조림이 포함된다.

　뚜껑이 있는 반찬그릇을 쟁첩이라 하는데 이때 첩의 숫자가 많아질수록 5첩, 7첩, 9첩이라 하였고 맛과 색채감, 음식의 냉·온의 조화를 이루도록 구성되어졌다. 일상적인 밥상 차림은 좌식이었으며 신분계층의 구별 없이 누구나 외상 차림으로 대접하는 것을 원칙으로 하여 2인용 겸상, 3인용 셋 겸상, 4인용 넷 겸상까지 차렸다. 따라서 이러한 외상 차림의 접대규범은 조선시대 유교사상에서 비롯된 인본주의(人本主義)가 반영된 것이라 생각된다.

(2) 의례상(儀禮床) 차림

　의례상 차림은 각기 의례의 의미를 담고 있다.

　한국인의 전통적인 통과의례에는 출생, 삼칠일, 백일, 첫 돌, 생일, 혼례, 회갑, 희년, 회혼 등으로 축의의 의미가 있는 음식상을 차리고 잔치를 베푼다. 그리고 상을 당하여 행하는 제례에는 제례상을 차린다.

　① 축의의 상차림

출생에서 백일까지

　아기가 출생하면 먼저 삼신상을 올리고 난 후 산모에게 흰밥과 미역국으로 첫 국밥을 대접한다.

　삼신상은 상 위에 아기와 산모의 건강회복을 축복하고 산신께 감사하는 의미로 산모 방의 서남쪽 구석에 흰밥 3그릇과 미역국 3그릇을 준비하여 놓는다.

그림 2-8　삼신상

출생 후 21일째 날(三七日)에는 대문에 달았던 금줄을 떼어 외부인의
출입을 허락하고 축하하는 의미로 백설기 떡을 준비하는데, 백설기는 대
문 밖으로 내보내지 않고 집안에 모인 가족끼리 나누어 먹었다.

산모에게는 삼칠일까지 흰밥과 미역국을 대접하는 것이 관례로 되어있
는데 이는 산모와 아기를 산신의 보호 아래 둔다는 의식이 내재되어 있
다.

출생 후 백일이 되는 날에는 백설기와 붉은 팥고물 차수수경단과 오
색송편을 준비하였는데, 백설기는 아기의 무병장수를 기원하였고 붉은
팥고물경단은 귀신이 붉은 색을 피한다는 생각에서 액을 면하기를 기
원하는 의미가 있으며, 오색송편의 다섯 가지 색은 만물의 조화를, 송편
은 속이 차라는 의미를 담고 있다.

첫 돌

출생 후 만 1년만에 처음 맞는 생일을 말하며 돌장이에게 돌 복을 입
혀 돌상을 차려놓고 돌잡이를 하게 함으로써 아이의 무병장수와 장래
에 복을 누리도록 기원하는 의례이다.

돌상에는 공통적으로 백설기, 수수경단, 생과일, 오색송편 등의 떡류
와 장수를 기원하는 의미로 국수와 실타래, 그 외 쌀, 돈, 책 등을 놓아
이기의 장래를 점치는 풍속이 있었다.

그림 2-9 돌상 차림

　돌상 차림은 남아와 여아에 차이가 있는데 남아의 경우 활, 화살, 색붓, 천자문, 먹 등을, 여아의 경우에는 가위나 실패, 자 등의 바느질도구를 놓아 돌잡이를 행하였다.

혼례음식

　우리나라 혼례에 관계된 음식 상차림은 납폐시의 봉치떡(俸綵), 초례(醮禮)를 행할 때의 동뢰상 차림, 현구고례를 행한 신랑, 신부에게 각각 차려주는 큰상 등으로 분류되어지며 의식에 따라 상차림이 다르다. 혼례음식은 혼례절차에서 예(禮)와 서약의 의미를 포함하는데 혼례절차 중 혼인날 전날 저녁 신랑집에서 신부집으로 납폐를 함에 담아 가져오는 행위로 이때 납채 의식은 신부집에서 찹쌀 3되, 붉은 팥 1되, 시루떡 2켜를 시루에 앉히고 대추 7개를 중앙에 놓아 납폐함이 들어올 시간에 맞추어 쪄서 준비한다. 봉치떡은 반드시 찹쌀로 하는데 이는 부부금슬의 화합을, 붉은 팥고물은 화를 피하고, 대추는 아들자손의 번창을 기원하는 의미이다.

한국의 의례음식에는 색과 함께 숫자에 대한 기복관도 담겨있다.

그림 2-10 봉치떡과 납채의식

또한 동뢰상차림은 혼례를 행하는 의례상이다.

초례청은 신부 집 안마당에 설치하고 중앙에 목단병풍을 치고 그 앞에 붉은 칠을 한 높은 상을 놓는데 이를 동뢰상이라 하고 그 앞에 작은 술상을 놓는다.

동뢰상은 앞줄에 밤, 대추, 유과, 다음 줄에는 흰절편(달떡), 황색대두 붉은팥을 한 그릇씩 놓고 절편에 각색 물을 들여 색편으로 수탉과 암탉 모양을 만들어 동, 서, 좌, 우에 놓는다.

여기서 밤과 대추는 결실과 아들 다산을, 달떡은 밝게 비추며 둥글게 잘 살라는 의미를 담고 있다. 따라서 동뢰상은 신랑신부의 결연의 의미로 차려지는 상차림이다.

신부가 시부모님과 시댁의 여러 친족에게 처음으로 인사를 드리는 예를 현구고례라고 하며 이때 신부측에서 특별음식을 준비하여 시부모님, 시조부모님께 드리는 음식을 폐백이라 한다.

그림 2-11 동뢰상 차림

폐백음식은 가풍과 지역에 따라 다르다. 개성지역의 경우 큰 닭을 이용하여 찜으로 하고 그 위에 알지단, 실고추. 표고버섯 등으로 장식한 다음 삶은 달걀을 마치 닭이 알을 품고 있는 모양으로 담아놓는다. 서울지역에서는 육포와 대추를 이용하고 기타 지역에서는 밤, 대추, 호두, 엿, 고기음식 등을 중심으로 여러 가지를 준비한다. 폐백을 드릴 때 시어머니는 새 며느리 앞으로 대추를 한줌 던져주면서 덕담을 해주는데 이런 관습은 자손번창을 바라는 의미이다.

그림 2-12   폐백음식

축의연의 큰상 차림

큰상 차림은 초례를 행한 신랑에게 신부집에서, 현구고례를 행한 신부에게 시부모가 각각 축하의 뜻으로 차려 대접한다. 큰상은 한국의 상차림 중 가장 성대하고 화려하다.

또한 회갑(回甲), 칠순(七旬), 회혼(回婚)을 맞이한 부모님께 자손들이 큰상을 차려드리고 헌수를 하면서 축하와 감사의 뜻을 표했는데 이는 대가족 제도에서의 가족의 화목을 다지는 계기가 되기도 하였다.

큰상은 여러 가지 음식을 30~60 cm가까이 높이 원통형으로 고여 색
상을 맞추어 배열하면서 원통형 주변에 祝, 福, 壽字 등을 넣어 축하의
의미를 나타내었다.

회갑, 희년, 회혼의 경우에는 혼례를 치르고 자식을 낳아 기르며 살다
가 나이 61세에 이르게 되면 이를 회갑이라 하고 희년은 칠순에 이른
나이를 말한다. 회갑이나 희년이 되면 슬하의 자식들은 축하잔치로 큰
상을 차려드렸으며 회혼은 만 60년을 해로한 해를 회혼이라 하는데 이
때에는 처음 혼례를 치르던 때를 생각하여 신랑, 신부 예복을 입고 자
손들의 축하를 받는 의례행사이다.

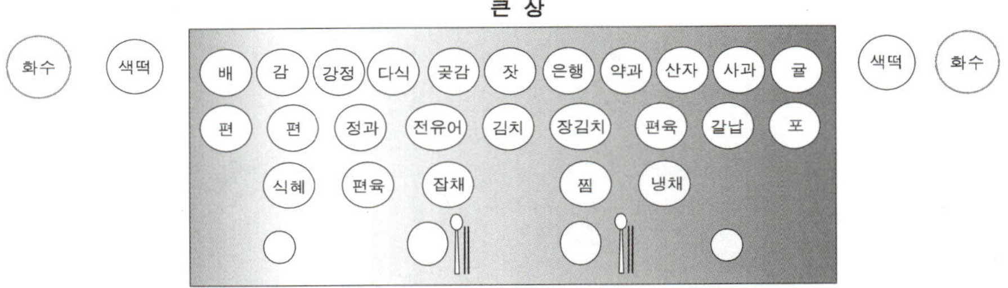

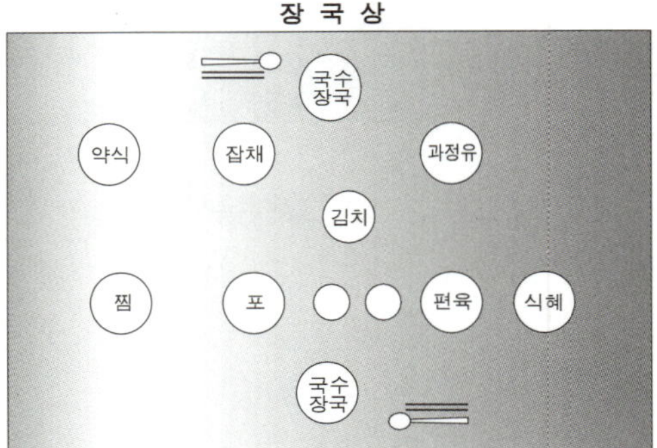

그림 2-13 큰상 차림

주빈 앞으로는 장국상을 차렸으며 큰상에 괴어올리는 음식은 과정류,
전과류, 생과실, 건과류, 떡류, 편육류, 전유어류, 건어물류, 육포 등인데
이때 같은 줄에 배열한 음식은 모두 같은 높이로 한다. 이렇게 차린 큰

상은 주빈이 앞에 차린 음식을 먹고 의식이 끝나면 헐어서 여러 사람에게 나누게 되므로 흔히 망상(望床)이라고도 부른다.

　큰상 차림에서 높이 고여 올리는 양식은 조선시대에 정착한 것으로 추정되며, 이같은 굄새의 기술은 한국 상차림 기교가 고도로 발달되었음을 입증해주고 있다.

　② 제례의 상차림

　한국 고대의 민간신앙의 제천의식(祭天意識), 불교를 국교화했던 삼국시대에서 고려시대까지의 제(濟), 유교의 영향을 받은 제사 등이 시대에 따라 있었으나 조선왕조가 성리학(性理)을 채택하면서 유교적 제사양식이 규범화 되었으며 조선시대 가정에서 행하던 의례 중 가장 정중하게 받들어야 했던 행사가 제사였다.

　제례의 종류에는 선조제(先祖祭), 시조제(始祖祭), 기일제(忌日祭), 묘제(墓祭), 속절제(俗節祭), 사시제(四時祭) 등이 있다. 그 중 기제사는 고인이 사망한 날 즉 기일(忌日)에 지내는 제사이며 준비해야 할 제기 및 제물을 항목별로 보면 다음 내용과 같다.

- 시접(匙摺) : 숟가락과 젓가락을 담아 놓는 대접
- 시저(匙箸) : 숟가락과 젓가락
- 반(飯) : 제사 밥으로 백반으로 짓는다.
- 갱(羹) : 제사 국으로 대갱(大羹)은 고기만 고은 것
　　　　　 형갱(形羹)은 고기와 채소를 섞어 끓인 것
　　　　　 채갱(菜羹)은 채소만 끓인 것이다.
- 면(麵) : 국수, 만두류
- 편(片) : 제사떡, 녹두백편, 흑임자백편 등이다.
- 탕(湯) : 찌개, 고춧가루 등 조미료를 사용하지 않는다.
- 포(脯) : 건어나 육포(肉脯), 건대구
- 적(炙) : 구이류로 제수 중 특별음식에 속하며 肉炙, 魚炙, 鷄炙의 3적을 올린다.
- 혜(醯) : 식혜 건더기를 접시에 담고 잣이나 대추 저민 것 3쪽쯤

얹는다.

· 숙채(熟菜) : 익힌 나물로 도라지, 고사리, 시금치 등으로 한다.

· 침채(沈菜) : 물김치, 나박김치를 말한다.

· 술(酒) : 약주나 청주 등 맑은 술

· 과실(果實) : 생과일, 다식, 조과, 생률

· 초장(醋醬)과 청장(淸醬) : 초간장과 순수한 간장으로 종지에 담는다.

· 간납(肝納) : 채소, 고기를 꼬챙이에 끼워 밀가루에 계란을 씌운 후 기름에 지진 전류

· 다(茶) : 더운 숭늉을 말한다. 대접에 담는다.

제례의 상차림은 가문이나 지방에 따라 다소 차이는 있으나 유교사상을 바탕으로 한 대가족제도 하에서 가문간의 예의를 위하여 더욱 중요시되어 양식이 제도화되었으며, 주·부식이 분리되지 않고 모두 복합적인 양식으로 상차림을 한다.

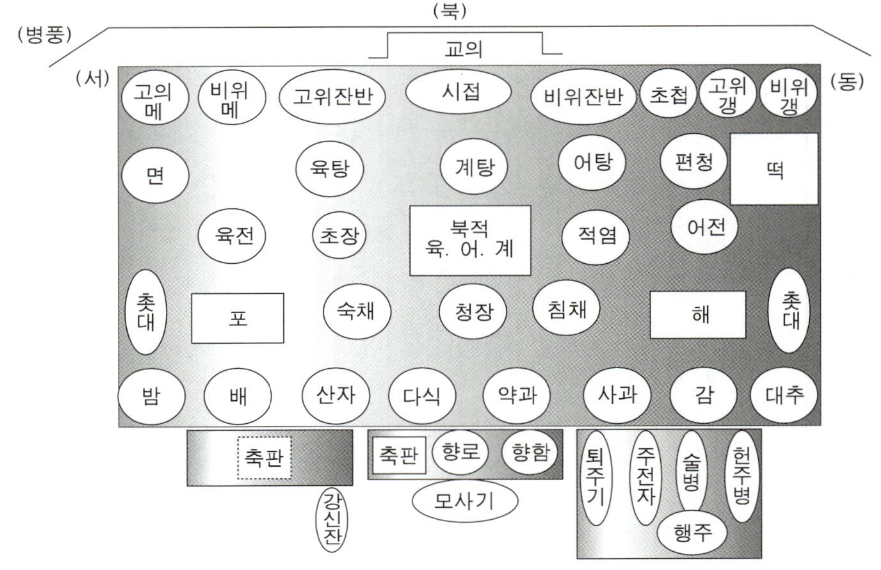

🔵 그림 2-14 합리적인 제례상 차림

2 절사음식

한국의 생활문화는 계절변화에 따라 식생활 관리를 해왔으며 계절의 산출식품으로 시식(時食)을 즐기고 절후에 맞추어 절식 풍습을 형성하여 정신적, 신체적 건강을 조절하여 왔다.

우리의 생업인 농업국으로서 쌀을 중심으로 한 떡과 술이 주류를 이루고 있으며 빈부귀천에 관계없이 가장 보편적이고 소탈한 음식으로 전승되어 오고 있는 것이다.

일 년 동안 대체로 계절마다 또는 한 달에 한 번씩의 절식에 따라 음식을 차리고 오락을 즐기는 풍속이 이어져 체력유지와 집단공동체의 동질성을 확인하고 이웃간의 친목도모를 통하여 생활의 여유를 보여 주었다. 절식의 종류와 식생활에 대한 내용은 다음과 같다.

(1) 설날(정월 초하루)

새해 첫날은 설날이라 하여 1년 중 가장 큰 명절로 대표하는 음식으로는 흰 떡국을 들 수 있다. 설날에는 차례상과 세배손님 대접을 위해 여러 가지 음식을 준비하는데 이 음식들을 세찬이라 한다.

이날 웃어른들은 자손들에게 복을 기원해주고 음식은 떡국, 만두, 약식, 인절미, 갈비찜, 전유어, 빈대떡, 편육, 강정, 수정과, 식혜, 나박김치, 나물류, 과일, 차 등을 준비하여 대접한다.

(2) 정월대보름

음력 정월 14일 저녁 오곡밥을 짓고 말려놓은 묵은 나물을 반찬으로 하여 먹고 달맞이를 하였다.

15일 아침에는 1년 내내 부스럼이 없도록 부럼(밤, 호도, 잣, 호두, 콩)을 깨물고 아침상에는 귀가 밝아지라고 귀밝이 술을 놓는다. 묵은 나물을 먹으면 더위를 먹지 않는다고 믿었으며 또한 복쌈이라 하여 대보름날에는 김, 취나물이나 배춧잎에 밥을 싸서 먹으므로 복이 오고 풍년 들기를 기원하였다.

(3) 삼월삼짇날

음력 3월 3일이며 이날은 강남 갔던 제비가 돌아온다는 날이다. 이

때는 화창한 봄 날씨로 진달래꽃이 만발하였으며 진달래 꽃잎을 따다가 찹쌀가루에 버무려 빚어 기름에 지져낸 화전을 먹었고 그 외 술(청주), 과일(밤, 대추, 건과), 포 등을 먹었다.

(4) 한식

동지에서 105일째 되는 날이다. 이날은 조상의 묘를 돌아보고 불을 쓰지 않으므로 찬 음식을 먹는다. 약주, 과실, 식혜, 떡, 국수, 적 등을 준비하여 가족들이 차례를 지낸다.

(5) 사월초파일

석가탄신 기념일로 깨끗한 옷으로 갈아입고 음식을 준비하여 그 날을 기념하는데 이날 음식은 느티떡, 볶은 콩, 삶은 미나리, 편, 면 종류 등이 있다. 이날 등불을 밝히므로 등석이라고도 한다.

(6) 단오

5월 5일인 단오는 수릿날이라고도 하는데 이날은 여인네들이 창포물에 머리를 감고 창포뿌리를 깎아 비녀를 만들어 머리에 꽂아 역병(疫病)을 물리치는 풍습이 있다.

여자는 그네뛰기, 남자들은 씨름을 하기도 하였다.

수리치떡이라고 둥근 수레바퀴 모양으로 찍어낸 절편과 준치만두, 도미찜, 과일 등을 만들어 먹었다.

(7) 유두

6월 15일을 유두일이라고 하는데 이날은 동쪽으로 흐르는 물에 머리를 감아 재앙을 제거한다는 풍속이 있었고 물가에 술자리를 만들어 잔치를 하였다.

이날은 수단자를 만들었는데 이것은 멥쌀가루로 흰떡을 만들어 염주알처럼 빚어 쌀가루를 씌워 삶은 뒤 찬물에 헹군 다음 건져내어 오미자국물에 띄어 낸다. 그밖에 유두면, 상화병 등을 만들어 먹는 풍습이 있다.

(8) 칠석

음력 7월 7일의 밤을 말하며 이날은 견우와 직녀가 1년에 한 번 만난다는 전설이 내려오는데 음식에는 육개장, 편, 전유어, 오이김치 등이다.

(9) 추석

8월 15일을 추석 또는 한가위라 한다. 농경민족이던 우리 선인들은 봄부터 여름동안 가꾼 곡식과 과일들이 익으면 수확을 거둔 후 조상에게 감사제를 올린다.

추석 때면 햇곡식, 햇과일이 무르익어 가는 때이니 명절 중 제일 풍성한 마음으로 맞이하는 날이다. 추석에는 송편, 토란탕, 양적, 닭찜 등 여러 가지 과일 등을 마련한다.

(10) 중양절

9월 9일을 중양(重陽), 중광(重光), 중구(重九)라고 하며 단풍구경을 하러 산으로 올라간다.

이날은 음식에 국화를 많이 이용하여 황국의 잎으로 국화전을 만들고 국화주와 배, 유자, 석류를 섞은 화채, 송이산적 등을 준비한다.

(11) 10월 상달

10월 상달은 한해 농사를 추수하고 햇곡식으로 제상을 차려 감사하였고 집안의 풍요함을 기원하는 뜻으로 고사를 지내는 풍습이 있다.

이때는 고사떡 시루 가득히 준비하였는데 백설기와 팥 시루떡이 있다.

(12) 동지

동짓날에는 팥죽을 쑤어 먹기도 하고 문에 발라 부정을 막는 풍속이 있다. 팥죽을 쑬 때 새알모양의 떡을 빚어 새알심을 만들어 죽 속에 넣고 끓여 꿀을 타서 시절 음식으로 먹었다. 그박에 냉면, 비빔국수, 수정과, 동치미, 과일 등을 준비한다.

(13) 납향 절식

동지가 지난 뒤 셋째 미일(味日)을 납일로 정하고 종묘사직에 큰 제를 올렸다. 이 제사 음식으로는 산돼지, 산토끼를 사용하였다. 이날에는 참새잡이를 하는 풍속도 있다.

❸ 전통적인 식사예절

① 식사를 할 때에는 자세를 바르게하여 의젓하면서도 자연스럽게 식사한다.

② 수저 소리, 국물 마시는 소리, 음식 씹는 소리는 내지 말아야 한다.

③ 두 사람 이상이 같이 식사할 때는 자기가 필요한 만큼 덜어 먹을 수 있도록 각 접시를 놓도록 하는데, 물론 간장, 초간장 등의 조미료도 덜어다 먹는 것이 좋다.

④ 국에다 밥을 말아서 식사를 하는 것은 식사예법의 원칙에 어긋나는 것이므로 되도록 떠서 먹도록 한다.

⑤ 식사 중에 젓가락과 수저를 동시에 한 손에 쥐고 있는 것은 보기 좋지 않으므로 주의해야 한다.

⑥ 김치 국물, 동치미 국물 등을 떠 먹을 때는 수저의 기름기가 뜨지 않도록 주의하며, 그릇채 들어 마시는 일이 없도록 한다.

⑦ 그릇을 들 때는 손가락 사이를 벌리지 말고, 엄지손가락 이외의 네 손가락은 되도록 움직이지 않도록 한다.

⑧ 어른이나 친구와 겸상 또는 셋겸상 등의 식사를 같이 할 때는 먼저 어른이나 손님인 친구가 수저를 들어서 식사를 시작하면 그때 시작한다.

⑨ 식사를 끝낼 때도 같이 식사하시는 분이 끝나기 전에는 끝내지 말아야 한다. 만일 부득이 먼저 끝이 났으면 수저를 반기 또는 탕기, 숭늉 그릇 등에 담아 놓았다가 상대방의 식사가 다 끝나면 수저를 내려놓는다.

⑩ 식사 중에 음식에서 돌이나 기타 먹지 못할 것을 발견했을 땐 옆 사람이 눈치 채지 않도록 조용히 휴지나 손수건에 뱉어서 상 밑에 두었다가 나중에 버린다.

⑪ 식사 도중에는 누구나 자리를 떠서는 안 된다. 아주 급한 일이 있어서 부득이한 경우에는 할 수 없지만, 다소 바쁘더라도 식사가 끝날 때를 기다려서 폐가 없도록 하는 것이 좋다.

⑫ 식사가 끝나고 후식(後食)시간이 되면 서로 환담을 나누어 가며 부드러운 분위기에서 즐거운 시간을 갖도록 한다.

⑬ 식사 예법이 몸에 배도록 일상 생활 중에도 식사 예법을 지키도록 한다.

⑭ 사람에 따라서는 식사를 할 때 다음에 적은 바와 같이 좋지 않은 버릇을 가진 경우가 있는데, 그런 버릇이 있는 사람은 주의를 기울여서 고치도록 한다.

　㉮ 밥을 한 쪽에서부터 곱게 뜨지 않고 뒤척이며 먹는 버릇

　㉯ 허리를 굽혀서 온 몸을 웅크리고 식사하는 버릇

　㉰ 수저에 붙은 밥티나 반찬 찌꺼기를 빠는 버릇

　㉱ 밥을 한 번 뜬 후, 이 반찬 저 반찬을 뒤적이며 머뭇거리는 버릇

　㉲ 음식을 흘리며 떠먹는 버릇

　㉳ 손등을 위로 해서 주먹을 쥐듯이 수저를 잡는 버릇

세계의 식생활 문화

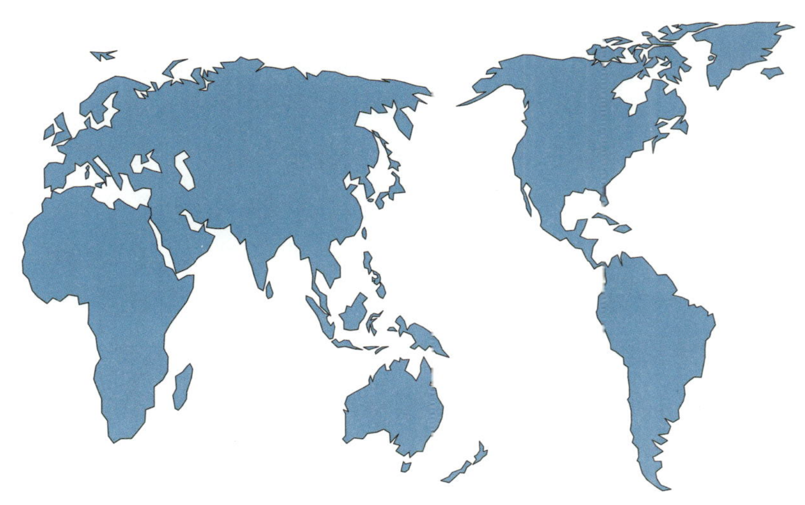

Ⅰ. 아시아 식문화권

　　동아시아 온대지역은 일찍부터 세계에서 제일가는 식문화(食文化)를 발전시킨 지역이다. 이 지역의 주요작물은 쌀, 밀, 보리, 콩, 고구마, 감자, 조, 수수 등 다양하며, 동물의 사육 또한 일찍부터 행하여져 소, 돼지, 말, 산양 등의 가축과 닭, 오리, 거위 등의 가금 등 다양한 동물들이 사육되어 왔다.

한편, 이 지역이 다른 지역에 비하여 독특한 점은 콩을 다양한 방법으로 발효시키거나 가공하여 먹고 있다는 점과 채소를 많이 먹는다는 것이다. 또한, 해산물의 식용이 광범위한데 그 중에서도 우리나라가 가장 활발하며 일본이 그 다음이고 중국에서는 그보다는 적은 편이다.

가축의 식용도 다른 지역에 뒤지지 않지만 다른 지역에서는 버리는 가축의 모든 부위를 식용으로 하고 있다는 점이 특이하다. 다만, 일본에서는 종교적인 이유로 장기간 육식 특히, 쇠고기와 돼지고기의 식용이 금지되었었기 때문에 육식문화가 발달하지 못하였다.

동남아시아의 지리적 위치는 아시아, 호주 양대륙과 태평양, 인도양 등 양대양의 접점(接點)을 차지하고 기후의 유사성은 한층 뚜렷하여 거의 전지역이 열대에 속하여 전지역이 열대 몬순 또는 열대우림의 기후를 이루어 이른바 습윤(濕潤)지역의 전형적인 성격을 가진다.

동남아시아를 크게 분류해서 말레이지역을 도서부, 인도 지나반도를 대륙부라고 부른다. 각국의 주요 민족은 쌀을 주식으로 하여 [밥]을 먹는다는 말이 곧 식사를 한다는 뜻이 된다. 그리고 밥에 대해서 [반찬]이라는 개념이 있으며 쌀문화 뿐만 아니라 요리도 유사한 점이 많다.

단백질의 주요 섭취는 생선에서 하며 생야채로 이용하는 식물도 거의 일정하다. 생선을 소금에 절여 발효시킨 젓갈류와 새우, 게 등으로 담근 장이 반찬으로 맛을 내는 주요 조미료가 된다. 쌀은 물에 끓여서 익히거나 찜통을 이용해서 찌며 매운맛을 낼 때는 고추, 후추를 사용하고 단맛을 낼 때는 코코넛 밀크를 사용한다. 이것으로 조림, 카레이 수프를 만들고 때로는 밥에 넣어 비벼서 먹는다. 중국과 관련있는 식품에는 두부, 국수류, 만두 등이 있다.

동남아시아의 소위 카레이라고 하는 것은 인도 것보다 물기가 많은데(특히, 태국을 중심으로) 요리는 우선 카레이페스트를 기본으로 해서 카레이 외에 조림, 수프 등을 만들고 동남아시아 특유의 자극적인 맛을 내는 요리를 만든다. 갖가지 조개를 넣고 수프로 만든 것이 태국의 켄,

버마의 아이에이다. 그리고 닭이나 쇠고기를 즈린 것이 말리이시아, 인도네시아의 룬던이다. 조리법 중 볶는 것은 고렝이라는 요리가 되는데 나시고렝이나 태국의 카오파트는 볶음밥 요리로 동남아시아의 각국에서 볼 수 있는 대중요리이다.

1. 중 국

1 중국의 자연환경

중국은 아시아주 동부, 태평양 서안에 자리잡고 있으며, 북쪽 모허[模河]부근에 헤이룽강[黑龍江 : Amur] 중심으르부터 남쪽 난사군도[南沙群島]에 이르기까지, 서쪽의 파미르 고원으로부터 동쪽의 헤이룽강과 우쑤리강[鳥蘇里江]이 합류하는 곳까지를 그 국경으로 한다. 중국의 총 면적은 965만Km^{2}으로 한반도의 약 44배의 면적을 가진 광대한 나라이다. 이와 같은 광대한 영토에서 여러 가지의 요소들에 의하여 지리적 특성을 보여주므로 지리적 요소들을 통합적으로 고려하여 지리적 지역들을 구분하면서 기후적인 특성을 비교할 수 있다.

기후를 보면 3유형 7기후로 나뉘는데 3유형은 습윤(濕潤), 건조(乾燥), 고산(高山)의 세 유형이고 7기후는 열대다우, 온대습윤, 온대몬순, 초원, 사막, 냉대하계 습윤, 고산기후로 나뉜다.

열대다우기후 지역은 남부지방의 해남도(海南島)남부이고, 온대습윤기후는 남부지방의 대만동부와 중부지방의 양자강 하류지대에, 온대몬순기후는 서부지방에 대단히 넓게 나타나며 냉대하계습윤기후는 북부지방 일부와 동북지방에, 고산기후는 서부지방의 청강장 고원에 넓게 나타난다. 이와 같이 중국은 영토의 광대성에 따른 다양한 기후 및 다양한 지역성과 문화성을 내포하고 있다.

❷ 중국의 역사와 음식 문화

(1) 앙소(仰韶), 용산(龍山) 문화시대(B.C. 5000~1800)

중국의 신석기 문화 중 앙소문화, 용산문화가 대표적인 것으로 뒤에 은(殷) 문화의 기반이 되었다. 이 시대의 경작생활은 화전경작(火田耕作)으로 수수, 조, 채소 등을 재배하였고, 저지대 일부 지방에서는 자연 관개수에 의하여 벼농사를 지었고 용산문화시대에 광범위하게 재배되었다. 가축으로는 개, 돼지, 소, 양 등을 사육하고 말, 사슴, 들소, 코뿔소 등을 사냥하였다.

(2) 은(殷) 시대(B.C. 1550~1122)

은대 농경지는 대개 황하중류와 하류에 위치해 있는데 관개수리를 이용하였고, 농경은 집단적으로 행해졌다. 재배 농작물은 수수, 밀, 조, 쌀 등이었는데 이중에서 수수와 쌀이 가장 많이 재배되었다.

가축으로는 개, 소, 물소, 양, 닭, 말, 돼지가 길러지고 사슴, 여우, 산양 등이 다량으로 사냥되어 수렵과 목축은 농경 다음으로 중요한 경제 수단이었다.

(3) 주(周) 시대(B.C. 1122~770), 전한(前漢) 시대(B.C. 202~A.D. 24)

철의 발견과 사용으로 호미[鐵鋤-철서], 낫[鐵鎌-철겸] 등 철제 농기구의 사용 본격화와 우경(牛耕)의 시작으로 황무지가 개간되어 경지가 확장되고 농법의 발전은 농업 생산의 현저한 증가를 가져왔다. 수수, 보리, 조, 콩 등이 보편적으로 재배되고 이모작(二毛作)도 중원지역에서 보급되기 시작하였다.

식생활에서는 음식의 종류가 늘어나고 서방에서 파, 마늘, 참깨, 포도가 들어왔으며, 남방에서는 가지, 토란이 들어왔다. 천자(天子)의 식생활이 주식과 부식(특히, 육류)의 결합으로 규정되었는데, 이는 쌀밥에는 쇠고기국, 메기장밥에는 양고기국, 조밥에는 돼지고기국, 차기장밥에는 개고기국, 보리밥에는 기러기고기국을 결합시켰다.

현존하는 최고(最古)의 중국의 문헌은 시경(詩經)으로 연회와 농업

에 대해 언급하고 있는데 특히 북서쪽의 고지인 싼시지방의 농부들의
생활과 그들의 음식에 대해 묘사하고 있다.

> 나무접시에 젓갈을 담고
> 질그릇에 국을 뜨고
> 향을 피워 냄새 하늘에 오르니
> 상제(上帝)께서 반가이 흠향 하시네
> 그 내음 얼마나 향기롭던가

논어(論語)는 공자(孔子, B.C. 552~479) 제자들의 회상과 공자 이외
의 학자들의 문헌들로 발췌한 내용들이 추가되어 있는데, 논어에는 고
대 중국인들의 음식에 대해 더 상세히 기술되어 있다.

"고기를 많이 잡수셔도 밥보다 많이 잡숫지 아니하시며, 오직 술은
양을 정해 놓지는 않으시나 취하도록 드시지는 아니하였다. 사온 술과
사온 포를 잡숫지 아니하시며 생강은 끼니마다 잡수시되 많이 잡숫지
는 않으셨다." 라고 기록되어 있다.

(4) 후한(後漢) 시대(A.D. 25~220)

한(漢)시대에는 중농정책의 실시 등으로 농업생산이 현저하게 증가
하였고, 화중지방에서 벼의 재배가 크게 늘고 직파법(直播法)과 이식법
(移植法)도 도입되었으며 강남의 진귀한 음식으로서 식해가 보편화되
었다. 이 시대에 집필된 대표적인 농서로는 제민요술(濟民要術)을 들
수 있다. 이 책은 이전의 농업, 음식 관계를 집대성한 것으로서 술, 식
초, 장, 누룩 등의 제법이 구체적으로 기록되어 있다.

제민요술에서는 "한 낮에 삼천 육백 번의 절구질을 마치그 그것을 떡
으로 빚었다." 라고 기록되어 있는데 곡물의 껍질을 벗기기 위해 빻는
과정에서 일정량의 가루가 생기기 마련인데 이런 가루를 이용한 음식
이 사회적인 음식 습관이 된 것도 漢代이다.

(5) 수(隋)와 당(唐) 시대(581~907)

수는 남북의 통일로 경지 면적이 확대되고 인구가 급속도로 증가하

여 경제적으로 번영을 누리던 시대였으며 양자강과 황하를 잇는 운하를 통해 남쪽과 북쪽의 교류가 활발하였다. 당대는 화북의 한지(旱地) 농업(조, 옥수수, 보리, 기장 등)과 강남의 벼농사가 발달하였는데, 농법 개량으로 윤작(輪作)에 의한 2년 3모작 또는 3년 4모작이 가능해져 밀, 보리 생산이 크게 늘어났다. 당대에는 곡식이외에 양자강 하류에서는 사탕수수, 차, 목화가 처음 재배되어 생활 필수품으로 보급되었다.

특히, 운하와 역의 정비로 국내 교통이 발달하고 중앙아시아의 육상, 해상 교통이 발달하여 주변 세계와의 교역에 있어서 보다 적극적으로 관여하기 시작하였다. 인도로부터는 [기름에 튀긴 작은 케이크 같은 것]과 [증기로 쪄낸 잘 부푸는 밀반죽] 등에 대한 요리법과 요리사들이 도입되었다. 포도주는 타림분지로부터 수입되었는데, 이때 포도나무도 당에 들여와 심어지게 되었다. 또한, 실크로드를 경유하여 유럽에서 건너온 양배추와 페르시아에서 온 피스타치오(pistachio nuts)도 있었다.

이렇게 당대에는 주변세계와의 교역을 통해 유입된 외래 문화가 당의 의복, 무용, 음식, 술, 화장, 음악 등에 큰 영향을 끼치게 되었다.

(6) 송(宋) 시대(960~1279)

송대에는 강남의 개발이 국가적 사업으로 이루어져 강남이 농업 생산의 중심지가 되었다. 이앙법이 전면적으로 보급되어 이모작이 가능해졌고 차(茶)의 재배는 사천, 복건, 강서에 확대되어 정부는 차를 전매품으로 하여 거액의 이익을 취하였다. 소동파(蘇東坡, 1036~1101)의 시 속에는 채소로 시금치, 무, 순무, 갓, 냉이, 부추, 죽순, 고사리를, 과일로는 매실, 복숭아, 포도, 어패류로는 농어, 복어, 게, 조개관자 등, 조수류로는 닭, 오리, 돼지, 돌고래 등과 술, 차 등의 여러 가지 식품에 대하여 소개되어 있다.

송대에는 음식의 세계가 고대에서 근대, 현대로 접어드는 분기점의 시대로 음식 관계책이 간행되었고 요리명 또한 당대와는 달리 현대인이 보아도 쉽게 내용을 알 수 있도록 되어 있다. 특히, 면류의 명칭은 당대까지는 탕병(湯餅), 수인병(水引餅) 등으로 불리워졌으나 송대부터는 면(麵)이란 글자를 붙이게 되었다.

(7) 명(明) 시대(1368~1668), 청(淸) 시대(1643~1912)

1368년 홍건적의 지휘자 주원장이 금릉에 명을 건국한 후, 황무지 개간을 장려하고 둔전(屯田)을 설치하는 등 농촌 회복에 적극적이었다. 명대에는 벼의 품종개량과 시비(施肥)의 개선을 통한 농업기술이 진보(벼의 이모작, 벼와 잡곡의 이모작)되어 농업생산량이 송(宋), 원(元)에 비해 증가되었다. 명 말에는 고구마, 감자, 옥수수, 땅콩, 해바라기, 담배 등 외래작물이 보급되었고, 청대에는 이들 작물이 각지에 퍼져 주요한 농작물이 되었다. 특히 화북에서의 옥수수, 화남에서의 고구마는 구황작물(救荒作物)로서 중요한 의미를 갖는다.

명, 청 시대에는 북쪽은 좁쌀, 수수 등의 잡곡이, 강남은 쌀이 주식이었다. 명대에 전래된 옥수수는 알이 굵고 껍질이 단단하여 거칠게 갈아 죽이나 와두(窩頭 : 발효시키지 않은 찐빵의 일종)로 만들어 먹었다.

③ 중국 음식의 특징

중국인들은 다양한 음식을 먹는데 이는 반복되는 자연재해로 인해 식량부족을 겪었기 때문이다. 그래서 식용 가능한 모든 것을 얻어 소비하여 흙, 곤충, 제비집 등과 같은 구황식품을 많이 개발하였다.

중국의 요리는 한족의 기호나 식습관의 영향을 크게 받았는데 그 예로, 베이징 요리는 양고기, 어린 염소고기, 말고기, 원숭이 고기를 사용하나 돼지고기는 사용하지 않는 것이다. 이처럼 중국은 광개한 영토를 지녔기 때문에 각 지방마다 독특한 음식문화를 형성하게 되었다.

(1) 음식 재료의 다양성

중국은 음식의 종류에서 뿐만 아니라 사용되는 재료, 요리법 등에서 다양성이 두드러지게 나타난다. 음식에 사용되는 재료의 종류만 하더라도 식용 가능한 모든 동식물이 그 대상이 된다. 실제로 중국에서는 우리가 흔히 사용하고 있는 음식 재료들 외에도 제비집, 돼지 내장, 오리피, 상어지느러미 등의 특수재료도 사용한다. 따라서 이에 따른 음식의 종류도 다양할 수밖에 없다. 중국인들도 다 외울 수 없을 만큼 수적인 면에서 다양하고 풍부한 음식은 중국의 식생활 문화를 세계적인 문화로 인식시키는 데 크게 기여했다.

(2) 간단하고 사용이 용이한 조리기구

다양한 요리의 종류에 비해 조리기구는 가짓수가 적고 사용법도 비교적 간단하다. 훠궈(중국냄비), 사궈(볶음, 튀김냄비), 러우사오(그물 조리), 정룽(찜통)외에 식칼, 뒤지개, 국자 등이 조리기구의 전부라 할 만큼 간단하다.

(3) 숙식(熟食) 위주의 식습관

중국인의 식생활 구조에 나타나는 또 하나의 특징은 조리법에 있어서 반드시 불이나 뜨거운 물을 사용하여 익혀 먹는 이른바 숙식을 기본으로 한다는 점이다. [예부(禮部), 왕제(王制)]의 기록을 보면 중국인들은 이미 오래 전부터 익혀 먹는 숙식과 날로 먹는 생식을 기준으로 중국민족과 주변 민족들을 구별하였으며 이런 점으로 미루어 중국인들은 일찍부터 생식보다 숙식에 더 익숙해 있었음을 알 수 있다. 이러한 음식 습관은 현재까지도 이어져 오고 있으며, 이 때문에 중국인들에게 있어서 그것이 곡식이든, 채식이든, 아니면 육식이든, 생식이라는 것은 상상할 수 없는 일로 받아들여진다. 심지어 일상 마시는 물까지 끓여서 먹는 습관을 지니고 있으며 중국에서 일찍부터 차 문화가 발달한 것도 이러한 이유 때문이라고 볼 수 있다.

숙식의 습관화는 다양한 조리법을 발전시키는 데도 크게 기여하여 튀기기, 볶기, 지지기, 굽기, 찌기, 훈제 등 다양한 조리법이 발달되었다.

(4) 기름의 사용

대부분의 중국 요리에는 기름을 사용하는데 적은 재료를 가지고 독특한 방법으로 재료의 맛과 영양분을 유지하면서 만드는 것이 특징이다. 즉, 고온에서 단시간 처리하고 기름에 파, 마늘, 생강 등의 향신료를 넣어 독특한 향미를 낸다.

① 차오법 : 중국인들이 가정에서 가장 많이 사용하는 조리법으로 중간 불에 식용유를 넣고 볶는 것이다. 특히 편이나 가늘고 작게 썬 재료를 조리할 때 쓰이며 수시로 뒤집으면서 익힌다.

② 지엔법 : 약간의 식용유를 두르고 지져 내는 조리법이다.

③ 빠오법 : 강한 불에 뜨거운 기름으로 단시간에 튀겨 내는 조리법이다. 산동 요리에서 많이 사용하는 조리법이나 현재는 중국 전 지역에 보편화되어 있다.

④ 짜법 : 강한 불에 기름을 끓여 튀겨 내는 조리법이다.

(5) 조미료와 향신료의 종류가 풍부

중국 요리에 쓰이는 조미료와 향신료는 그 종류가 다양하여 중국 요리의 특유의 맛을 내며 냄새도 제거하고 맛을 풍부하게 하는 것이 특징이다.

(6) 외양이 풍요롭고 화려

음식을 담을 때 한 그릇에 수북히 담아 풍성한 여유를 느끼게 하고, 한 그릇의 것을 나누어 먹음으로써 친숙한 분위기를 조성하며 인원수의 조절이 편리하다.

(7) 음식과 보신(補身)

예로부터 중국인의 의식 속에는 '약으로 보신하는 것보다는 음식으로 보신하는 것이 좋다.'라는 말이 강하게 각인되어 있다. 이 말은 평소에 좋은 음식을 균형 있게 섭취하는 것이 건강에 좋다는 의미를 담고 있다. 현대 사회에서 의사와 요리사는 완전히 구별되는 직업이고 약품과 식품도 완전히 다른 상품으로 구분된다. 그러나 고대 중국에서 의(醫)와 식(食)은 같은 원류에서 시작되었으며 약물의 발견과 사용은 바로 식품에서 출발하였다.

중국인들의 일상 식생활 습관에 나타나고 있는 음식 요법은 다음과 같다.

① 음식물로 약을 대신하는 방법 : 식품을 주재료로 하고 이에 상응하는 약용 식품을 부재료로 하여 약효를 극대화시키는 방법이다. 예를 들어 돼지 내장에 인삼을 배합하여 식용함으로써 허약한 곳을 보(補)하는 방법과 같은 것이다.

② 약용 식품에 식품을 첨가하는 방법 : 약용 식품을 주재료로 하고

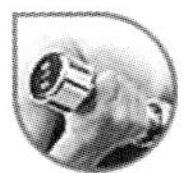

식품을 부재료로 사용하는 방법이다. 예를 들어 구기자를 주재료로 하고 동물 내장을 첨가하여 양기를 보하는 방법과 같은 것이다.

③ 약용 식품과 약용 식품을 결합하여 약효를 극대화시키는 방법 : 예를 들어 정초(丁草)라고 불리는 제비꽃과 녹두를 배합하여 식용함으로써 열을 제거하고 해독 작용을 하는 것과 같은 것이다.

④ 식품과 식품을 배합하여 건강을 도모하는 방법 : 예를 들어 오골계와 버섯을 배합하여 탕을 끓여 식용하면 허약한 몸을 보할 수 있는 것과 같은 것이다.

이처럼 [식의합일(食醫合一)]이라는 개념은 이미 중국인의 일상 식생활 문화에 깊이 뿌리를 내리고 있기 때문에 결코 의료적인 관념에만 그치지 않는다.

(8) 음식의 조화와 균형

중국인의 식생활 문화에서 조화와 균형은 매우 중요한 관념으로 받아들여진다. 조리시 풍부한 음식재료를 사용하고 음식을 섭취하여 보신을 한다는 관념은 궁극적으로 음식의 균형적 섭취를 통하여 건강을 극대화시키는 데 그 목적이 있다. 이러한 식보(食補)를 위하여 중국인들은 가정에서의 식생활이나 외식을 막론하고 영양과 맛의 균형을 강조하며, 이것은 식단의 균형에 의해 이루어진다. 즉, 육류와 채소류, 어류와 탕을 언제나 함께 식단에 올림으로써 영양과 미각의 균형을 이루도록 하는 것이다.

이러한 관념은 조리 과정에서도 뚜렷하게 드러난다. 중국 음식은 재료의 특유한 맛과 향을 내기 위하여 한 가지 재료만을 가지고 조리하는 경우도 있으나 육류와 해산물과 채소 등 적어도 두 가지 이상의 재료를 함께 섞어 조리하는 경우가 더 많다. 이러한 조리법은 음식물을 고루 섭취함으로써 신체 건강을 유지하려는데 그 목적이 있는 것으로서 대부분 단일 재료에 조미료로 맛을 내는 우리의 식생활과는 확연히 구분된다.

4 중국요리의 지역별 특징

(1) 북경요리(北京料理)

황하 유역에 위치한 북경[뻬이징]은 오랫동안 중국의 수도로 정치, 경제 및 문화의 중심지여서 북경요리는 궁중요리를 중심으로 발달하였다. 청조(淸朝)는 본래 유목민족(만주족)이었기 때문에 양, 소, 오리 등을 이용한 요리가 많았으며 이것이 오늘날 북경요리의 한 특징을 이루기도 한다. 또한 화북평야의 광대한 농경지에서 생산되는 소맥을 비롯한 농작물과 과실들이 풍부하여 면류, 만두, 떡 등 가루 음식이 발달되었다.

뻬이징은 지리적으로 한랭한 지역에 위치하여 칼로리가 높은 음식이 요구되기 때문에 육류를 중심으로 짧은 시간에 조리하는 튀김요리와 볶음요리가 특징이다.

· 페킹 덕

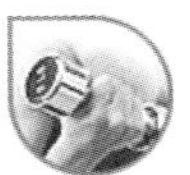

조리방법도 다른 지역에 비하여 굽는 방법을 많이 사용하는 편이며, 궁중 조리법의 영향으로 신선로를 이용하는 조리법을 쓰기도 한다. 북방 민족의 전통적인 조리법과 뜨거운 불에 올려 기름을 부어 튀겨 내는 산동 조리법의 영향으로 북경요리는 대체적으로 바삭바삭한 느낌을 준다.

북경요리의 대표적인 것은 오리 통구이인 카오야쯔이다.

(2) 사천요리(四川料理)

양쯔강 상류 지방에 발달한 요리이다. 사천지방은 내륙이기 때문에 기후가 온화하여 생산물이 풍부하나 바다와는 멀리 떨어져 있어 해산물요리가 적다. 반면 육류와 채소요리가 많은 것이 특징이다. 사천요리는 향신료나 조미료의 배합에 변화가 많고, 매운요리와 마늘, 파, 고추 등을 사용하는 요리가 많다. 맵지 않을 경우 사천 사람들은 신 음식을 즐긴다. 조리법은 38가지가 있을 정도로 풍부하다. 그 중에서도 주로 기름을 약간 두르고 지지는 '샤오지엔법', 기름에 볶은 후 삶아 내는 '깐싸오법' 등이 주종을 이루는데, 모든 요리마다 독특한 맛을 지닌다고 일컬을 만큼 각각의 요리가 독특한 향기와 맛을 표현해 낸다. 두부와 다진 고기를 이용한 마파도우프[麻婆豆腐], 회교도들의 양고기 요리인 양로루꿔쯔[羊肉鍋子] 등이 유명하다.

(3) 상해요리(上海料理)

양자강 하류 일대에 모여 있는 도시에서 발달한 요리로 형성된다. 해산물 요리가 가장 큰 특징이며 설탕의 사용량도 많은 편이다. 상해는 따뜻한 기후와 풍부한 농산물, 갖가지 해산물의 집산지로 다양한 요리를 탄생시켰고, 이 지방의 특산물인 장유(醬油)를 써서 만드는 요리는 매우 독특하다.

돼지고기에 진간장을 써서 만드는 요리가 유명하고, 한 마리 생선을 가지고 머리부터 꼬리까지 조리와 양념을 달리해서 맛을 내는 생선요리도 일품이다.

(4) 광동요리(廣東料理)

광동 지방은 아열대이고 생산물이 풍부하여 옛부터 "식재광주(食在

光州)"라 할 정도였다. 청(淸)에 이르러서는 중국과 해외 각국을 연결하는 주요 통로의 하나였으며 육상과 해상을 연결하는 중요한 무역의 집산지이기도 했다. 특히 해외의 진귀한 화물이 대부분 광주를 통하여 내륙으로 유입되는 데다, 외국인들의 왕래가 빈번하여 중국과 다른 외국 문화를 가장 먼저 접하는 곳도 광주였기 때문에 식생활 문화를 포함한 일반 문화에 외국의 영향을 가장 많이 받게 되었다. 광동 요리의 특징은 내륙의 타지역에 비하여 음식의 재료가 풍부하고 광범위하게 사용하며, 부드럽고 담백하여, 기름지지만 느끼하지 않은 것이 특징이다. 가능한 한 거의 모든 조미료가 사용되며 그 때문에 시고, 쓰고, 짜고, 달고, 매운 5가지 맛을 고루 표현해 낸다. 한편, 서구요리의 영향을 받아 쇠고기, 서양 야채, 토마토, 케첩, 우스터 소스 등 서양 요리의 재료와 조미료를 받아들인 요리도 있다.

광동요리의 대표적인 것으로는 구운 돼지고기, 상어 지느러미가 있으며 그밖에 개, 뱀, 고양이, 창자, 간, 귀, 입술 등 네발 달린 동물은 무엇이라도 요리하여 먹었다.

5 중국의 식사예절

• 중국음식은 한 식탁에 둘러앉아서 큰 접시에 나온 음식을 여러 사람이 나누어 먹는 방식이므로, 동석한 사람들이 식사를 즐길 수 있도록 하는 것이 중요하다. 좌석은 주빈이 되는 손님이 가장 안쪽인 상좌(上座)에 앉도록 배치하고, 주인은 시중을 드는 사람이 드나드는 문 쪽의 하좌(下座)에 앉는다. 주빈의 좌우에는 주빈 다음으로 중요한 손님을 앉게 하고, 주인의 좌우에는 가까운 친지나 친구들을 앉게 한다.

• 음식이 나오면 주빈 앞에 놓아 먼저 먹도록 배려하고, 마실 술의 종류도 주빈에게 물어서 정하도록 한다.

• 식탁은 손님의 수에 따라 적당히 간격을 두고 1인분씩 준비한다. 먼저 중앙에 덜어 먹을 때 쓰는 앞 접시를 놓은 다음, 왼쪽에 국물을 담기에 알맞은 그릇을 놓고, 오른쪽에 젓가락과 숟가락을 놓는다. 컵은 왼쪽의 안쪽에 놓는다. 그 다음 상아나 나무로 만든 긴 젓가락과 사기로

만든 숟가락을 수저받침 위에 놓는다.

• 중국 식탁에서 숟가락은 탕을 먹을 때만 쓰고, 다른 음식을 먹을 때는 젓가락을 쓰며, 밥이나 국수는 젓가락을 쓴다. 양손으로 먹을 때는 왼손에 숟가락을 들고 음식을 덜어 담은 다음 오른손에 쥔 젓가락을 써서 먹는다. 밥이나 탕이 담긴 그릇은 손에 들고 입 가까이 대고 먹는다. 사용하고 난 수저를 남에게 보이는 것은 실례이므로, 탕을 먹은 뒤 숟가락을 뒤집어 놓는다.

• 껍질이 있는 새우요리는 우선 젓가락으로 몸통을 누르고 머리를 떼어 안쪽에 들어 있는 내장을 먹고 난 다음, 몸통의 껍질을 벗겨 살을 먹는다. 이때 입 속에 들어간 껍질은 손으로 꺼내도 상관없다. 껍질째 만든 게요리를 먹을 때는 개인접시에 다리부분과 몸통을 한두 개씩 덜어 놓고 먹는다. 살은 젓가락으로 먹지만 작은 토막은 껍질째 입안에 넣고 먹어야 소스의 맛을 충분히 음미할 수 있다.

2. 일 본

1 일본의 자연환경

일본은 북위 $20°\sim45°$ 부근에 이르기까지 3,500 Km에 달하는 남북으로 긴 4개의 섬으로 이루어져 있으며 면적은 약 38 만 Km^2로 남북한 면적의 약 1.7 배 정도이고 국토의 약 70%가 산간지역이어서 평야가 적은 편이다. 일본의 기후는 대체적으로 온대몬순지역이며 해양성 기후를 보이나, 동서남북간의 기후차이가 크게 나타나고 여름에는 고온다습하며 동북지역 이북은 겨울에 혹한을 나타낸다. 중앙산맥을 중심으로 서쪽은 한국 동해의 영향을 크게 받는 동해식 기후를 나타내고, 동쪽은 태평양의 영향을 크게 받는 태평양식 기후를 보이며 남부지방은 온난한 기후를 보인다.

2 일본의 역사와 음식문화

(1) 죠몬 토기시대(土器時代)(B.C. 700~B.C. 3세기경)

석기를 사용하고 있었으며 조개무지 속의 유물을 통하여 오늘날에 가까운 짐승, 새, 물고기들이 있었음을 알 수 있고 이들 대부분은 식용되고 있었을 것이다.

조리에 토기와 불을 쓸 줄 알았지만 주로 생식이 많았고, 먹이감을 햇빛에 말리는 것이 많았을 것이다.

(2) 야요이[彌生], 古墳 시대(B.C. 3~6 세기경)

이 시대에는 청동이 들어오고 이어서 철도 들어왔다. 또 벼농사가 시작되었으나 서민들은 조, 피 등을 먹고 있었다. 벼는 대개 현미의 형태로 먹었는데 야요이 시대에는 이것을 죽으로 먹었다.

농경의 발달로 물고기 등의 사냥은 종속 산업이 되었고 생식보다 국이 많아졌고 술이나 엿도 만들어 먹었다.

(3) 나라[奈良] 시대(710~794)

천황의 통치 체재가 정착되고, 일본(日本)이라는 국호가 처음 사용되었으며 귀족과 서민의 생활 차이가 커졌다.

이 시대에는 술이 발달하여 용도에 따라 제법이 달랐고 보존식의 대부분은 건조품 또는 소금절이한 것이며 우유제품도 나타났다. 중국의 과자는 대개 밀가루 제품인데 이것이 일본에 유입되어 당과자(唐菓子)가 되었고, 콩떡, 팥떡도 있었다. 또한 이시대는 중국의 당나라 양식을 모방하는 시기이기도 하다.

(4) 헤이안[平安] 시대(794~1185)

동경(京都)으로 수도가 옮겨지고 동북 지방이 평정되었다. 이 시대에는 신라, 당나라와의 교류가 왕성하여 일본 식생활의 형성기라고 할 수 있을 만큼 다양한 여러 가지 조리법이 발달하였다.

불교의 영향으로 네 발 달린 짐승 고기를 멀리하여 단백질원으로는 생선류가 상용되었다. [일본서기]에는 할선(割鮮)이라 하여 신선한 어

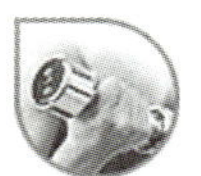

패류를 생식하는 방법이 적혀 있는데 이것은 최고의 조리법으로 평가되고 있다. 요리는 외양에 치우치고 세시식이나 식사의례도 규정되고 금기식의 사상도 생겨났다. 귀족층은 조석의 식사와 간식으로 과자를 먹었으나 서민들은 간식으로도 밥을 먹어서 일 3~4식이 되었다.

(5) 가마쿠라[鎌倉] 시대(1192~1333)

이 시대는 미나모토 요리모토가 귀족층을 멸망시키고 무사가 지배하는 중세 봉건제로 접어든 시기이다. 무사들은 대개 서민 출신이고 농사에 종사하였기 때문에 간소한 생활을 했으며, 사냥으로 멧돼지, 사슴, 토끼, 들새 등을 잡아먹고 생활하였다. 무사의 식사는 평상시는 조석 2회였으나 전쟁터에서는 3식이 되었고 이것이 일본인의 3식제의 기원이 되었다.

이 시기에는 불교의 영향으로 정진요리(精進料理)가 사원을 중심으로 발달하였고, 두부가 수입되었으며 차(茶)는 송(宋)에서 들어와 재배하게 되었다.

✋ 정진요리(세이진 요리)

어육을 쓰지 않고 곡류, 채소, 해초, 두류, 건조식품 등의 식물성 식품을 원료로 한 자극성이 없는 조리법이다. 가마쿠라시대의 불교 사상에 힘입어 서민들에게 널리 퍼진 요리로 거친요리를 의미한다. 주로 사원에서 발달되었으며 이 중심지는 교토이다. 정진국, 정진튀김이라는 용어는 식물성 재료만으로 만들어진 국 또는 튀김이라는 뜻으로 이용되고 있다.

(6) 무로마치[室町] 시대(1338 ~ 1573)

동경의 무로마치에 막부를 연 시대인데 공가 형식이 부활하고 요리도 기공적으로 되며, 무사의 예법과 함께 가지각색의 형식이나 유파(귀족층은 사조류 : 四條流, 무가의 대초류 : 大草流) 등이 생겼다. 이 시대에 정식으로 향응요리로써 확립된 것이 훈젠요리이다.

◉ 본선요리(훈젠요리)

주로 관혼상제 때에 쓰여진 정식 식단이며 의식요리로써 차리기가 매우 복잡하다. 에도시대로 내려오면서 상차림이 화려해지고 요리에도 예술성을 띠게 되었다.

격식을 차려야 할 중요한 연회나 혼례요리 외에는 별로 사용하지 않지만, 현재까지 그 상차림 법은 전해오고 있다. 상은 검은색이나 삼색을 쓰고 다섯 개를 차리는 것이 원칙이다. 상차림은 국물의 숫자와 요리의 숫자에 따라 구분하는데 1즙 1채, 1즙 2채, 1즙 3채, 1즙 5채 외에도 2즙 5채, 2즙 7채, 3즙 7채, 3즙 9채 등 여러 가지가 있다. 결혼에 내는 훈제요리는 다섯 개의 호화로운 상차림에 3즙 7채를 내며, 가정에서의 훈젠요리는 생일이나 입학, 졸업식 등 축하해야 할 날에는 주로 1즙 3처, 세 개의 상을 내는 2즙 7채를 이용하여 상차림을 한다. 현재에는 복잡성 때문에 거의 행해지지 않고 있는 실정이다.

(7) 아츠치[安土], 모모야마[桃山] 시대(16세기 후반 ~ 16세기말)

아츠치[安土], 모모야마[桃山]시대는 호화로움과 한적한 생활, 검소한 취향과 사치로운 취향을 동시에 갖춘 문화를 쌓았던 무사의 시대이다. 차의 생활화에 따른 가이세끼요리의 확립이나 남반요리의 도래 등이 일본요리를 발전시켰다.

◉ 남반요리

남반 요리는 파를 쇠고기와 닭고기, 생선 등에 섞어서 조린 음식이다. 무로마치 말기부터 야츠치, 모모야마 시대에 걸쳐서 서양인(주로 스페인과 포르투칼인)이 도래하여 유럽풍의 문화를 전하였는데 그 대표적인 것이 덴뿌라이다.

가이세끼요리

> 다도에서 나온 요리로 차를 들기 전에 내는 요리를 말한다. 원래는 차를 올리는 것이 주체이나 그 전에 적당히 배를 채우고 나서 맛있는 차를 먹을 수 있도록 하기 위한 것이다. 이 요리의 특징은 양이 적은 대신 계절의 신선한 재료를 사용하고 손님이 먹는 시기에 적절하게 요리를 내놓는다. 오늘날의 가이세끼요리는 서양요리의 코스를 모방·발전시켰다고 한다. 서양의 합리적인 식사예법과 선종의 식사법을 섞어서 가이세끼요리의 합리적인 식사법을 만든 것이다.

(8) 에도[江戶] 시대(1603~1867)

이 시대는 무사가 지배권을 쥐고 있었지만, 요리의 발전에 있어서는 서민이나 도시의 일반사람들의 문화적인 영향이 컸다. 또한 이 시대는 각 시대의 여러 가지 요리를 흡수, 소화하고 이를 발전시킨 일본요리의 대성의 시기이다. 그러나, 이 시대에는 대 기근이 있어서 농촌에는 고구마 등 구황식물의 재배나 저장을 권장하였다.

(9) 메이지[明治] 이후(1868~현대)

메이지 유신과 더불어 일본은 문명개화의 슬로건 아래 구미의 문화를 받아들여 일본의 식생활에 커다란 영향을 까쳤다. 전통요리와 외국요리 등이 융합된 일본의 독특한 요리문화가 확립되었으며 우육식(牛肉食)이 유행하고 우유, 유제품과 더불어 빵, 커피가 널리 식용되고, 서양요리도 점차 증가하였다.

③ 일본음식의 특징

일본음식은 조리법과 주방기구 뿐만 아니라 그 재료가 중국의 영향을 받아 중국의 것과 유사한 점이 많다. 그러나 그 속에서도 일본만의 독특함을 찾게 된다. 일본사람들은 신체와 사회와 자연과의 조화를 중요시하는데 이것은 그들의 다양한 조리법에 잘 나타나 있다. 또한 일본사람들은 음식의 외형도 중요시 여기기 때문에 그런 정신은 음식과 환경 간의 조화로 표출된다. 예를 들면, 여름 음식은 투명한 유리 그릇에 담아 더 차갑게 보이게 하고 가을 음식은 붉은색과 금색의 그릇에 담아 미각을 돋우어 준다.

　일본음식은 쌀과 콩과 차로 대별될 만큼 차지하는 비중이 크다고 할 수 있다. 옛부터 밥을 주식으로 하였고 육식문화가 발달하지 못한 대신 콩 소비 중심의 독특한 문화가 형성되었으며, 차는 대부분의 식사에 제공될 만큼 보편화되어 있다.

(1) 가장 중요한 식재료인 쌀

　쌀은 일본의 가장 중요한 식재료이고, 거의 모든 식사에 제공된다. 일본의 쌀은 중국 것과는 달리 전분함량이 높고 조리 후 끈기가 많은 것이 특징이다. 먹는 방법으로는 그대로 밥을 먹기도 하나 식초를 섞어 초밥(스시：すし)으로 먹거나 초밥에 날생선을 얇게 져민 것을 얹어서 먹기도 한다. 드문 경우이나, 쌀로 국수를 만들어 먹기도 한다.

· 일본의 사시미(刺身)

(2) 콩과 콩제품

　쌀 다음으로 콩(대두)이 많이 사용되는데, 우리나라만은 못하지만 콩의 이용에서도 독특한 문화를 발전시키고 있다. 아부라아게(두부튀김), 미소(일본된장), 쇼유(왜간장), 낫도[納豆] 등은 그 대표적인 것이다.

(3) 녹차가 매 식사에 제공

　차는 원래 선불교의 의식에서 사용되던 것이 오늘날까지 전해져 일본인들의 삶속에 빼놓을 수 없는 것이 되었다.

　차를 마시는 것은 자연과 조화를 이루려는 일본인들의 정신이 담겨

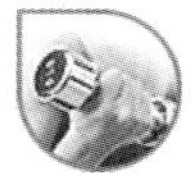

져 있다고 볼 수 있다. 차는 건조된 차잎을 간 것으로 분말보다는 잎을 주로 이용한다. 이러한 차 마시는 습관 때문인지 손님에게는 반드시 차를 대접하며, 직장에서는 오후 3시경에 'tea time'을 갖고있다.

(4) 육식문화의 미 발달

일본의 식문화가 우리나라와 중국의 식문화와 다른 점은 쇠고기, 닭고기, 돼지고기 등의 조리문화가 발달하지 못했다는 점이다. 일본에서 이들 육식문화가 발달하지 못한 데에는 사람이 먹기에 부족한 곡물들을 동물에게 먹일 수 없었기 때문에 가축 수가 적었다는 데에 있다. 그러나 이러한 이유 외에도 종교적, 정치적인 이유가 있다.

일본인들도 옛날에는 육식을 하였었다. 즉, 일본의 쇼몽시대[繩文時代]의 패총에는 많은 패각에 섞여 곰, 토끼, 너구리 등의 뼈가 출토되고 있으며, 꿩, 학, 오리, 참새 등의 조류의 뼈도 발견되고 있다.

그 후 많은 시간이 흘러 곡물이 주식이 된 후에도 수렵은 계속되었다는 것을 그들의 고전인 만요슈[萬葉集]를 보면 알 수 있다. 또한, 이러한 동물들을 일종의 장에 찍어 먹었던 것으로 생각된다. 산돼지도 많이 먹었던 모양인지 오사카에는 이가이노[猪飼野]라는 곳이 있다. 또한, 일본의 고사기(古事記)나 일본서기(日本書記)에도 이가이[猪飼], 이가이쓰[猪飼津]등의 인명이나 지명이 나온다.

그러나, 일본의 덴무천황[天武天皇]은 불교를 열심히 믿어 즉위 4년 만에 "오늘 이후에는 수렵을 해서는 안된다. 소, 말, 개, 원숭이, 닭의 고기를 먹어서는 안 된다. 만약, 이를 어기는 자가 있으면 벌한다."라는 칙령을 내렸다.

그 후 헤이안 시대에는 소와 말의 고기를 먹는 사람은 귀신과 같은 사람으로 여기다가 닭이나 꿩과 작은 새들은 열외 취급을 하여 먹을 수 있게 하였다.

1549년에 많은 외국의 선교사가 일본을 방문하였다. 부활절에 어느 선교사가 암소 한 마리를 사서 음식을 만들어 대접하였는데 일본 사람들이 크게 만족하여 그것을 먹었다고 한다. 그러나 관영(寬永) 16년(1639)에 쇄국의 단행으로 기독교가 금지되고 다시 생선과 야채에 의지하는 식생활로 바뀌었다. 1862년에 요꼬하마에서 이세(伊勢)라는 사람이 우육점을 시작한 것이 일본의 쇠고기 매점의 시작이라고 한다. 이상과 같이 일본 민족이 아니라 단지 종교적인 이유로 육식 문화의 발전이 이미 하였던 것이다. 그러나 육식 문화가 발달하지 못한 반면 단백질 급원으로 콩(대두)을 이용한 음식, 생선, 어패류(날 것, 건조한 것, 훈제한것)의 이용이 많은 편이다.

(5) 신선한 과일과 야채

일본인들은 과일과 야채를 많이 섭취하는데 과일로는 밀감을 주로 많이 섭취하며 순무, 무, 가지 등의 야채를 사용한 침채류를 년중 사용한다.

4 일본음식의 지역별 특징

(1) 관동지방 음식

관동지방의 음식은 에도(됴쿄)요리라고 한다. 설탕과 진한 간장을 써서 음식의 맛을 진하게 낸다. 따라서 관동지방의 조림은 짭짤하고 형태를 유지하기 어려우며 국물이 거의 없다. 생선초밥, 덴뿌라, 민물장어, 메밀국수가 대표적인 음식이다.

(2) 관서지방 음식

관서지방은 전통적인 일본요리가 발달한 곳으로, 교토의 담백한 채소나 건어물요리와 오사카의 실용적이고 합리적인 생선요리가 주종을 이룬다. 맛깔나는 음식으로 우리나라에서는 전라도 음식을 꼽듯이 일본에서는 관서지방의 음식이 유명하다. 음식의 맛은 연하면서 국물이 많고, 재료의 색과 형태를 최대한 살리는 특징이 있다.

5 일본의 식사예절

일본은 식사예절이 어느 나라보다도 엄격하고 복잡하다. 식사하기 전에 반드시 잘 먹겠다는 인사를 하고 젓가락을 들어야 한다. 식사 전반에 걸쳐 자세를 바르게 하고 음식 먹는 소리가 나지 않도록 해야 하며, 평상시에도 다음과 같은 예절을 지켜야 한다.

뚜껑이 있는 경우에는 밥그릇, 국그릇, 조림그릇의 순서로 뚜껑을 벗긴다. 상의 왼쪽에 있는 것은 왼손으로 뚜껑을 쥐고 오른손을 대어 물기가 떨어지지 않게 뒤집어서 상 왼쪽 바닥에 놓는다. 같은 쪽에 뚜껑이 두 개 있을 겨우, 큰 것을 밑에 놓고 작은 것은 그 위에 겹쳐 놓는다.

 • 밥 : 양손으로 밥공기를 들어 왼손 위에 올려놓고, 그대로 오른손으로 젓가락을 위에서 집어 왼손 가운뎃손가락 사이에 끼운다. 그런 다음 다시 오른손으로 쓰기 좋게 잡고 젓가락 끝을 국에 넣어 조금 축인 뒤 밥을 한 입 먹는다.

경사에는 밥을 먼저 먹고 흉사에는 국부터 마신다.

젓가락을 처음과 같이 상의 제자리에 놓고 두 손으로 밥그릇을 놓는다.

 • 국 : 국그릇을 두 손으로 들어 앞에서와 같이 젓가락을 들고 건더기를 먹고 국물을 한 모금 마신다. 이때 젓가락으로 건더기를 누르고 마신 후에 놓는다.

 • 반찬

· 조림은 그릇째로 들어서 먹어도 좋고, 국물이 없는 것은 뚜껑에 덜어서 먹는다.

· 회는 나무젓가락으로 접시의 가장자리에서부터 차례로 작은 접시에 덜어 와사비(고추냉이)를 곁들인 간장에 찍어 먹는다.

· 생선은 머리 쪽의 등살에서부터 꼬리 쪽으로 먹는다.

· 자왕무시(달걀찜)는 젓가락으로 젓지 않으며 앞에서부터 떼어먹고 뜨거울 때에는 그릇 밑에 종이를 받친다.

 • 차 : 찻잔을 두 손으로 들어 왼손은 찻잔 밑에 받치고 오른손으로 찻잔을 쥐고 마신 다음 뚜껑을 도로 덮는다. 다 먹은 다음에는 뚜껑이 있는 그릇은 식사 후 덮어두고, 젓가락은 상의 제자리에 처음과 같이 가지런히 놓는다.

3. 몽 골

1 몽골의 자연환경

몽골은 러시아와 중국 사이에 있는 고원국으로서 국토의 남북거리가 1,263km, 동서거리가 2,405km, 총면적이 156만 5,000㎢(남한의 약 16배)에 이르며, 국토의 대부분이 초원을 이룬다.

몽골의 기후는 전형적인 대륙성 기후로서 날씨의 변화가 심하고 건조하다. 긴 겨울(10월~이듬해 4월)을 가지고 있으며 나머지 봄, 여름, 가을이 합하여 5개월 정도 된다. 평균적으로 연 중 가장 더운 7월에는 12℃~20℃, 가장 추운 1월에는 −15℃ 내외이며, 그 이하로 내려가는 경우도 많다.

기후 및 지세의 특징으로 산록 일부에서는 여름 단기간 동안 약간의 채소와 수박이 생산되고 있지만 수박 외에는 채소들의 품질이 좋은 편이 아니다. 이러한 기후와 풍토 속에서 산업은 목축이 주산업이며 양털, 고기, 버터 등을 생산하여 수출한다. 근래에는 축산 가공, 식품공업과 구리, 석탄, 석유, 몰리브덴 등 지하자원 개발이 이루어지고 있다.

2 몽골 음식문화의 특징

목축업에 주로 종사하는 몽골인들은 가능한 한 가축의 고기는 먹지 않고 풀이 풍부하게 자라는 여름과 가을에 주로 짐승의 젖과 유제품을 먹으며, 젖의 생산량이 적거나 거의 없는 겨울과 봄에 고기를 먹는다. 몽골에서 소비되는 가축의 젖 중에서 가장 많이 생산·소비되는 것이 소젖이고, 다음이 염소젖, 말젖, 양젖, 낙타젖의 순서이다. 몽골인들은 가축의 젖을 우유를 마시는 것처럼 마시는 일은 아주 드물고 차를 끓여 마시거나 유제품을 만들어 먹는다. 몽골인들이 즐겨 마시는 차인 수태채차이(젖차)는 하루 20여 잔씩 만들어 먹는 차로서 차와 젖을 함께 넣고 끓인 것이다. 몽골인들은 건조한 기후 때문에, 또한 채소가 풍부하지 못하기 때문에 차를 자주 만들어 먹음으로써 수분과 비타민을 공급받는다.

몽골인들은 가축의 젖을 가공하여 20여종의 각종 크림, 치즈, 요구르트, 버터, 알코올 음료를 각 가정에서 만들어 먹는데, 이들을 통칭해서 차가앙이데아라고 말한다.

· 타락 - 일종의 요구르트

· 살토스 - 우유를 가열한 뒤 응고시킨 일종의 버터

· 우름 - 소젖에 열을 가하여 거품을 걷어 내고, 그 거품을 다시 모아 식히고 데운 것으로 일종의 크림치즈

· 차강아르히 - 차강은 백색의 의미이고 아르히는 술의 의미로 백주(白酒), 즉 흰술이라는 의미이며 우리나라의 소주와 같다. 술의 도수는 40~50도 사이로 겨울철의 모진 바람과 추위를 이기기 위해 많이 마신다.

· 쉬밍아르히 - 우유를 증류시켜 만들 술

· 마유주 - 우리나라의 막걸리와 비슷한 색깔의 술인데 손님이 오면 환영의 의미로 내놓는 술로써 유당량이 풍부하여 식사대신으로 많이 마시기도 한다. 알코올도수가 1.66% 매우 낮아 주류라기보다는 신맛이 강한 유산음료라고도 볼 수 있다.

몽골에서 최고의 고기 요리는 양고기 요리인데 일반적으로 소금으로 간을 맞추는 것 이외에 어떤 조미료도 가하지 않는다. 특히 양 한 마리 안에 불에 달군 돌멩이를 넣어 통째로 익힌 요리인 보독은 몽골인들의 전통적인 특별요리이다. 이것도 소금과 약간의 파만을 넣고 익힌 것으로, 조리기구와 조미료가 없는 초원 환경에서 합리적인 조리방법을 개발해 낸 좋은 예가 된다. 또한 보르츠라 하여 쇠고기를 냉동 건조시켜 그것을 망치로 빻아 섬유상으로 만든 다음, 소의 방광에 채워 넣어 보관하는 보관식이 있다.

3 몽골의 식사예절

· 음식을 먹을 때 주인이 권하면 두 손으로 받아 감사의 표시를 한다.

다 먹지 못하면 음식을 하나 입에다 넣어 맛을 본 후 내려놓는 것이 좋다.

· 손님에게 수태차를 두 손으로 건네주면 받는 사람도 두 손으로 정중하게 받고 마신다.

· 몽골인은 술을 자작하며 돌릴 경우 잔 1개로 반잔만 따라 돌린다. 술을 받게 되면 석잔을 계속 받아야 한다.

· 마유주는 왼손으로 받아서는 절대 안되며 친한 사람일지라도 한 손을 받쳐들고 잔을 받아야 한다.

4. 인 도

1 인도의 자연환경

인도의 겨울은 1월의 평균기온이 대체로 북인도 15℃에서 남인도 25℃, 여름인 7월에는 북인도 30℃, 남인도 25℃로 연중 비교적 더울 뿐만 아니라 산간지방 이외에는 연중 서리가 오지 않는다.

우기는 해마다 조금씩 다르지만 대부분 6~9월에 형성된다. 이때 남부에서 아라비아 해(海)의 습기를 머금은 계절풍이 불어오는데 이것을 몬순이라하며 인도의 대부분 지역에 비를 뿌린다. 특히, 히말라야의 산기슭과 갠지즈강 유역의 중부에서 동부까지, 또 남인도의 서고츠 산맥의 서쪽에도 몬순의 영향으로 많은 양의 비가 내린다.

2 인도 음식문화의 특징

기원전 2천년경 아리안(Aryan)족이 침입하여 인도의 지배계층을 이루면서 인도의 음식문화는 큰 영향을 받게 되었고, 특히 이들이 가지고 온 소와 유제품은 인도 토착민의 식문화에 크게 영향을 끼쳤다. 인도는 다인종의 나라일 뿐만 아니라 중동 및 서양 문화의 영향을 받아서 음식도 지역과 종교에 따라 매우 다양하고 음식은 색과 맛, 질감이 조화를 이루는 것이 특징이다(표 3-1 참조).

표 3-1 인도의 지역별 음식문화 특성

남부 인도	북부 인도
① 쇠고기를 먹지 않는 힌두교인이 많으며 칠리(고추의 일종, chilli)와 같은 향신료를 강하게 쓴다.	① 돼지고기를 먹지 않는 이슬람교도가 많고 외부 식문화의 영향을 받아 약하게 조미한 음식이 많다.
② 코코넛 밀크와 크림을 많이 사용한다.	② 요구르트 및 다른 혼합물을 많이 사용한다.
③ 쌀이 주식이다.	③ 빵이 주식이고 채식주의자가 많다.
④ 바나나 잎을 식기로 사용한다.	④ 금속제 그릇을 사용한다.

(1) 인도 국민의 80%는 채식주의자

인도의 두 종교지도자 부다(Buddha)와 마하비라(Mahavira)는 아리안의 카스트제도, 짐승도살에 반대하는 종파를 창설하였다. 이것이 불교와 자이나교(Jainism)로 채식에 종교적 신성을 부여해 주었고, 동시에 소 도살에 대한 금지를 내렸다.

이렇게 해서 인도인들은 채식을 상식하게 되었고, 남부 인도의 채소요리는 오늘날까지도 세계에서 가장 뛰어난 요리의 하나로 꼽히고 있다. 인도인들은 채식으로 인한 부족한 단백질을 공급하기 위해 콩류와 우유, 버터, 요구르트 등의 유제품을 섭취한다.

(2) 향신료(masala)는 인도 요리의 생명

인도 요리는 예전에 유럽인에게는 '황금'같았던 향신료를 많이 쓰고 있는 점이 최대의 관심사였고, 일찍이 이 향신료를 얻으려고 인도로 가는 길을 찾는 대항해 시대를 이룩했다는 것은 잘 알려져 있다. 나무열매나 풀의 씨앗과 뿌리에 잎, 나무껍질, 수액(樹液)등과 여러 가지 향료를 합치면 향신료의 수는 100여 종류가 넘으며, 일반가정에서도 20~30 종류는 상비하고 있다.

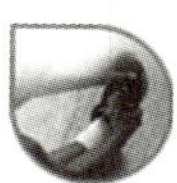

이들을 요리의 재료와 취향에 따라서 그 때마다 적당히 섞어서 맷돌에 갈아 쓰는데 이것이 음식의 맛을 결정하는 요소가 된다. 인도인들은 집을 짓거나 빌리면, 아무리 작은 집의 부엌에도 의레 맷돌을 준비한다.

(3) 콩과 유제품은 많이 사용하는 식재료

① 콩

전국적으로 가장 많이 쓰이는 인도 요리의 특징적 소재는 콩이다. 콩은 그 종류가 다양하며 콩껍질을 벗기고 반으로 쪼갠 것이 주로 쓰인다. 이것을 달이라 부르는데, 이 달을 삶은 요리 역시 달이라 하며, 신분의 귀천이나 채식자, 육식자를 불문하고 매일 식탁에 오르는 일상요리가 되어 있다. 가장 값싸고 영양가가 많은 요리이지만 외국인의 구미에는 별로 맞지 않는 요리 중의 하나이다. 하지만 익숙해지면 이것이 인도 미각의 바탕임을 잘 알게 된다. 달을 바탕으로 해서 갖가지 고기나 야채를 넣어서 삶은 요리도 그 종류가 풍부한데, 인도의 상류가정에서 압력솥이 필수품이 되어 있는 것도 이 콩요리 때문인 것 같다.

② 유제품

콩 다음으로 많이 쓰이는 우유도 인도인들의 귀중한 단백질원이다.

우유는 생우유로 사용되지만, 통밀이나 구운 보릿가루로 만든 죽을 만들 때에는 농축하여 끓인다. 음식 중에 가장 기호도가 높은 응유는 더운 기후에 맞는 시큼한 맛을 가지고 있는데 이 응결과정에는 흔히 푸티카(Putika)로 불리는 식물기름이나 파라스(Palas)나무 껍질을 넣어 만든다. 이것을 걸쭉한 요구르트로 만들어 그대로 밥 위에 쳐서 먹거나 라이타라고 일컬어지는 요구르트 샐러드 등을 만들어 먹을 때가 많지만, 총 우유 생산량의 대부분이 기이(ghi)라는 버터 기름, 즉 식용유로 만들어진다고 한다. 기이는 신성한 것으로서, 신을 위한 등유로 쓰일 뿐만 아니라 고급 요리나 과자를 만드는데 없어서는 안 될 재료이다.

(4) 카스트제도와 금기식품

힌두식 생활방식과 종교에 내포되어 있는 것은 카스트제도이다. 고대로부터 이 카스트 제도는 출생성분에 따른 사회적 계급으로 사람을 브라만(Brahmin), 크샤트리아(Ksatriya), 바이스야(Vaisya), 수드라(Sudra)

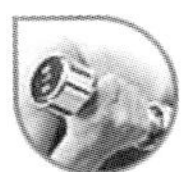

4 계급으로 분류하였다. 특히, 브라만 카스트에 속하는 계급은 철저한 채식주의자이다. 그 중에서도 아주 철저한 사람은 달걀을 먹는 것 조차 금하고 있다.

다른 카스트에 속하는 사람들은 쇠고기 이외의 고기를 먹기도 하나 순위가 높아질수록 고기를 먹는 풍습은 줄어든다. 그러나 생선은 힌두교도들이 식용하기도 하는데 특히 벵갈 지역의 사람들은 생선을 먹는다.

고기 특히, 쇠고기만이 카스트에게 금지된 것은 아니었다. 힌두의 성서 중 마누장정(Code of Manu)에는 가금(家禽), 양파, 마늘, 순무, 버섯 및 소금에 절인 돼지고기가 금기식품에 포함되어 있었다. 또한 어떤 콩(lenril)과 토마토는 핏빛을 띠고 있다 하여 어떤 카스트에게는 받아들여질 수 없었다.

남인도의 바라문 계급의 식사법은 우선 그들은 정원에서 따 온 바나나 잎을 30~40 cm 길이로 잘라서 바닥에 펼치고 놋쇠컵에 담은 물을 그 위에 조금 떨구고, 오른손으로 잎을 깨끗이 씻는다. 급사가 그 곳에 몇 가지 야채요리나 밥요리를 조금씩 얹으면 조용히 힌두교 주문을 외면서 컵의 물을 잎 주위에 조금씩 흘린다. 이것은 잎과 식사를 깨끗이 하는 의식이다. 그리고 오른손에 받은 물은 약간 입으로 가지고 간다. 이것은 신을 위한 의식이다. 다음에 달콤한 밥요리를 조금 입에 넣는다. 이것도 신을 위한 의식이다. 그런 다음에 식사가 시작되는데 모두가 채식일 뿐이다. 남인도의 바라문들에게는 식사도 일상적인 종교 행위의 하나로 되어 있다.

(5) 인도의 대표 요리인 카레(Curry)

카레는 인도의 대표적인 요리로서 인도인들에게 있어서 카레는 밥이나 차파티에 풍미를 더하기 위해 고안된 소스이다. 카레는 그 종류가 수십 종에 달하며, 계피, 정향, 육두구(nutmeg), 파프리카 등 15~16 종의 향신료를 사용하는 것이 특징이다. 향신료는 재료의 종류에 따라 다르므로 각 가정마다 독특한 맛이 있으며, 식욕증진, 소화건위, 방부제 등의 역할도 하고 비타민류가 다량 함유되어 있으며 특히 파프리카 후추는 비타민 C 가 풍부하여 미용에도 효과가 있다고 한다.

· 인도의 카레

　머튼(Mutton) 카레는 자른 양고기에 향신료를 가미해 삶아 만든 정통적인 고기 요리로 야채는 넣지 않고 각종 향신료를 넣어 걸쭉하게 만든 정통적인 카레요리이다. 카레 외에 먹어볼 만한 향토음식으로는 탄두리 음식이 있다. 탄두리는 향신료와 요구르트를 섞어 먼저 프렌치 드레싱에 담근 후 진흙 오븐에서 요리하는 북부지방의 전통요리이다.

3 인도의 식사예절

　· 힌두교도는 식사시에 낮은 걸상을 사용하며 좌석 배치는 오른쪽에 주인이 앉는 곳에서 왼쪽으로 가면서 연령순으로 앉는다. 노인과 소년, 소녀는 조금 떨어져 앉으며 성인이 되면 여자는 남자와 식사할 수 없으며 다만 남자의 시중을 든다.

　· 상류계급은 음식을 정오와 늦은 오후에 하루 두 번 식사를 한다. 음식은 작은 보울에 담아 각자 제공된다. 신앙심이 두터운 정통 힌두교인들은 정오까지 어떠한 음식이나 음료도 먹지 않으나 최근에는 커피나 케이크조각 등을 가볍게 먹기도 한다.

　· 식사 전에 부인이 가져온 물로 양손을 씻고 식사 때 왼손은 사용하지 않으며 커다란 바나나 잎에 음식을 올려놓고 오른손으로 먹는다.

　· 입안 가득히 음식을 넣고 이야기하지 않으며 아침, 저녁 식사 후에

물로 양치를 한 후 물을 뱉어버린다. 힌두교도인은 물을 마실 때 컵을 입에 대고 먹지 않고 물을 컵으로 입안에 부어 넣으며 식사중엔 이야기 하지 않는다.

• 북쪽에서는 홍차, 남쪽에서는 커피를 음료로 상용하고 있다. 남은 음식은 보통 개나 새에게 준다.

5. 터 키

1 터키의 자연환경

터키의 중앙고원은 동쪽으로 갈수록 높은 지형을 가지며 아라라트산에서 흑해를 따라 폰투스산맥, 지중해를 향해서 남서쪽으로 토로스산맥과 안티토로스산맥이 달리며 아나톨리아 서부에는 서(西)아나톨리아산맥이 북서에서 남동쪽으로 뻗어 있다. 안티토로스산맥 남쪽의 평야와 이스켄데룬만(灣)에 면한 아다나평야는 하천이 산맥으로부터 운반해온 퇴적 토양으로 토지가 매우 비옥하다.

해안평야는 에게해 및 마르마라해 연안 이외에 협소한 해안평지와 흑해 연안의 적은 한서의 차는 차나무·레몬·오렌지 등이 잘되게 한다. 바프라평야는 특히 비옥하며 시노프 동쪽 흑해 연안지대는 잎담배 산지로 유명하다. 흑해 연안의 서쪽은 겨울에, 동쪽은 가을에 비가 많다. 동부의 리제는 터키 전지역 중에서 가장 강수량이 많아 연평균 1,788㎜에 달한다. 아나톨리아의 서부·남부 평야는 지중해성 기후로 겨울에는 온난다우하고 여름은 고온건조하여 벼농사가 잘 된다.

마르마라해 연안은 지중해성·흑해성 기후의 양쪽 특성을 가지며 가을과 겨울에 비가 많고 봄에도 호우가 내리는 일이 적지 않다. 내륙 고원지대의 심한 한서차와 계절마다 다른 강수차이가 이 지역의 특징이다. 중앙아시아 동북부에서 서쪽으로 이동해온 민족이 기원전 10세기경에 아나토리아 반도에 정착하였고, 1923년 터키공화국을 설립하였다. 터키인들은 조상들에게 물려받은 자연숭배사상과 풍습을 오늘날까지도 유지하고 있는데, 우리나라의 풍습과 비슷한 것을 많이 발견할 수 있다.

2 터키 음식문화의 특징

터키인들은 낮에 열심히 일한 뒤 밤에 함께 대화하고 음식을 즐기는 문화를 가졌다. 터키인들은 밤에 손님을 집으로 초대해 음식을 나누어 먹는 것을 즐긴다. 보통 오후 9시쯤 만나 가벼운 음료에서 시작하여 여러 종류의 음식을 새벽까지 먹는다. 터키음식은 대부분 맵기 때문에 후식으로 단 음식을 즐긴다. 터키인들은 쇠고기보다 양고기를 좋아하기 때문에 양고기가 쇠고기보다 비싸다. 술과 돼지고기는 법에 따라 엄하게 금지되어 있어서 돼지고기는 절대로 먹지 않는다. 터키 음식은 맵고 자극적인 향신료가 많이 들어가 우리 음식과 상당히 비슷한 편이다. 일반적으로 터키 음식은 쌀과 밀가루, 토마토, 호박, 고추, 양파 같은 채소를 많이 사용한다. 요리할 때 채소에 버터를 넣은 후 약한 불로 오래 익힌다. 모든 채소는 지중해 지방에서 사용하는 올리브유를 넣고 요리한다. 프랑스요리·중국요리와 함께 세계 3대요리로 꼽히는 터키요리는 양젖과 양고기를 기본으로 다양하고 독특한 갖과 분위기를 낸다.

3 터키의 대표적인 음식

(1) 케밥

터키인들과 양고기를 생각하면 케밥(kebab)을 떠올릴 정도로 케밥은 세계적인 음식이 되어 있다. 터키인들은 양고기로 만든 케밥을 가장 좋아하지만 다른 나라에서는 쇠고기나 닭고기로 케밥을 만든다. 양고기가 다소 질기기 때문에 케밥을 만들 때 양고기를 갈거나 잘게 썰어 사용한다. 터키의 케밥 종류는 300가지가 넘는데, 그 중 쉬시케밥(꼬치구이), 도네르케밥(숯불회전구이), 쿠유케밥(진흙통구이), 피르졸라(양갈비구이) 등이 유명하다.

① 쉬시케밥(Shishi Kebab : 꼬치구이) : 가장 전통적인 케밥요리이

다. 쉬시(shishi)는 터키어로 꼬챙이를 의미하는데 쇠꼬챙이에 끼워서 구웠다 하여 쉬시케밥이라고 한다. 갈은 양고기나 쇠고기에 고추, 양배추, 갖은 향신료를 넣어 잘 주물러 손으로 모양을 잡아 꼬지에 끼워 굽는다.

② 도네르 케밥(Doener Kebab) : 양고기 또는 소고기를 불에 구워 가늘게 썬 것이다.

③ 이쉬켄데르 케밥(Ishkender kebab) : 도네르 케밥에 요구르트와 토마토 소스를 첨가한 것이다.

(2) 초르바(chorba)

soup으로 보통 녹두(메르지멕) 및 야채수프 등이 있다.

(3) 파스티르마(pastirma)

절여서 말린고기, 저장육으로 '육포'의 개념이다. 터키인들이 좋아하는 전통음식 중 하나로 쇠고기나 양고기를 이용한다. 향신료와 소금을 사용하여 저장성을 높여 오랫동안 보관하고 운반하기 쉬워 유목생활을 하는 터키민족에게는 꼭 필요한 음식이다.

(4) 요구르트

터키의 요구르트는 고체와 액체의 중간형태로 시큼시큼하다. 처음 먹는 사람은 바로 이 시큼한 맛 때문에 거부감을 느끼지만 익숙해지면 바로 이 맛 때문에 매력을 느낀다. 이 요구르트 원액을 희석시키거나 채소 등을 섞으면 여러 가지 독특한 음식으로 변한다.

① 아이란(ayran) : 요구르트에 소금과 물을 섞어 희석시킨 짠맛 나는 일상의 음료이다. 아이란은 물과 요구르트의 비율에 따라 맛이 달라진다. 아이란을 마시면 갈증이 없어지고 숙면을 할 수 있다고 하여 아이란은 특히 더운 여름밤에 애용된다.

② 자즉 : 요구르트와 물을 혼합한 아이란에 오이채나 마늘을 갈아 함께 넣어 차게 만들면 자즉이 된다. 자즉은 더운 날씨에 즐겨먹는 음식이다.

(5) 식음료

① 커피(카흐베)

오스만 제국 시절부터 지금까지 커피는 터키의 생활방식과 문화에서 중요한 위치를 차지하고 있다. 1555년 시리아 대상이 이스탄불에 커피를 들여옴으로써 커피는 "장기 두는 사람과 사색가들의 우유"라고 알려지기 시작했다.

17세기 중엽까지 터키식 커피는 정교한 예식의 한 부분이었으며 40명이 넘는 조력자의 도움으로 커피를 의식에 따라 준비한 후 술탄에게 드려졌다. 당시에는 여인들이 터키식 커피를 준비하는 방법에 대하여 하렘훈련을 받을 정도였다.

② 와인

터키 포도주는 오스만 제국 시대부터 생산되어 유명해졌으며, 터키는 현재 포도주를 수출하고 있다. 지역에 따라 약 34종의 포도가 생산되고 있으며, 돌루자(Doluca), 카박클르데레(Kavaklidere) 상표가 유명하다. 토속주로는 라키(Laki, 물을 타면 우유 색깔로 변함)가 있다.

③ 차이(cay) : 터키인들이 즐겨 마시는 차로 한 번에 2~3잔 마시는 것이 보통이다. 홍차 맛과 어느 정도 비슷하지만 끓이는 시간과 첨가하는 향신료에 따라 여러 가지 맛이 난다. 어린 아이들부터 어른까지 식사 후에는 물론 일하는 도중에도 자주 차이를 마신다. 도시나 농촌 어느 곳에서나 차이를 파는 찻집을 쉽게 볼 수 있다. 찻집은 지역 남성들이 모여 담소하며 의견을 교환하고 여가시간을 보낼 수 있는 장소로 이용한다. 단, 여성들은 거의 출입하지 않는다.

4 터키의 식사예절

터키인들은 음식을 가려먹거나 음식에 대해 불평하는 행위를 별로 좋지 않게 여기고 소식의 미덕을 강조한다. 하지만 손님을 초대하였을 경우에는 음식을 충분히 마련한다. 손님은 자신에게 주어진 음식을 모두 먹는 것이 예의이므로, 음식이 주어질 때 먹을 수 있는 양을 분명히 표시하는 것이 좋다. 종교성이 강한 가정에서는 식전과 식후에 반드시 기도를 한다. 그 외에 다음과 같은 식사예절이 있다.

- 음식에 코를 대고 냄새를 맡지 말아야 한다.

- 음식을 식히기 위해 입으로 불지 않는다.
- 숟가락이나 포크를 빵 위에 놓지 않는다.
- 상대방 앞에 있는 빵의 조각을 먹지 않는다.
- 그릇에 음식을 남기지 말고 깨끗하게 비운다.
- 식사 중에, 사망자나 환자에 대해서 언급하지 않는다.

6. 아 랍

1 아랍의 자연환경

아랍의 지형은 남부 쪽이 대체로 사막 지대이고 레반트(Levant : 시리아, 레바논, 요르단 지역)에서 이란쪽으로는 험한 산악 지대가 펼쳐져 있다. 중동에서 가장 높은 곳은 이란에 있는 다마반드 산 정상이며 가장 낮은 곳은 요르단의 사해로서 대략 해저 400 m이다. 전 지역이 대체로 여름에는 매우 더워 기온이 54℃까지 올라가는 사우디아라비아 같은 곳도 있지만 겨울에는 눈이 내리고 추운 시리아 지역 같은 곳도 있다. 그런가 하면 남부 아라비아 지역은 건조하면서 뜨거워 전체적으로 기온 차가 심한 편이다. 강우량에도 상당한 차이가 있다. 레반트 지역은 12월과 4월 사이에 거의 비가 내리는 반면 아라비아의 3분의 2 이상의 지역은 아주 건조하여 보통 연평균 강우량이 100 mm 이하를 기록한다. 카이로 같은 곳은 여름에는 비가 전혀 없고 겨울에만 한두 차례 뿌리는데 그것도 매우 적은 양이다. 쿠웨이트나 아랍에미리트 같은 나라들은 바닷물을 음용수로 개발하여 쓰고 있다.

2 아랍 음식문화의 특징

이집트와 비옥한 초승달 지역 국가들 - 이라크, 레바논, 요르단, 팔레스타인-은 아랍에서 으뜸가는 농산물 국가들이다. 경작되는 주요 곡물은 밀과 콩이며 거의 모든 채소들이 경작되고 과일도 다양하게 나온다.

그 중에서도 감귤류는 아랍의 특산물로 꼽힌다. 중요 과일들로는 복숭아, 포도, 멜론, 바나나, 대추야자 등이 있다. 대추야자는 늦여름에 수확을 준비한다. 야자수는 사하라와 아라비아 사막 같은 곳에서 물이 닿는 데까지 뿌리를 내리며 잘 자란다. 그 결과 대추야자는 어느 작물 보다 더 집약적으로 아랍에서 재배되었다.

시리아와 이란 지역은 아몬드, 호두, 피스타치오 등의 견과들을 생산한다. 아랍 사람들에게 있어서 육류는 양고기가 기본이다. 쇠고기를 비롯한 육류의 수요는 공급이 부족하여 매년 수입으로 그 부족분을 채우고 있다. 원래 유목, 축산은 아랍 유목민들의 문화 속에 깊이 뿌리를 내리고 전통적으로 이어져 온 생업이었으나 유목민의 감소와 축산물 소비량의 증가로 공급에 비해 수요가 증가하게 된 것이다. 가장 오래 된 아랍의 음식으로는 척박한 땅에서도 잘 자라는 무화과를 들 수 있다. 이것은 이미 5000여 년 전부터 경작되었던 것으로 알려져 있다.

음식의 종류와 상차림, 기본 식사 등은 지역과 생활 여건에 따라 다를 수 있지만, 식사 예절은 아랍 지역이 넓다 하여도 대체로 비슷하다. 그것은 코란이나 하디스(ḥadīth : 무하마드의 언행록)의 가르침과 종교적 관습이 같기 때문이다. 사회 계급이나 지위를 막론하고 모슬렘들은 샤리아(sharia : 이슬람법)가 규정하고 있는 음식 조리법 만큼은 의무적으로 꼭 지키려 한다.

(1) 식습관

① 식사전 손을 씻는다.

식사를 하려면 아랍 사람은 우선 손을 씻는다. 어떤 사람은 입안까지 닦아 내기도 한다. 그렇지 않으면 적어도 오른손 위에 약간의 물을 쏟아부어 손을 청결하게 하고 먹을 준비를 한다. 하인이 있는 경우 주둥이가 넓은 물 항아리인 이브리끄(al-ibriq)와 손 씻은 물을 받는 대야인 띠쉬트(al-ṭisht)를 들고 온다. 이 도구들은 대개 청동이나 놋쇠로 되어 있다. 첫째번 사람이 씻은 띠쉬트는 다음 차례의 사람에게로 옮겨간다. 그러나 띠쉬트의 구조상 다른 사람이 씻은 물은 보이지 않는다. 수건인 후따(al-fūṭah)는 사람마다 각자 따로 쓰도록 한 장씩 나누어 준다.

② 남성이 먼저 먹는다.

아랍의 식습관에서는 남자가 먼저 음식에 손을 대고 먹을 것을 선택한다. 또 전통 아랍 사회의 색깔이 비교적 많이 남아 있는 사우디아라비아와 아랍 걸프만 국가에서는 여성이 남성 식구들과 떨어져 식사하는 경우가 많다. 씨니야(청동이나 놋쇠로 만든 둥근 식탁용 쟁반) 위에는 아랍 빵이 둘로 쪼개져 놓여진다.

③ 음식을 먹기전의 습관

식사를 하기 위하여 자리에 앉은 사람은 음식을 먹기 전에 우선 무릎 위에 냅킨을 놓고 오른쪽 옷소매 끝을 팔꿈치까지 걷어올린다. 그리고는 '비스말라(bi-smi-llah! : 알라의 이름으로!)'라고 말한다. 이 말은 중얼거리듯 낮은 소리로 하는데, 옆 사람이 들을 수 있는 정도이다. 가장이나 집주인이 먼저 이 말을 하면 나머지 사람 모두가 따라한다. 우리 관습에서 웃어른이 수저를 들어야 비로소 식사가 시작되는 것과 같다. 양식을 내려 주시고 식탁에 앉게 해 주신 신의 은총에 대한 감사의 표현이다. 그리고 다시 '타팟달(tafaḍḍal : 드시죠)'이라는 말이 이어지면서 식사가 시작된다.

④ 손을 사용하는 식사법

나이프나 포크는 사용하지 않는다. 엄지와 오른손 두 손가락만이 식사 도구들을 대신한다. 숟가락은 수프나 밥을 먹을 때와 같이 음식을 먹기가 매우 곤란할 때만 사용된다. 음식을 집을 때는 오직 오른손만을 사용하며 양손을 쓰는 경우는 극히 예외적인 일이다. 빵은 한 입에 넣을 만큼 작은 조각으로 찢어 고기나 기타 요리를 싸서 입으로 가져간다. 아랍 빵은 음식을 싸먹기 좋게 가운데가 빈 이중겹의 둥근 형태를 하고 있다.

⑤ 기타

아랍 시장에서 볼 수 있는 특별한 모습은 상점 안팎에서 일하는 사람 모두가 남자들이라는 점이다. 예멘의 사나와 타이즈(ta'iz) 같은 지방에서 가끔 베일을 쓴 여인이 야채와 계란을 팔거나 빵이 가득 든 넓고 둥근 바구니를 머리에 이고 나와 빵을 팔고 있는 모습이 발견되기도 하지만 이런 것들은 예외에 속하는 경우들이다. 쇼핑 역시 마찬가지이다. 아랍에서는 장보는 일이 어디까지나 남자의 몫이다. 일부 서구화된 도시에서는 여인들이 시장에 나오기도 하지만, 엄격히 말하여 이것은 아랍 전통에서는 벗어나는 경우들이다.

(2) 라마단

라마단이란 원래 단식(斷食)을 뜻하는 것이 아니라 달력에서 말하는 달[月]의 이름이다. 실생활에서는 태양력(太陽曆)을 쓰고 있는 아랍제국에서도 종교적인 행사에서는 1년을 364일로 하는 태음력(太陰曆)이 쓰인다. 라마단은 그 아홉 번째 달의 이름이며, 이슬람교도들은 이 달의 1개월 동안 단식을 한다.

라마단 기간에는 '천국의 문이 열리고 지옥의 문은 닫히며, 악귀들은 사슬에 묶여 있게 된다.'고 믿었다. 그래서 라마단을 성실하게 지키는 자는 그 자신의 죄를 사면 받는다고 믿는다. 해가 진 후의 식사는 가벼워야 한다. 그 달에는 특수한 형태의 효모로 부풀린 빵을 먹는다.

이슬람의 종교인들이 행하고 있는 계명 중에 가장 엄하게 지켜지고 있는 것이 이 '단식월'의 행사인 것이다. 이를 통하여 자기들이 이슬람 가족임을 재확인하고 이를 지키지 않는 자는 사회적으로 받아들이지 않거나 추방하게 된다.

(3) 금기 식품

이슬람교 이전의 아라비아인들은 여러 가지 미신으로 먹어서는 안 되는 것을 많이 정하고 있었다. 그러나 모하메드는 작물도 가축도 모두 다 알라에 의하여 창조된 것이므로 특별한 것 이외에는 먹어도 좋다고 생각하였었다. 그가 금지한 것은 식품의 종류가 아니라 그것을 은혜로서 주신 알라에게 감사하지 않고 먹는 것이었던 것 같다. 그럼에도 불구하고 코란은 몇 가지 음식 그리고 그것의 상태나 처리 방식이 잘못된 것은 먹는 것을 금하고 있다. 즉, 죽은 짐승의 고기, 피, 돼지고기, 알라 이외의 것에 바친 것, 목졸려 죽은 것, 야수에게 물려 죽은 것, 우상신 앞에서 도살한 것 등은 금지되어 있다.

❸ 아랍의 대표적인 음식

  아랍 음식은 전체적으로 영양가는 높고 콜레스테롤 수준은 낮은 것으로 평가되고 있다. 일반적으로 조리는 굽는 형태가 가장 많은데, 올리브유, 콩기름 같은 식물성 기름이 주로 사용된다. 육류는 가난한 서민들에게는 아직 사치스러운 음식이며 생선류는 아랍 사람들이 가장 많이 먹는 매우 중요한 식품이다. 더운 지방 사람들이어서 아랍인들은 음식의 신선도를 중시하는 경향이 있다.

  꿀은 아랍 전 지역에서 고루 소비되는데, 약간의 미신적 사고가 이와 같은 일부 음식을 둘러싸고 전해지기도 한다. 예컨대 꿀이나 단 시럽을 먹는 것은 삶을 달콤하게 해주고 진(jinn : 악귀)을 쫓아 준다고 믿는 믿음이나 마늘이 악마의 공격으로부터 신변을 보호하여 준다는 생각 같은 것들이다.

· 중동 지방에서 주로 쓰이는 향신료

아랍은 해마다 생강을 상당량 수입하는 주요 생강 수입 지역이기도 하다. 특히 육류 요리에 간 생강이 많이 쓰이며 그 꼬뚜리는 아랍식 커피에 넣어 독특한 향을 느끼게 한다. 정향과 계피 역시 아랍 전통 음식의 맛을 내는데 자주 쓰인다. 쿠즈바라(al-kuzbarah : 미나리과에 속하는 고수풀)를 비롯한 아랍의 여러 고유 식물들 역시 음식의 향미 재료로 쓰여진다. 파프리카 고추씨도 캐서롤식 찜 요리나 샐러드를 만들 때 넣는다. 매운 고추는 특히 예멘이나 걸프 지역 국가들의 요리에 자주 쓰여져 불같이 타는 듯한 맛을 내게 한다.

(1) 빵

식사 때마다 나오게 마련인 아랍 빵은 종류도 여럿이고 모양과 크기도 다양하지만 가장 유명하고 대표적인 빵은 둥글고 넓적한 쿱즈 아라비(khoubz Arabī)이다. 일반적으로 아랍 전역에서 '쿱즈'로 통한다. 이집트에서는 샤미(shāmy)로 불려지고 있는데, 흰색의 고운 밀가루토 만든 이 빵은 안이 비어 있는 이중겹의 빵이다. 이집트에는 이 샤미빵보다 서민들이 더 즐겨 먹는 발라디(baladï)라는 빵이 있는데, 누런색의 거친 밀가루 빵이다. 예멘 지역의 빵 야마니(yamanï)는 한 겹의 밀가루 빵으로 아라비아 반도의 중부 지역인 사우디아라비아에서 주로 소비된다. 납작한 모양의 쿱즈 타누르(khoubz tanūr)는 이라니(Iranī : 이란빵)라 부르기도 하는데, 이란 사람들에 의하여 아랍 걸프 지역에 번졌기 때문이다. 이 빵은 타프툰(taftoon)이라는 이란 빵과 흡사하고 카타르, 쿠웨이트, 아랍에미리트에서 아침과 저녁 식사용으로 먹는 일반적인 빵이다.

그밖에 요르단에는 하이크 타월(haik ṭawlï)이라는 긴 모양의 빵이 있고 예멘에서 먹는 라후흐(lahuh)빵은 시고 연하다. 또 마그레브 지역의 아랍 가정에서 만들어 먹는 케스라(kesra)는 갈색의 바삭바삭한 빵이다. 밀가루로 만들기도 하지만 보리나 옥수수가루. 조로 만든 빵도 있다.

(2) 곡류 음식

곡류로 만들어지는 음식으로 카크(kakk)와 카크 자으타르(kakk za'tar)가 있다. 이것은 고리 모양의 과자빵으르 한쪽 면에는 참깨가 뿌려져 있다. 카크 자으타르는 간 자으타르(백리향)를 넣어 스낵처럼 먹는데, 짭짤하고 고소하다. 레바논, 시리아의 일반 카페테리아에서 팔고 있다.

부르골은 아랍의 거의 모든 나라들에서 먹는 전통 음식이자 다른 음식을 만들 때 사용되는 기본 재료 중의 하나이다. 이것은 밀 알갱이를 삶거나 데쳐서 만든 일종의 밀밥이다. 토마토, 샐러리, 파슬리 등 녹색 채소와 약간의 쇠고기가 곁들여 요리된 밀음식으로 오리, 닭, 칠면조 등의 속에 쌀 대신 채워 넣어져 식탁에 오른다. 무아좌나(mu'ajanh)는 밀가루를 반죽하여 삼각형, 사각형의 만두처럼 만들어 안에 고기, 시금치, 감자, 치즈 등을 넣어 구워 낸 것으로 보통 때 언제나 먹는다.

콩으로 만드는 음식 중 우선적으로 손꼽을 수 있는 것으로는 홀 무담미스가 있다. 화바콩으로 만든 이 음식은 아랍의 전형적인 아침 식사용으로 가장 넓은 지역에서 소비되고 있다. 북아프리카에서는 빵과 더불어 커민, 하리사(harissa : 매운 고추 파스타)로 양념된 샐러드와 함께 먹고 있다.

(3) 육류 및 생선 음식

낙타는 사막이란 환경을 견딜 수 있는 유일한 동물로 아랍 사람들에게는 필수적인 이동 수단이며 우유와 고기까지 제공해 주는 가장 유용한 동물이다. 우리에게는 낙타고기가 낯설지만 베두인들은 즐겨 먹고 있는 전통 육류 음식이다. 낙타고기는 근육 섬유질로 되어 있어 조금 질긴 편이지만 독특한 맛을 가지고 있다. 지방은 대부분 낙타의 혹에 집중되어 있다. 일반 시장에서 낙타고기를 사기는 쉽지 않으나 베두인들은 많이 사용하고 있다.

아랍 사람들과 양고기를 연상하면 누구나 대개 캐밥(kebab)을 자동적으로 떠올리게 된다. 그만큼 캐밥은 세계적인 음식이 되어 있다. 가장 전통적인 캐밥요리는 간 양고기에 양차, 파슬리, 서양호박, 양배추를 넣고 검정 후추, 자메이카 후추, 고추 등 양념을 쳐 잘 주물러 손으로 소시지 모양으로 만든 뒤 쇠꼬챙이에 끼워 숯불에 굽는 것이다. 쇠꼬챙이에 끼워 구웠다 하여 쉬시 캐밥(shishi kebab : shishi는 터키어로 꼬챙이)이라고도 부른다.

· 터키양식의 케밥

　양고기를 이렇게 갈거나 잘게 썰어 음식을 만드는 요리법이 흔한 것은 중동의 양고기가 다소 질기기 때문이다. 캐밥 요리는 특히 레반트 지역인 시리아, 레바논, 요르단에서 가장 전통적인 요리로 만들어진다. 쇠고기 음식은 찜 스타일의 것과 채소와 함께 뭉근한 불로 끓인 요리가 대중적이다. 아랍 사람들의 육류 선호도에서 쇠고기는 언제나 양고기 다음이다. 가격도 양고기값이 쇠고기값보다 항상 비싸다. 련한 양고기 맛을 쇠고기가 따라가기 어렵기 때문이다. 돼지고기는 물론 먹지 않는다. 술과 돼지고기만큼은 시리아법에 따라 엄하게 금지되어 있다.

　아랍 사람들은 더운 날씨 때문에 옛부터 오랫동안 고기를 저장할 수 있는 방법에 관심을 기울여 왔다. 그 결과 포육이나 전통적인 저장육들이 여러 형태로 남아 있다. 그 가장 대표적인 것이 파스티르마(pastirma)로서 이집트, 레바톤, 요르단, 이라크, 시리아 등지에서 인기를 끌고 있는 절여서 말린 고기이다. 원래 이 저장육은 아르메니아와 터키가 근원이라고 알려져 있다. 아침 식사 때 샌드위치 속에 넣어 먹거나 계란 부침과 함께 많이 먹는다.

　물고기는 아랍의 어느 곳에서나 인기가 높다. 특히 레바논, 이집트, 이라크 사람들이 물고기 요리를 가장 즐기는 아랍인으로 알려져 있다. 보리새우 커리 요리는 아랍 걸프 지역의 모든 국가에서 대중화되어 있다. 이라크의 전통 생선 요리로는 단연 마스쿠프(mashgouf)를 들 수 있다. 이것은 맛 좋은 잉어 생선 요리로 생선을 막대기에 끼워 세워 놓고 불을 지펴 그 열과 연기로 굽는 특이한 요리법으로 유명하다. 카딴(kaṭan)이란 잉어는 가장 인기 있는 마스쿠프용 물고기 중의 하나이다.

(3) 우유, 치즈

우유, 치즈는 아랍 사람들의 식생활에서 빠뜨릴 수 없는 기본 음식이다. 아랍 사람들은 언제든지 빵과 치즈, 우유만 있다면 만족스럽게 식사를 즐긴다. 도시 생활인들이 양이나 소에서 짜낸 우유를 선호하는 데 비하여 사막의 베두인들은 낙타 우유를 더 좋아한다. 소나 양, 염소의 우유를 전통적으로 발효시킨 요구르트를 아랍 사람들은 자바디(zabady)라 하는데, 식단에 빠지지 않고 들어갈 뿐만 아니라 많은 각종 요리에 필수적으로 쓰인다.

아랍에는 요구르트의 종류만큼이나 치즈의 종류도 다양하다. 그중에서 지브나 바이다(jibnah baydah)는 두부 모양을 한 흰 치즈이다. 이 치즈는 거의 모든 아랍 국가들에서 인기가 있는데, 도미아티(domiati) 치즈라고도 불려진다. 아랍 전역에서 만들어지고 소비되는 이것은 암소, 물소, 염소, 양 등의 젖에서 만들어지는 부드러운 연치즈이다. 카리에쉬(kariesh) 치즈는 지방이 제거된 연한 흰색 치즈이다. 이것도 거의 모든 아랍 국가들에서 인기 있는 치즈 중의 하나로 이집트와 수단에서는 아침 식사 때 먹는다.

· 자바디(아랍의 요구르트)

미쉬(mish)라는 치즈는 소금에 절이고 익힌 치즈인데, 보통 카디시 치즈나 도미아티 치즈로 만들어진다. 할룸(halloum) 치즈와 나불시

(nabulsi) 치즈는 둘 다 양의 젖으로 만든 것이다. 샨클리쉬(sankleesh) 치즈도 양젖으로 만들지만 곰팡내가 나는 것이 특징이다.

7. 태 국

1 태국의 자연환경

태국은 인도차이나 반도의 중앙부에 위치한 나라로 면적은 51 만 4000 Km^{2}으로 한반도의 2.3 배 정도의 땅에 약 6100만 명이 모여 산다. 동쪽은 라오스·캄보디아에, 서쪽은 미얀마, 그리고 북쪽은 중국 고원지대에 각각 접하고 있다.

태국은 북부, 북동부, 중앙부, 남부의 4 지역으로 나뉘어진다. 북부는 거의가 삼림으로 덮여 있는 산악지대로 취락은 산간 분지에 접하여 있다. 북동부는 코라트(Khorat) 고원으로 완만한 기복을 이루면서 전체가 약간 동으로 기울면서 메콩강을 끼고 라오스와 접한다. 중앙부는 메남강이 흘러 하류지역에 광대한 델타(Delta)를 형성하고 예로부터 태국의 곡창지대이며 정치, 경제의 중심지였다. 또 메남강과 그 분류를 이용한 운하가 발달하여 교통의 대동맥이 되고 있다.

남부는 말레이반도에 이어지는 지대로 반도의 중앙부에 빌라욱타욱 산맥이 뻗어 해안을 따라 소규모의 평야가 전개되어 취락이 발달하였다. 기후는 몬순의 영향으로 우계(5~10 월)와 건계(11~4월)로 나뉘어진다. 연 강수량은 1000~1500 mm인 지방이 많으나 말레이반도 서안은 다우(多雨)지대로 2500 mm이상이며 북부는 1000 mm정도로서 지역 차이가 크다. 특히 북동부의 코라트 고원은 건조도가 심하다. 주민은 이러한 자연 환경 속에서 우계는 도작에 힘쓰고, 건계는 농작물의 수확과 여러 행사를 행하는 등 우계와 건계의 리듬에 맞추어 생활을 영위한다.

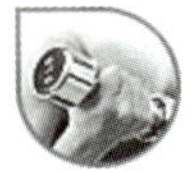

② 태국의 음식문화의 특징

동남아시아는 인도, 중국 및 서구의 영향을 많이 받은 지역이지만 태국의 경우는 식민지가 된 적이 없기 때문에 그 영향권에서 벗어날 수 있었다. 동남아시아는 특히 인도의 영향을 많이 받았는데 식생활의 측면에서 향신료를 많이 사용한다는 점이 그것이다. 이에 비해 인도와 거리가 먼 베트남이나 필리핀에서는 고추를 많이 사용하지 않는다.

태국의 독특한 음식문화는 향기를 통해 전해져 온다. 코코넛 열매의 달콤한 향기와 마늘, 생강잎 등의 향신료가 듬뿍 들어가 독특한 향기를 가진다. 태국의 요리는 맵고, 달짝지근한 맛이 전혀 없는 특징을 가지나 음식과 같이 먹게 되는 음료수는 단맛이 상당히 강한 것이 또 한가지 특징이다.

(1) 중국의 영향을 많이 받은 음식문화

태국인들은 중국 남부인 광동성이나 북건성 주변에서 대량으로 이주하였기 때문에 중국 문화와 밀접한 관계가 있다. 중국인들이 유입한 것 중에서 영향이 큰 것은 이른바 중국식 냄비와 면류 및 장류이다. 특히 면류가 많다.

① 바미 남 : 노란 라면 같은 면을 바미라고 한다. 여기에 수프(남)를 더하면 바미 남이 되는 것이다. 지역에 따라 맛이 다르다.

② 바미 헨 : 바미 남에서 수프 없이 먹는 면류이다. 이 요리에는 조개가 많이 들어가고, 설탕을 뿌려 먹는 사람도 있다.

③ 바미 파트 크로브 : 국수를 볶으면 바미 파트인데 위에 꾸미를 얹는 볶음 국수를 바미 파트 크로브라고 한다.

④ 쿠티오 남 : 한국의 국수와 같지만 더 굵다. 수프를 곁들여 먹기도 하고 수프 없이 먹기도 하며 볶아 먹기도 한다.

태국 음식이 중국의 영향을 많이 받은 다른 요인은 중국요리를 먹을 기회가 많이 때문에 이에 따라 자연히 젓가락 사용법을 익힌 사람이 많다는 것이다.

젓가락을 사용하는 나라는 중국, 한국, 일본, 베트남 등이고 그 다음으로 꼽을 수 있는 곳이 태국이다. 동남아시아 중 회교도가 많은 말레이시아나 인도네시아에서는, 돼지고기를 좋아하고 불교와 도교를 믿는 중국인과의 동화가 매우 어려웠다. 반면 태국은 도교도도 많고 혼혈도 많았다. 태국 요리로 소개된 것 중에는 중국 요리를 발달시킨 것과 중국 요리 그대로인 것이 많다.

(2) 불교와 음식문화

불교신자가 많은 태국에서는 예전에는 음식을 만들기 위한 살생을 금했다. 그것은 불교 교리의 영향도 있겠지만 태국에서는 물고기 등의 수산물이 풍부하고 소와 같은 큰 동물들은 식품으로 적합하지 않다고 생각하였기 때문이다. 어떤 토종 동물들은 식품이라기 보다는 애완용으로 치부되었고 게다가 그 동물들은 식용으로서가 아니라 농사나 수송을 위한 동력을 위해 길러진 것이다.

불교에서는 종교적인 희생의 형식으로 살생이 허락되었다. 즉, 신의 이름으로 살생된 고기는 식용으로 이용되었다. 육류 식품은 여러 가지 이유에서 작은 도막으로 나뉘어졌는데, 그 중 하나를 예로 들면 소비자들이 동물 본래의 형태를 알아보지 못하게 하기 위해서라고 한다. 현재 태국인들에게 육식의 금기는 별로 없지만 한달에 4 일간은 소, 돼지고기를 시장에서 팔지 않아 식용할 수 있는 동물을 먹는데 주로 닭고기, 어패류, 조류, 개구리 등을 먹는다.

(3) 외국음식의 태국화

태국사람들은 다른 지역의 요리와 식사 습관을 무조건 받아들인 것이 아니라, 태국화시키고 발전시키는 데 뛰어났다. 그래서 이미 대체 식품이 많이 활용되었다. 카레를 만드는 데 코코넛 기름이 커터 기름의 대체품으로 쓰이고 다른 각종 식품들도 코코넛유로 대체되었다. 또, 너무 강하고 텁텁한 카레의 맛을 깔끔하고 향이 나게 만들기 위해서 코코넛 크림을 사용하였다.

강한 향신료는 레몬잎과 갈란가(galanga)와 같은 신선한 풀의 맛을 감소시킨다. 그래서, 태국 카레에 사용되는 향신료는 줄어들었고 신선한 잎은 더 많이 사용되었다. 태국 요리의 주재료 중의 하나인 칠리는

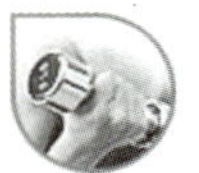

남아메리카에서 포르투갈의 전도사가 가지고 왔다. 칠리의 보급 전에는 식욕과 향미를 돋구기 위하여 페퍼콘과 향초를 사용했다. 태국 남자들은 알코올 음료를 마시는 것을 즐겼으며 또 이러한 음료와 어울릴 요리로 칠리 음식을 즐겨 먹었다. 또한 칠리로 만든 요리는 일상식보다 저장성이 우수하다. 이와 같이 태국 음식은 중국, 인도로부터 영향을 받았고, 포르투갈로부터도 영향을 받아 태국화 시키면서 독특한 식문화를 발달시켰던 것이다.

(4) 물

태국인들이 가장 자주 마시는 것은 역시 물이다. 그런데 이들이 마시는 물은 한 종류가 아니라 지역마다 각기 다른 여러 종류의 물을 마신다.

북부의 산악지대에 사는 민족들은 강물은 그대로 마신다. 방콕의 차오프라야(Cho Phraya)강을 본 사람은 저런 물을 어떻게 마시는가 하고 의아해 하겠지만 산속으로 들어가면 아주 시원하고 깨끗한 물을 마실 수 있다.

평지에 사는 사람들은 주로 빗물을 마신다. 세탁이나 목욕은 샘물이나 강물을 사용해도 마실 물은 언제나 빗물은 사용하는데 이는 태국의 동북부 지역의 샘물이 너무 짜서 마실 수 없기 때문이다. 빗물을 식수로 사용하는 방법은 끓여서 식힌 다음 음료수로 사용하는 것인데 물맛은 의외로 좋다.

도시에 사는 사람들은 수돗물을 끓여서 마시는데 이는 음식점 등에서 흔히 보는 물이다. 그러나 수돗물을 그대로 내놓는 경우도 없지 않으므로 어떤 음식점에서는 끓인물이라는 것을 증명하기 위해 얼음에 차가 약간 들어있는 물을 내놓기도 한다. 이 물은 남켕플로우(그냥 얼음물)라고 한다. 물은 태국어로 '남'이라고 하는데 '남'이라는 말에는 물이라는 의미 뿐 아니라 국, 액체, 수프, 주스와 같은 유동식 액체 전반의 의미가 포함되어 있다. 빗물은 '남 폰'이라고 하고 수돗물은 '남 콕'이라 한다.

❸ 태국음식의 지역별 특징

태국은 북부, 중앙부, 동북부, 남부의 4개의 식생활 문화권으로 나뉘

어진다. 북부와 동북부는 찹쌀을 주식으로 하고 중부와 남부는 멥쌀을
주식으로 사용하는 등 지역마다 특색을 가진다.

(1) 북부 음식

북부는 1297년 발견된 고대 라나(Lanna) 태국 왕국의 일부인 사원
도시와 미얀마와 라오스의 국경 사이의 오지로, 이 지역은 타크의 재료
로 쓰이는 산림이 빽빽하게 우거진 지역으로 중앙부, 남부 등의 지방으
로부터 고립되어 있다. 치앙마이를 중심으로 하는 북부는 미얀마의 샨
주 주변과 같은 문화권으로 조미료에 소금을 많이 사용하는 특징이 있
으며 코코넛 밀크를 거의 사용하지 않고 야채, 곤충, 개구리 등을 좋아
한다. 주요 조미료는 민물고기로 담근 젓갈이 사용된다. 북부의 음식은
다른 지역과 그 구분이 뚜렷하다. 중부의 부드러운 밥 대신 점성이 강
한 쪄낸 밥을 좋아하여 대부분의 음식이 습식이며 전통적으로 손을 이
용하여 작은 공처럼 반죽하여 먹는다.

또한, 북부의 카레는 보통 태국 중부와 북동부의 것보다 부드럽다.
이 지역의 가장 유명한 요리는 남(naem)이라 불리는 매운 돼지고기 소
시지 요리로 이는 다양한 방법으로 먹을 수가 있다. 북부 음식의 가장
전통적인 요리는 칸토크(Khantoke)로 손님이 오셨을 때 내놓는 상차
림으로 칸(Khan)은 그릇을, 토크(toke)는 둥근 탁자을 의미한다.

(2) 북동부 음식

태국 동반부의 거의 전부를 차지하는 북동부는 국가 전체 지역의 1/3
이상을 차지하고 태국에서 두 번째로 큰 도시인 콘켄(khon kaen)을 포
함하고 있다. 많은 관광객들이 북동부의 독특한 자연과 역사적 매력에
이끌려 이 지역을 찾고 있다.

대부분의 북동부 음식은 라오스로부터 영향을 받았다. 지역적 음식은
차놈부양(Khanom Buang)이 있는데, 이것은 얇고 바삭거리는 달걀 크
레이프에 새우, 싹튼 콩과 다른 재료를 싸 먹는 것이다. 북동부인들은
그들의 음식에 높은 자부심을 갖고 있고, 많은 태국요리 감식가들은 램
(lamb)과 같은 지역음식을 존중한다. 이 램은 양념한 다진 고기와 닭고
기와 솜탐(som tam : 파란 파타야 샐러드), 카이양(kai yang : 닭고기

숯불구이)으로 만든다.

(3) 중부 음식

차오프라야강의 수리에 의하여 형성된 비옥한 중앙평지대는 오래 전부터 태국의 문화, 경제의 중심이 되었다. 강 양쪽으로 펼쳐진 거대한 평야는 전통적으로 이 나라의 곡류의 주 공급원이 되었다. 방콕을 중심으로 한 중앙부는 코코넛 밀크와 고추, 허브 등을 많이 사용한 걸쭉한 요리가 많고 그와 더불어 중국식 요리가 많다. 조미료는 우리나라의 젓국과 비슷한 남프라(nampla)를 사용한다.

남프라(nampla)

생선을 소금에 절여 우려낸 즙으로 일본의 아키타 지방에서 나는 쇼츠르나 베트남의 느억맘과 비슷하다. 남프라는 액체로 간장처럼 사용된다.

중부의 음식은, 매운 칠리 고추와 고수(미나리과 초본)를 많이 사용한 매운맛이 북부 음식과 다르고 많은 요리에 코코넛유를 사용해서 단맛을 낸 것이 특징이다. 또한 라임 등의 감귤류와 양파, 마늘, 고수 등의 야채가 많이 쓰여 복합적인 맛을 내는 것도 특징이다.

· 태국의 "톰얌수프"

중부인들은 북부와 북동부와는 다르게 찰진 밥을 선호하고 향기 있는 다양한 곡류를 좋아하는데, 대부분 일상적으로 쪄 먹고, 가끔 튀기거나 끓여서도 먹는다.

(4) 남부 음식

태국 남부는 말레이시아와 잇닿아 있는 긴 반도로 구성되어 있다. 남부는 고무, 코코넛, 파인애플 등의 대 농원이 넓게 펼쳐져 있고, 말레이시아와 국경을 맞대고 있는 많은 회교 인구의 덕택에 특이한 문화를 가지고 있고 음식은 그 모양만큼 독특하다. 태국 어디서나 자라는 코코넛은 많은 음식에서 다양하게 사용된다. 그 즙은 칠리를 탄 수프와 카레의 매운맛을 더해 주고, 기름은 튀김에 사용되며, 고기 요리에는 조미료로 사용된다. 또한, 이 지역에서는 신선한 해산물은 얼마든지 얻을 수 있다. 여러 가지 바닷고기, 참새우, 바다가재, 게, 오징어, 가리비, 대합, 홍합 등 다양하다. 이 지역 대농원에서 얻은 캐슈는 닭고기와 말린 칠리와 함께 볶거나 그대로 먹는다. 또 스타우(Sttaw)라 불리는 매운 콩은 이국적인 맛을 낸다.

4 태국의 식사예절

준비한 음식을 반상 또는 대나무나 원목으로 만든 마룻바닥에 모두 차려놓고 여럿이 둘러앉아 손으로 먹는 것이 전통적인 식사예절이다. 서구 문화가 들어오면서 요즈음은 식탁을 사용하고, 음식에 따라 도구를 쓰기도 한다. 태국음식은 식품 재료를 잘게 썰어서 조리한 것이기 때문에 나이프는 사용하지 않는다. 국물이 있는 국수를 먹을 때에는 젓가락과 숟가락을, 튀긴 국수는 포크와 스푼을, 생선을 넣은 국수는 숟가락만 사용해서 먹는다. 밥 종류는 접시에 담아 숟가락과 포크를 사용하는 것이 보편적이지만, 숟가락 하나로만 식사를 하는 사람들도 많다. 포크는 접시의 음식을 스푼으로 뜰 때 보조역할을 하거나 스푼에 붙은 음식을 제거하기 위해 사용한다. 식사 때 스푼과 포크의 부딪치는 소리가 많이 들린다. 전통적으로 음식을 모두 상 위에 차려놓고 개인이 각자의 접시에 덜어먹는데, 특별한 격식은 없지만 다음과 같은 예절을 지키도록 한다.

음식을 빨리 먹지 않는다.

- 음식을 먹을 때 소리를 내지 않는다.
- 입술을 오므리고 음식을 씹는다.

- 음식을 입안에 넣은 채 말을 하지 않는다.
- 국물이 있는 음식은 마시지 말고 숟가락으로 떠서 먹는다.

8. 베트남

1 베트남의 자연환경

베트남은 동남아시아의 북쪽에 위치하고 남북으로 긴 반달모양을 하고 있다. 면적이 한반도의 1.4배, 인구는 약 7,600만 정도이며, 국민의 80%는 불교신자이다. 북부와 서부는 고원지대로 겨울에는 서늘하고 약간 추우며 가끔 기온이 영하로 내려가는 경우도 있다. 남쪽은 연중 무더운 날씨로 가장 추운 12월도 22~30℃를 유지하는 열대성 기후이므로 벼를 일 년에 3-4번 재배할 수 있어서 농산물이 풍부하다. 지리적인 위치로 인해 많은 인종이 이동하고 여러문화가 교류한 통로의 역할을 해왔다.

2 베트남 음식문화의 특징

중국·인도·프랑스 등의 영향을 받으며 다양한 음식문화를 형성하였기 때문에, 아시아와 유럽의 음식이 조화를 이루며 전통적인 베트남 음식이 발달하였다. 중국의 영향을 받아 중국냄비를 이용해 볶거나 튀기는 요리가 많지만 중국 음식보다 기름을 적게 사용하여 맛이 순하고 산뜻하며 태국음식보다는 신맛·단맛·매운맛을 내는 조미료를 적게 사용해서 덜 맵다. 기본적인 조미료로 레몬즙·고추·향미채소를 적절하게 써서 상큼하면서도 깊이가 있는 맛을 내는데, 생선을 발효시켜 만든 느억맘(nuocmam : 생선간장)이 중요한 조미료이다.

주식과 부식의 구별이 뚜렷하여 쌀을 주식으로 하며, 부식으로는 육류, 생선, 채소를 이용하여 만든 반찬을 함께 먹는다. 특히 채소와 어패류를 많이 이용하고 이를 먹을 때는 젓가락을 사용한다.

❸ 베트남음식의 지역별 특징

베트남음식은 대체로 남부·중부·북부의 세 지역으로 나누어진다. 북부는 짜면서 맵게, 남부는 약간 달게, 중부는 맵게 맛을 낸다.

(1) 남부지역

메콩강 하류의 남부지역은 베트남 제일의 곡창지대이다. 연중 매우 덥고 바다에서는 다양한 종류의 생선, 해안 늪지대에서는 많은 양의 새우가, 메콩강에서는 풍부한 민물고기가 잡힌다. 프랑스·미국·태국의 영향을 많이 받았고, 음식은 대체로 달다.

(2) 중부지역

후에요리가 중부지역의 대표적인 요리이다. 후에는 한 때(1802~1945년) 베트남의 수도였기 때문에 아직도 그 당시의 격식을 갖춘 궁중요리가 전해 내려온다.

(3) 북부지역

쌀이 풍부하고 겨울 동안에 온대성 채소가 풍부하게 생산되는 곳이다. 남부보다는 음식이 많이 달지 않고 덜 시면서 간이 약해 담백한 맛이 특징이다.

포는 맵고 새콤한 맛의 쌀국수로 베트남 북부지역의 음식이다.

✋ 포(pho : 쌀국수)

소뼈를 종일 고아낸 국물에 쇠고기를 듬뿍 넣은 포보(pho bo)와 닭 삶은 국물에 닭가슴살이 들어 있는 포가(pho ga) 등이 있다. 남부지방은 삶은 쌀국수를 대접에 넣고 쪽파·파슬리·날숙주·육계피 등을 얹은 다음 위에 얇게 썬 쇠고기나 닭고기를 얹어 고기 뼈로 만든 육수를 붓는다. 북부에서는 숙주나 계피를 넣지 않고 육수도 담백하며, 여기에 쇠고기나 닭고기를 동그랗게 만든 것이나 유부를 넣기도 한다. 하노이 지방에서는 국수 위에 날 쇠고기를 넣기도 하고, 호치민 지방의 국수는 포보다 약간 가늘고 질기며 중국 국수와 비슷한데 국물 맛이 독특하다.

4 베트남의 식사예절

여러 사람이 같이 먹을 수 있도록 음식을 커다란 그릇에 담아 식탁 위에 놓고 함께 먹는다. 밥은 개인그릇(공기)에 퍼 담은 후 밥그릇을 입가에 대고 젓가락으로 밥을 입안으로 밀어 넣어 먹는다. 따라서 밥그릇은 항상 손바닥 위에 올려놓는다. 젓가락은 육류·생선·채소 등을 먹을 때도 사용하는데, 숟가락은 국을 먹을 때만 사용한다. 밥을 다 먹은 뒤에는 젓가락을 밥그릇 위에 가지런히 얹어놓는다. 밥그릇에 밥이 있을 때 젓가락을 밥에 꽂아두는 것을 매우 불쾌하게 여긴다. 친절의 표시로 자신이 먹던 젓가락으로 음식을 집어 상대방의 밥그릇 위에 얹어주는 경우가 있다. 식사 도중 식탁 위에 숟가락을 놓을 때는 반드시 엎어둔다. 찬물은 거의 마시지 않고 뜨거운 차를 마시기를 좋아하는데, 차는 한꺼번에 마시지 않고 조금씩 음미하면서 마셔야 한다.

음식을 마련한 사람에게 감사의 표시로 "엘리니제 사을륵"(Elinize Saglik "당신의 손에 축복이 있기를"이라는 뜻으로 대개 "맛있게 먹었습니다."라는 인사로 생각하면 된다)이라고 표현하는 일을 빠뜨려서는 안 된다.

II. 유럽 식문화권

극동 및 동남아시아지역을 쌀, 밀, 콩 및 채소 식문화권으로 특징지운다면, 유럽지역은 목축, 유문화, 맥류문화 및 과실 식문화권이라고 부를 수 있을 정도로 축산과 맥류를 이용한 식품과 소맥 등 맥류를 이용한 빵류 그리고 잼, 젤리, 마아말레이드 등 과실 가공품이 식문화의 중심을 이루고 있다. 물론, 채소도 많이 소비하고, 스페인, 이탈리아 및 프랑스의 해안지대와 네덜란드, 영국 등지의 해안지대에서는 해산물도 많이 소비하고 있다. 또한, 최근에 이르러서는 가공식품의 소비가 급속도로 증대되고 있다.

광대한 지역, 다양한 지역적 특성 및 기후조건, 과학기술의 발달, 문자의 조기사용과 해외지식의 활발한 도입, 교통, 통신의 발달과 식민지 지배에 따른 다양한 먹거리의 획득, 가공품의 소비증대, 사계절 기후의 변화에 대비한 식품보존의 필요성 등으로 식문화를 전세계에 수출하는 주도적인 지역으로 발전해 가고 있다.

1. 이탈리아

1 이탈리아의 자연환경

남부 유럽의 알프스산맥에서 지중해로 약 1130 Km정도 뻗어 있는 이탈리아는 산이 많은 반도로 이루어져 있다. 이탈리아 영토는 장화 모양의 반도를 중심으로 장화의 발끝에 놓여 있는 것 같은 시칠리아 섬과 사르데냐 섬, 그 외 엘바 섬, 이쉬카 섬, 카프리 섬 등의 수많은 작은 섬으로 이루어져 있다.

이탈리아는 북쪽의 알프스산맥을 경계로 프랑스, 스위스, 오스트리아, 그리고 북동쪽으로 유고슬라비아와 국경을 접하고 있다. 이탈리아의 해안은 길이가 총 4321Km로 서쪽으로 리구리아 해와 티레니아 해에 접해 있다. 로마에 있는 바티칸 시국과 아드리아 해 근처의 산마리노 공화국은 독립 국가로 이탈리아의 국경 안에 있다. 이탈리아는 북위 36~47도에 걸쳐 있으나 한서의 차가 적고 일년 내내 온난한 지중해성 기후이다. 7, 8 월의 관광 시즌에는 비가 거의 오지 않고 햇빛이 강하다. 주민의 대부분은 라틴계의 이탈리아인이며 북부에는 독일과 프랑스계의 소수 민족이 살고 있고, 이탈리아인이라고 하지만 순수 르마인의 후

예들은 아니다.

2 이탈리아 음식문화의 특징

음식문화 차원에서 유럽의 나라들 중에서 오랫동안 수많은 자치 도시들과 지역국가로 분열되어 있었던 이탈리아는 바로 이 같은 복잡한 역사적 현실과 자연 환경 때문에 다양한 음식 문화를 꽃피울 수 있었다. 이탈리아는 선진 문화 지역들에서 공통적으로 찾아볼 수 있는 뜨거운 음식들을 중심으로 육류와 빵으로 대표되는 동물성과 식물성 재료들의 이상적인 결합에 기초한 음식문화의 전통을 가지고 있다. 또한 이탈리아의 음식문화는 역사적인 영향 이외에도 반도로서의 지리적 특성과 지중해성 기후, 그리고 기독교의 지배를 통해 성숙되었다.

이탈리아 음식은 요리법과 재료는 물론 지방에 따라 특색을 갖는데 크게 북부 이탈리아와 남부 이탈리아 음식으로 구별된다(표 3-2참조).

표 3-2 남·북부 이탈리아 음식의 특색

남부 이탈리아	북부 이탈리아
① 올리브를 많이 쓰는 대신 버터를 별로 쓰지 않고 향신료는 마늘과 토마토를 이용하는 요리가 많다.	① 버터를 많이 써서 조리하며 밀가루와 쌀의 산지인 만큼 면류(파스타)가 발달하여 스파게티와 마카로니는 세계적으로 유명하다.
② 파스타를 만들 때 계란을 넣지 않고 관 모양으로 만든다.	② 파스타를 만들 때 계란을 넣어 리본 모양으로 만든다.
③ 파스타요리는 속을 채우지 않고 토마토 소스와 함께 제공된다.	③ 유명한 파스타요리로 라비올리(rabioli: 치즈, 갈은 고기, 크림치즈 등을 넣어 만두처럼 속을 채운 것)가 있다.

(1) 이탈리아의 대표요리 파스타(pasta)

이탈리아에서 파스타는 수프 대신에 먹는 것이 특징이다. 파스타란 밀가루를 반죽한 것인데 파스타를 원료로 하여 만들어진 식품의 총칭으로도 쓰인다. 건조한 파스타 중에는 스파게티, 마카로니, 타리아델레

등이 있고, 건조하지 않은 파스타에는 라비오리, 토트텔리니, 라자냐, 카넬로니 등이 있다.

스파게티 요리는 미트(meat)소스를 친 볼로냐식, 토마토 소스를 친 나폴리식, 달걀 노른자와 베이컨, 파르메산 치즈를 사용한 카르보나라, 모시조개를 사용한 봉고레, 마늘과 고추, 올리브유만을 쓴 아리오 에 오리오 페페론치노 등 종류가 다양하다.

스파게티의 유래는 11세기가 지나면서 나폴리에서는 빵(모레툼, more-tum)의 형태가 다양해지기 시작했는데 빵을 눌러 불에 구운 후에 길게 자른 라가노(lagano)라고 하는 파스타가 등장하였다. 이것이 오늘날 스파게티이다. 또한 이 시기에 나폴리에서는 길게 자르지 않은 둥근 형태의 모레툼으로 불에 굽기전에 색색의 다른 음식물들이 첨가된 요리가 등장했는데 처음에는 피체아(picea)라는 것이 후에는 피자(pizza)라고 불리게 되었다.

그러나, 오늘날의 피자는 이탈리아의 남부 지역에서 고전 스타일의 피자, 즉 둥글고 납작하게 눌린 반죽 위에 양념을 하고 오븐에 요리한 것과, 속이 가득 찬 파스타, 즉 칼초네(calzone)를 함께 지칭한다.

스파게티의 가장 간단한 식사 방법은 삶은 스파게티를 접시에 담아 토마토 퓌레나 소스를 얹고 그 위에 치즈를 곁들여 먹는 것이다.

(2) 가공 육류와 소시지

이탈리아는 가공한 고기와 소시지로도 유명한데 파르마 햄과 강하게 양념한 돼지고기를 젖먹이 새끼 돼지의 껍질로 싼 볼로냐 소시지인 모르타델리가 있다.

(3) 육류 요리의 발달

이탈리아에서는 신선한 고기는 알라그리글리아(석쇠나 숯불에 굽기), 아로스토(오븐에 굽기)로 요리하거나 여러 소스로 맛을 내기도 한다. 아바치오(어린양고기)는 마늘과 로즈메리를 곁들여 오븐이나 숯불에 구운 것으로 봄철의 기호 식품이다. 토끼 고기는 인기가 좋아서 설탕, 식초, 건포도와 소나무 열매를 넣어 전골식으로 요리한 시칠리아의 아그로돌세에서부터 적포도주, 로즈메리 또는 토마토를 사용한 북부의 조리법에까지 다양하게 쓰인다.

(4) 다양한 생선요리

이탈리아 사람들은 황새치에서 오징어에 이르기까지 모든 생선을 잡아서 생선 튀김이나 토마토 소스를 곁들인 생선 요리에 다양하게 사용한다. 조개류 중 가장 인기 있는 작은 대합 조개는 어느 지역에서나 수프와 소스에 사용되며 로마에서는 봉고레, 베네치아에서는 카페로졸리, 제노바에서는 아르셀레, 피렌체에서는 텔린 등 여러 이름으로 불린다.

(5) 이탈리아의 와인

이탈리아에는 북쪽에서 남쪽까지 지방 특유의 와인이 있다. 각 지방별 와인의 특징은 표 3-3과 같다.

표 3-3 이탈리아의 각 지방별 와인의 특징

지 방	와인 명칭	특 징
베로나	소아베	알코올 11도 정도의 흰 와인, 맛이나 향기가 생선요리에 적당
토스카나	캰티	이탈리아를 대표하는 붉은 와인, 다른 붉은 와인에 비해 떫은 맛이 강한 것은 양조과정에서 과피를 담가두는 시간이 길어 탄닌 성분이 많이 우러나 있기 때문이다.
라초	에스트 · 에스트 · 에스트	흰 와인으로서 에스트는 라틴어로 "여기에 있다"라는 뜻이다.
나폴리	라크리마 크리스티	그리스도의 눈물이라는 와인으로 흰 것과 붉은 것이 있으나 붉은 것이 우리 구미에 더 맞다.
시칠리아	코르보	기후와 지형의 영향으로 양질의 알코올분이 높은 와인이 많다.
사르디니아	에르나차	알코올 16~18도의 와인으로 생선이나 디저트 과자에 적합하다.

그 외 와인 자체는 아니나 포도로 만드는 술에 '수프만티'와 '베르모트', '아마로' 등이 있다. '수프만티'는 거품이 이는 술인데 '아스터 수프만티'가 유명하다. 이것은 아스티 지방에서 나는 마스카트를 원료로 하

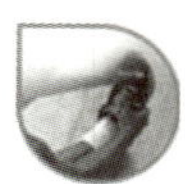

여 특수 발효시킨 것으로 프랑스의 샹파뉴에 결코 뒤지지 않는다. '베르모트'라는 것은 약 50~60종의 양초, 향초에서 뽑은 엑기스를 배합하여 맛을 낸 흰 와인인데 도르체(단맛)와 세코(쓴맛) 두 종류가 있다. 이 와인은 보통 식전주(食前酒)로 쓰인다. '아마로'는 이탈리아어에서 쓰다는 뜻인데, 여러 가지 약초를 배합한 식후주이다. 기름진 요리를 먹고 났을 때 소화에 도움이 된다. 식후주로는 이 밖에 '산 부카'와 포도찌꺼기로 만든 '그라파'가 있다.

❸ 이탈리아 음식의 지역별 특징

(1) 베네치아

베네치아는 동쪽 해안에 위치한 아름다운 운하를 갖춘 도시이다. 바다로 이어지는 석호 위에 이어진 물의 도시로 배가 유일한 교통수단이다. 이런 지리적 위치로 요리도 바다와 관계가 깊어 생선 요리가 뛰어나다. 가장 유명한 요리로는 스캄피(scampi)로 이것은 기름과 마늘, 파슬리, 레몬즙으로 양념을 한 대하요리이다. 그 밖에 부리다(burlda)와 같은 문어와 오징어를 넣은 생선 스튜 등 해산물을 이용한 음식들이 다양하다.

(2) 피렌체

피렌체는 투스카니(Tuscany) 지방의 수도로 오랜 요리의 역사를 가진 곳이기도 하다. 피렌체의 음식은 담백하고 올리브 기름이 기본이 된 산뜻하고 부드러운 맛이 특징이다. 특히 버터와 파메산 치즈가 곁들어진 시금치 파스타(green spinach noodles)가 유명하다. 이 지방의 음식 재료들은 자연산이 많아 소박하고 요리의 가열은 소나무를 연료로 하여 자연의 향을 물씬 느끼게 한다. 이 지방의 특징은 주로 꼬챙이에 끼워서 송이버섯, 돼지고기, 간, 야채 등을 오랜시간 구워 요리하는 것이다. 또한 이 곳 사람들은 햄과 멜론을 즐겨 먹으며 딸기, 햄과 끼안띠 포도주의 맛도 일품이다.

(3) 나폴리

깜빠니아(Campania)의 수도인 나폴리는 남부 이탈리아의 '요리의 수도'라고 여겨지기도 한다. 파스타가 주요 요리의 재료로 비교적 간단

한 방법으로 만든다. 즉 올리브 기름과 마늘을 이용하거나 또는 콩을 혼합하기도 하여 만든다. 나폴리는 또한 피자와 스파게티의 발생지이며, 아주 탄력있는 흰 치즈 모짜렐라(mozzarella)로 유명하기도 하다. 나폴리의 대표적인 요리로는 바다에서 건져 올린 생선을 구워 만든 요리(Pesce alla griglia)나, 새우요리(Gamberetti)도 자랑할 만한 일품 요리이다.

(4) 시칠리아

이탈리아 남부의 또 다른 도시 시칠리아는 해안을 따라 참치나 정어리 같은 신선한 생선이 풍부하고 요리에 새끼양과 새끼염소 고기를 주로 사용한다. 특히 정어리 파스타는 세계적인 맛을 내기도 하며, 이곳의 무화과 열매는 그 향기와 맛이 독특한 것으로 유명하다.

4 이탈리아의 식사예절

• 현대에는 식기가 잘 발달되어 있어서 모든 요리를 포크와 나이프를 사용하여 먹는다. 그러나 이들도 감자튀김이나 뼈를 빼지 않은 고기, 빵 등은 손으로 먹기 때문에 손의 청결에 주의해야 한다. 식사 도중 식탁에서 손을 식탁 밑으로 내리지 않는 이유 중의 하나가 아마도 청결한 손을 유지하고 있다는 것을 보여주기 위함일 것이다. 그렇다고 해서 팔꿈치를 식탁에 대고 있는 것도 실례이다.

• 음식은 대개 공동의 큰 접시에 함께 담겨져 나와 각 사람들에게 돌아가면서 각자가 서빙을 하는데, 이때 맛있는 부위나 고기의 살이 많은 부위를 찾느라고 뒤적거리며 서빙하는 것은 큰 실례이다.

• 이탈리아인들의 식탁 위에는 기본적으로 기름과 소금이 놓여 있다. 미국에서는 이것들을 가까이 있는 사람에게 달라고 하여 건네 받는 것이 예의이지만 이탈리아에서는 본인이 직접 가서 집어다 뿌려먹는 것이 예의바른 행동이다.

• 샐러드는 반드시 각자의 접시에 덜어서 소스를 뿌려 먹어야 하며 한꺼번에 버무리지 않는다. 각자의 소스에 대한 취향을 존중해주기 때문이다. 어떤 경우에는 소스가 따로 나오지 않는 경우도 있는데, 이때

는 식탁 위에 놓여 있는 올리브유·소금·후추 등을 자기 입맛에 맞게 넣어 먹으면 된다.

　• 식탁이나 식탁을 떠나서도 트림을 하는 것은 예의에 크게 어긋난다. 그러나 큰 소리를 내서 코를 푸는 것은 그렇게 수치스럽게 느끼지 않는다.

2.　스페인

1 스페인의 자연환경

프랑스와의 국경을 이루고 있는 북쪽의 피레내 산맥은 스페인을 서유럽과 차단하는 역할을 하고 있다. 전 국토의 2/3에 해당하는 메세타(탁자 모양의 땅이라는 뜻)라고 부르는 해발 $600 \sim 1000$ mm의 광대한 고원지대가 중앙부를 차지하고 있고, 그 주위에 카타브리아 산맥, 과달라마 산맥, 시에라 네바다 산맥이 달리고 있다. 그 사이를 동쪽과 남쪽으로 큰 강들이 흐르고 있다.

기후는 바다와 산의 영향을 받아 지역에 따라 많은 차이가 난다. 내륙 중앙부는 대륙성 기후로, 비가 적고 건조할 뿐만 아니라 여름과 겨울의 기온차가 심하고 밤낮의 기온차도 심하다. 북부의 칸타브리아 연안은 해양성 기후로 따뜻하고, 갈리시아 지방은 일년 내내 비가 많다. 동부와 남부 해안은 따뜻한 지중해성 기후이며 비가 적다. 북아프리카의 영향을 받는 남부의 여름은 덥다.

스페인의 지리적 위치와 풍부한 자원은 모든 사람들에게 흥미로운 것이어서 외부침략의 원인을 제공했다. 하지만, 빈번한 외부 침략이 오히려 스페인으로 하여금 다양한 문화 유산을 가질 수 있는 계기를 마련해 주었다.

② 스페인 음식문화의 특징

스페인의 역사는 페니키아인과 그리스인, 카르타고인들이 해안에 건설한 무역도시들로부터 시작된다. 후에 로마인들과 아랍인들이 스페인을 지배하면서 이들이 가져온 음식문화는 원래 스페인의 요리법과 혼합되어 그 모습을 유지하고 있다. 또 아메리카 신대륙으로부터 유입된 다양한 산물들은 스페인의 음식을 더욱 풍요롭게 해 주었다.

스페인의 거친 지형은 작은 동물과 포도와 올리브 같은 작물이 자라기에 적합하며, 세계 제일의 올리브 생산 국가이기도 하다. 마늘, 토마토, 올리브 오일은 스페인 요리에서 가장 많이 사용되는 재료이며, 스페인인들은 매콤, 달콤, 자극적인 맛과 후추, 세라노햄(일종의 프로스트햄)을 좋아한다. 스페인 각 지방마다 독특한 조리법을 갖고 있는 파에라(Paella)는 사프란 향료(Saffran spice)가 첨가된, 쌀 위에 닭고기, 홍합, 새우, 소시지, 토마토, 콩을 얹은 요리로 독특한 맛과 독특한 색채를 갖고 있다. 지방에 따라 해물 파에야, 돼지고기 파에야, 닭고기 파에야 등이 있다. 스페인 같은 지중해성 기후를 가진 나라에서는 밀과 육류를 이용한 음식이 중요한 비중을 차지한다. 쌀을 주식으로 하는 우리나라 같은 아시아 지역과는 달리 밀을 그 자체만 가지고 주식으로 사용하기에는 영양이 부족하기 때문에 항상 육류와 함께 섭취한다. 스페인에는 대표적인 요리보다는 각 지방마다 향토색이 짙은 음식들이 있는 것이 특징이다.

스페인 역사에 있어 로마, 게르만, 아랍민족, 신대륙 발견 같은 다양한 문명과 민족들의 통치를 통해서 새로운 과일과 식물들이 도입됨으로써 이곳의 음식들은 점점 더 풍요로워졌다고 할 수 있다. 문학이나 정치, 예술처럼 음식물 또한 침략자들이나 식민자들과 함께 스페인에 유입되어 스페인 음식문화에 적지 않은 영향을 끼쳤다.

(1) 로마 음식문화의 영향

로마인들이 스페인에 끼친 음식문화에 있어 가장 중요한 두 가지 요소는 마늘과 올리브 열매이다. 이 두 가지는 스페인 음식에서 빼놓을 수 없는 요소라고 할 수 있으며, 우리 음식의 김치나 된장과 같은 것이다. 스페인 음식에 있어 올리브 열매의 쓰임새는 약방의 감초와도 같다. 올리브 기름은 샐러드 등 모든 음식물에 필수불가결한 것이다. 이 지중해성 식물인 올리브 열매는 스페인 뿐만 아니라 포르투갈, 이탈리아, 그리스와 같은 지중해의 모든 국가들에서 두루 애용되는 인기 식품이다.

(2) 아랍 음식문화의 영향

아랍인들은 스페인에 여태까지 알려지지 않았던 페르시아나 인도 지역의 산물을 들여 왔다. 아랍인들은 음식맛을 내는 데 필요한 레몬이나 오렌지 같은 새콤달콤한 맛을 지닌 식물들을 스페인에 가져다 주었다. 이런 새로운 맛들은 스페인 사람들의 입맛에 익숙해져 각종 음식에 필수적인 것으로 변했으며, 이웃 나라인 프랑스까지 그 맛을 전파시켰다. 신대륙이 발견될 때까지 이렇게 도입된 새로운 맛들은 별다른 변화 과정을 거치지 않고 스페인 요리에 계속해서 적용되었다.

아랍인들이 스페인에 전파시킨 또 하나는 '아사프란(azafran : 사프란으로 불리는 꽃의 꽃술)'이라는 천연색소이다. 이 꽃의 빨간 꽃술을 채취해서 말린 상태로 보관했다가 요리에 이용한다. 아사프란은 미지근한 물에 1시간 정도 담가 놓으면 노란 꽃물이 우러나게 되는데 이물을 요리에 쓰거나 미리 담궈서 물을 우리지 않고 직접 아사프란을 요리에 넣기도 한다.

이 천연 색소는 스페인의 쌀 요리인 파에야에 빼놓을 수 없는 재료이기도 하다. 황금빛의 파에야는 그 맛도 별미이지만 빛깔 또한 근사해 보는 이의 눈을 자극한다. 하지만 이 아사프란이 워낙 비싼 탓에 요즘은 인공적인 식용 색소를 파에야 요리에 첨가하는게 보통이다.

(3) 신대륙 발견의 영향

신대륙에서 가져온 감자는 유럽 사람들의 배고픔을 근본적으로 해결해 주었고 담배, 초콜릿, 카카오, 고추, 커피 같은 기호 식품들도 유럽뿐만 아니라 스페인의 음식문화를 더욱 풍요롭게 해 주었다.

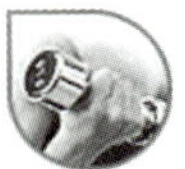

③ 스페인음식의 지방별 특징

지역에 따라 먹는 시간과 먹는 풍습은 스페인 전체가 비슷한 특징을 갖는 반면, 요리의 내용은 지역에 상당한 차이가 있다. 잘 알려져 있듯이 스페인은 지역마다 그들만의 독특한 문화를 가지고 있어서 지방색이 지나치게 강한 나라 중의 하나이다. 이런 지방색은 자연히 음식문화에서도 두드러지는데, 각 지방마다 제각기 다른 음식 전통과 요리법을 자랑하고 있다.

(1) 바스크 지방

바스크 지방은 스페인에서 가장 오랜 전통을 가지고 있는데 주로 생선요리가 유명하다. 대표적인 바스크의 생선요리로는 대구조림(bacalao a la vizcaina)과 오징어의 먹물 조림(chipirones), 정어리의 숯불구이(sardihas asadas), 돼지등심고기의 밀크 조림(lomo de eerdo con leche) 등이 있다.

(2) 바르셀로나 지방

바르셀로나 지역은 스페인 미식가들의 발길이 끊이지 않는 독특하고 흥미로운 요리들이 가득한 지역이다. 이 지역의 대표적인 음식으로 '사르수엘라(zaezuela)'라는 요리를 들 수 있다. 원래는 이 사르수엘라 요리는 생선과 해물을 주재료로 하여 한 가지 소스만 넣어 만든 요리였는데 이 지역에서 나는 과일과 고기 및 가금류 등을 넣어 이 지역만의 독특한 풍미를 지닌 음식으로 발전시켰다.

(3) 발렌시아 지방

발렌시아 지방은 해안을 끼고 있는 평야 지대로 이 지방에서는 쌀이 여러 가지 형태로 요리된다. 파에야는 이 지방의 가장 유명한 요리 중의 하나이다. 이 요리는 고기, 야채, 그리고 사프란 색소를 넣고 만든 일종의 해물밥 같은 요리이다.

(4) 카스티야-라 만차 지방

스페인 중앙에 위치한 카스티야-라 만차 지방은 스페인의 수도 마드리드가 위치하고 있는 곳이며, 그 유명한 세르반테스 작품의 주인공 '돈

키호테'가 모험을 찾아 헤매던 곳이기도 하다. 이 지역은 오늘날까지도 전통적인 성격의 요리를 계승하고 있다. 이 지역의 '마늘 수프(sopa de ajo)'는 스페인 전역에서 맛볼 수 있는 음식이지만 그 유래는 카스티야-라 만차 지역이다. 이 요리 역시 몇 안 되는 재료, 즉 빵, 가늘, 올리브유, 피망만을 가지고 맛을 내는데, 그윽한 마늘 향과 부드럽게 씹히는 촉촉한 빵 덩어리는 식감도 뛰어나 풍부한 닷을 느낄 수 있다.

이 지방의 대표 요리로는 오븐구이(besugo a la madrilona), 과자류로 추로이(churros), 레체 프리타(leche frita) 등이 있다.

(5) 안달루시아 지방

스페인의 가장 남쪽에 위치한 안달루시아 지방은 찌는 듯한 더위와 건조한 지역으로 올리브 나무와 포도가 대부분의 평야를 차지하고 있다. 이 지역의 대표적인 음식으로는 가스파초가 있다. 가스파초는 일종의 생야채 수프로, 주재료는 토마토와 피망, 오이, 양파, 빵, 올리브유 등으로 구성되어 있으며 주로 여름철에 애용되는 음식이다. 이 밖에도 멸치류 튀김 같은 전통적 튀김요리가 유명하다.

4 스페인의 대표적인 음식

(1) 포도주

지중해성 기후와 토양을 가진 스페인은 포도 재배의 최상의 조건을 갖추고 있다. 지중해에 위치한 나라인 프랑스, 포르투갈, 이탈리아 등과 더불어 스페인은 유럽의 대표적인 포도주 생산국 중 하나이다. 포도는 올리브, 밀과 함께 대표적인 농산물이다. 스페인 음식물에 있어 가장 큰 매력 중의 하나는 다양한 종류와 훌륭한 품질의 포도주가 존재한다는 것이다. 이 사실은 수천 년에 걸쳐 증명되었고, 몇몇 종류는 세계적으로 인정받고 있다.

포도주의 주성분은 물론 물과 알코올이지만, 이외에도 200여 가지의 성분을 포함하고 있다고 한다. 포도주는 크게 식사와 함께 상용하는 일반 포도주와 고급 포도주로 나눌 수 있고, 색깔에 따라 분류를 하면 표 3-4와 같다.

또 포도주를 이용해서 만드는 술로, 축제 때나 각종 행사 때마다 마시는 '상그리아(sangria)'라는 술이 있다. 이 상그리아는 스페인의 대중적인 희석 포도주이다. 상그리아를 만들 때 필요한 재료로는 적포도주와 탄산수, 설탕, 얼음, 오렌지와 레몬 조각 등이 있으며, 보통 가정에선 먹다 남은 적포도주에 사이다와 얼음을 넣고 잘 섞은 다음, 오렌지와 레몬 조각을 띄워 과일향을 우려내서 마신다. 이 상그리아는 술을 싫어하는 사람들에게도 권할 수 있는 가벼운 음료이다.

표 3-4 스페인산 포도주의 특징

종류	색	특 징
틴토(tintio)	적포도주	알코올 11.5~13.5도 정도이며 맛과 향이 풍부하고 탄닌산의 함유도가 적당하며, 숙성연도는 최소 2년 정도이다.
블랑코(blanco)	백포도주	알코올 10~12도 정도이며 황금색을 띤 노란색을 하고 있으며 신선한 맛과 향기가 특징이다.
로사(rosa)	잡색포도주	알코올 11~13.5도 사이로 맑고 투명하며 다른 종류에 비해 약간 신 맛을 지닌다.
클라레테(clarete)	담홍색포도주	백포도주와 적포도주를 섞어 만든 것이다.

(2) 햄과 소시지

스페인에서 햄은 간식이나 술안주, 그리고 식사에 이르기까지 다양하게 애용되는 음식 중의 하나로, 스페인의 전통이 엿보이는 부분이기도 하다. 스페인의 햄은 돼지고깃살, 특히 넓적다리를 통째로 훈연하거나 건조 숙성시킨 가공육을 말한다.

스페인인들의 생활과 긴밀한 관계가 있는 여러 종류의 햄 중에서 가장 특징적인 햄으로 '하몬 세라노'와 '하몬 이베리코'를 들 수 있다(표 3-5 참조).

이외에도 '초리소(chorizo)'와 '살치차(salchicha)' 같은 돼지고기 소시지가 있다. 초리소는 다진 돼지고기, 소금, 빨간 피망 다진 것을 순대와 같이 채워 넣어 만들며 경우에 따라서는 후추를 첨가하기도 한다. 일단 준비가 되면 훈제를 하거나 소금물에 보관하고, 돼지기름으로 덮

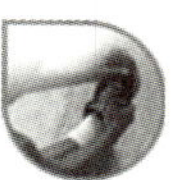

인 깡통에 보관한다. 살치차는 초리소와 약간 비슷한데 이탈리아의 살라미와 아주 유사하다. 햄과 돼지비계에다 후추 열매를 섞어 창자에 채워 넣어 만든다. 살치차는 소금에 어느 정도 올려놓아 간이 베게 한 후 건조시키기 위해 그냥 놔두거나 연기에 쏘여 보관한다.

표 3-5 스페인산 햄의 종류와 특징

종류	특징
하몬세라노	·하몬세라노는 산간지방의 건조하고 추운 기후에서 만들어진다. ·일종의 프로스트 햄으로 돼지의 넓적다리로 만든다. ·육포를 씹는 듯한 질감을 가지고 있으나 부드럽고 기름진 맛이 있다.
하몬이베리코	·하몬세라노에 비해 값이 많이 비싸고 훨씬 부드러운 식감이어서 미식가들에게 인기가 높다. ·햄이 치즈와 같이 입안에서 살살 녹으며 고기의 근육질감을 느낄 수 없다.

(3) 생선요리와 고기요리

스페인 모든 지역의 바에서는 바다에서 나는 여러 종류의 생선을 이용한 타파가 있다. 예를 들어 오징어 링 튀김(calamares a la romana), 멸치류 튀김(boquerones fritos), 조그만 가자미인 서대(lenguado a ala plancha), 프라이팬에 기름을 두르고 구운 모듬 새우(langostino a la plancha) 등이 있다. 보통 생선요리는 생선의 뼈를 발라 크게 포를 뜬 상태에서 프라이팬에 기름을 두르고 구워 먹는다. 생선요리에는 야채 샐러드를 곁들이게 되는데 샐러드의 재료는 통상적으로 토마토, 양상치, 양파, 올리브 열매 등이 있다. 여기에는 별도의 드레싱이 첨가되지 않고 먹기 직전에 올리브유와 식초, 소금을 뿌려서 먹는다. 쇠고기는 스페인에서 돼지고기나 닭고기에 비해 조금은 고급이다. 쇠고기는 '테르네라(ternera : 송아지라는 의미)'라고 한다. 어느 식당에서나 '송아지 안심 스테이크(filere de ternera)'를 주문할 수 있는데 이것은 비프스테이크이다. 또 어느 식당에서나 쇠고기와 마찬가지로 '양고기 갈빗살 스테이크(chuleras de cordero)'도 쉽게 주문할 수 있다.

스페인 고기요리는 다른 나라의 요리와는 달리 고기 원래의 맛을 즐기기 위해서 양념이나 향신료의 사용을 절제하는 특징이 있다. 우리가 느끼기에 이상할 정도로 스페인 사람들은 고기요리에 양념을 사용하지 않는 것은 아마도 그들만의 독특한 고기요리 양식으로 여겨야 할 것이다. 고기를 익히는 정도도 우리와는 달라서 심지어 돼지고기 스테이크 요리를 할 때에도 피가 보일 정도로 살짝 익혀서 먹는다.

3. 프랑스

❶ 프랑스의 자연환경

프랑스는 거의 정육각형에 가까운 모양으로 삼면은 영·불 해협, 대서양, 지중해에 정하여 있고, 다른 삼면은 독일, 스위스, 이탈리아, 스페인, 벨기에, 룩셈부르크 등의 나라와 접하고 있다.

해양성, 대륙성, 지중해성 기후가 모두 나타나며, 기온은 남쪽에서 북쪽으로 갈수록 점점 낮아지는데, 고위도인데 비해서는 기후가 온화한 편이다. 연평균 강수량은 600~2000mm인데 강수량이 많은 곳은 피레네 서부, 마시프 상트랄, 보즈 알프스 등이다. 프랑스의 지형은 일반적으로 남동부가 높고 북서쪽으로 갈수록 낮아지며 알프스, 피레네 산맥을 제외하고는 비교적 완만하여 국토의 2/3가 평야와 구릉으로 이루어져 있다. 지형은 크게 산지와 평지로 나누어 볼 수 있는데, 산지로는 피레네와 알프스산맥, 아르모리칸 산지, 중앙 산지 등이 있고 평지로는 파리 분지, 아키텐 분지 등이 있다. 이렇게 넓은 평지와 비교적 온화한 기후 및 적정한 강수량에 힘입어 프랑스는 다른 서유럽 국가들보다 농업이 성하여 식생활에 소요되는 농산물은 거의 자급하고 수출도 한다. 농산물로는 세계 5위 수준의 밀을 비롯하여 보리, 귀리, 옥수수, 사탕무,

포도, 유채씨, 담배, 쌀 등이 있으며 특히 포드는 북부를 제외한 전국에서 생산되고 포도주는 질적으로나 양적으로나 세계 제일을 자랑한다.

한편, 국토의 25 %가 목초지인 프랑스는 목축도 성하여 소, 말, 양이 사육되고, 특히, 우유와 버터의 생산량이 많다. 또 프랑스는 대서양과 지중해에서 대구, 연어, 고등어, 새우, 굴, 조개 등을 수확하는 수산업도 발달하였다.

② 프랑스요리의 역사적 배경

현재의 프랑스는 옛날 골(gaule)족이 살던 곳이었다. 골인의 음식 맛은 거칠었으며 후에 골로 이동해 온 프랑스족은 그대로 골인의 음식법을 이어받았다. 그러나 고대 로마 제국의 지배를 받아 요리에도 영향을 끼쳤다. 그 때의 로마 요리의 기술을 빌려 만들어 낸 것이 프랑스 요리의 출발점이다. 전쟁의 역병과 기근이 연속된 중세에 프랑스 요리의 원형이라고 할만한 것은 수도원이나 승원에 피난처를 찾았다가 암흑 시대가 사라지자 요리는 승려의 손을 떠나 그 지방 특유의 요리로 발전하게 되었다. 이탈리아의 카드린느 메디시스가 앤드류 4 세에게 출가할 당시 미개의 나라 프랑스로 솜씨가 뛰어난 조리사를 데리고 간 후부터 이탈리아 요리가 전해져 프랑스 궁중의 조리사가 배웠고 다시 파리에 요리 학교가 생겨 많은 요리사가 양성되었다.

미각이 발달된 민족이었다는 것, 더운 지역과 추운 지역에 걸친 광대하고 비옥한 토지에서 생산되는 풍부한 재료와 해산물이 있었다는 것, 요리에서 없어서는 안 될 좋은 술이 많은 것, 그리고 경제적인 풍요 등의 요인들이 겹쳐서 프랑스 요리가 세계 2 대 요리로 발달하는 계기가 되었었다.

처음에는 이 요리도 궁중 귀족의 것으로서 일반 서민은 감히 생각해 볼 수도 없는 것이었다. 그런데 프랑스 혁명 후 궁중과 귀족들을 위하여 요리하던 전문 요리사들이 시중에 나와 먹고 살기 위해 음식점을 차린 것이 오늘에 이르렀다.

3 프랑스요리의 특징

프랑스는 지중해와 대서양에 접하고 있어서 기후가 온화하고 농산물, 축산물, 수산물이 모두 풍부하여 요리에 좋은 재료를 제공하고 있다. 프랑스 요리의 특징은 재료를 충분히 살리고 합리적이며 고도의 기술을 구사하여 섬세한 맛을 내고 포도주, 향신료, 소스로 맛을 내는 것이다.

(1) 프랑스요리에 없어서는 안될 포도주

프랑스 제일의 특산물인 포도주는 요리와 관계가 깊으며 산지에 따라 맛, 빛깔, 향기 등이 다르고 종류가 수없이 많다. 일반적으로 백포도주는 생선요리에, 적포도주는 육류요리에, 분홍색 포도주는 양쪽요리에 다 맞는다고 하며, 마시는 목적 외에 요리의 맛을 돋구고 부드럽게 하기 위한 조미료의 성격으로도 이용되고 있다. 각 지방에는 저마다 자랑하는 포도주가 있고, 그 포도주에는 서로 다른 풍토와 태양이 만들어낸 개성이 있다. 매일 마시는 것이기 때문에 프랑스에서는 포도주가 싼편이다. 와인을 넣은 요리로는 비프 부르기뇽(쇠고기를 붉은 와인으로 찐 것), 코크 오반(수탉을 포도주로 찐 것), 므르 마리니에르(므르조개를 흰 와인으로 찐 것) 등과 소스를 만드는 데도 포도주는 큰 역할을 한다. 그리고 먹다 남아서 신 포도주는 샐러드를 만들 때 식초로 사용한다.

(2) 프랑스요리를 풍부하게 하는 향신료

향신료는 파슬리의 줄기, 후추, 로리에, 샐러리, 너트맥, 사프란 등을 쓰는데 이를 두서너 가지씩 합하여 사용함으로써 미묘한 맛을 창출한다. 또 프랑스요리는 소스가 중요한 역할을 하여 다양하게 발달하였다. 이러한 조미료를 요리의 종류에 알맞게 골라 구사함으로써 프랑스요리의 미묘한 맛을 창출해 낸다.

(3) 프랑스요리는 조화의 미

고급요리는 조리에 있어 특별한 기술이나 재료의 종류도 문제이지만 격조 높은 요리의 내용만큼 그릇의 선택이나 식탁의 조화를 찾는 테이블 문화가 크게 비중을 가지고 있는 것도 특징이다. 프랑스 테이블 문화의 전통은 금은 세공, 도자기, 섬유 예술을 크게 발전시킨 요체이기도 하다. 프랑스요리가 유명하다는 데에는 좋은 요리의 맛 때문이기도 하지만, 순서를 갖춘 격식 있는 식사 예절 매너도 한목을 차지하고 있는 것이 사실이다.

세계적으로 유명한 프랑스 요리로는 달팽이(escargo)요리, 특수한 조건에서 사육한 거위의 간으로 조리한 프아그라(foie gras), 흙갈색의 송로(바닷가 솔밭 모래 속에서 나는 버섯)로 만든 트리플(truffle)요리, 생굴요리 등이 있다.

(4) 프랑스의 빵

프랑스에서 식사 때마다 근처에 있는 빵집에 가서 금방 구운 빵을 사다가 먹는 것이 생활의 패턴이다. 레스토랑에 가면 아무리 싼 집이라도 빵은 무료로 얼마든지 먹을 수 있다. 테이블에 앉으면 무조건 빵그릇을 갖다 놓는다. 처음부터 빵그릇이 테이블에 놓여 있는 곳도 있다.

프랑스인이 보통 먹는 빵은 바게트라 불리는 길고 가느다란 것으로 1개가 250 g으로 무게가 엄격히 정해져 있다. 이보다 굵거나 가는 것도 있으나 역시 기준 중량이 정해져 있고 값도 정부에서 정한 가격이다. 프랑스의 빵집에서는 하루 세 번 빵을 굽는다. 그것은 바게트가 금새 굳어져 맛이 저하되기 때문이다.

빵에 곰팡이도 피지 않고 그대로 굳어 버리는 것은 프랑스의 기후가 건조한 탓이다. 검은 빛깔의 라이보리로 만든 큼직한 시골빵(팽 드 캉 파뉴)의 맛도 뛰어나지만, 적당히 살찐 파리지엔과도 같은 바게트의 강하고 부드럽고 끈기있는 상쾌함도 일품이다.

(5) 프랑스의 향토요리

마르세이유에는 새로 만든 큰 항구와 옛 항구가 있다. 옛 항구는 기원전 600 년경에 그리스 배가 출입하면서부터 항구로 발전했다고 한다. ㄷ자 모양으로 된 옛 항구에는 부이야베스라는 음식이 있는데 이것은 우리식으로 말하자면 생선 매운탕, 또는 생선 모듬이라고 할 수 있다. 이것은 사프란을 곁들인 노란 수프를 큰 포트에 담고 다른 접시에 큼직하게 자른 튀김빵이 나오는데 여기에 뜨거운 수프를 붓는다. 먼저 수프와 수프를 부운 빵을 먹고 다음에 남은 생선을 먹게 된다. 비교적 고급식당에서는 가시가 많은 생선대신 새우, 조개, 생선회에 쓰는 물고기가 나온다. 부이야베스에는 '루이외'라는 양념을 넣어서 먹는데 이것은 무 채에 빨간고추를 섞은 것과 비슷한 양념으로 수프에 넣어서 먹으면 감 칠 맛이 난다.

4 프랑스의 와인

프랑스 와인은 품질과 생산량에 있어서 세계 제일이다. 포도는 지중 해안, 보르도, 상파뉴, 르와르 계곡을 비롯한 전국 대부분의 지역에서 생산되며 산지에 따라 맛과 품질이 다르고 포도주 또한 산지에 따라 품 질이 독특하다(표 3-6 참조).

표 3-6 프랑스산 와인의 종류와 특징

종류	색	특 징
보르도(Bordeaux)	적포도주	붉은 색이 진하고 불투명하며 단맛이 적고 맛이 텁텁하나 부드럽다. 여성적인 포도주라고 한다.
부르고뉴(Bourgogne)		매우 선명한 붉은 색으로 상큼한 과일 향이 풍부하다. 산도와 알코올 도수가 보르도보다 조금 높아 남성적인 포도주라고 한다.
프로방스(Provance)	분홍포도주	연한 붉은 색을 띠며 투명하고 맛이 순하여 차게 해서 마시기도 한다.
루아르 강변 (Val de Loire)	백포도주	과일향이 풍부하고 약간의 단맛이 있다.
알자스(Alsace)		담백하고 깨끗한 맛과 과일향이 느껴지나 단맛은 적다.
생파뉴 (Champagne)	스파클링와인	약간 단맛이 들며 병을 딸 때, 탄산가스로 인한 거품이 생성되어 상쾌한 맛을 낸다.

5 프랑스의 식사예절

• 손님들이 모이면 주인은 아페리티프(apéritif)를 권한다. 준비한 술의 종류를 주인이 말해 주므로 원하는 술을 골라 받아 마신다. 두 번째 잔은 다른 것으로 마셔도 되지만 더 이상은 마시지 않는 것이 좋다. 안주도 주인이 권하면 들도록 한다.

• 프랑스인들의 식사는 매우 길다. 포도주를 마시면서 이야기를 많이 하며 먹기 때문에 다른 집에 초대되었을 때는 이야기에 동참하여 분위기를 맞춰주어야 한다. 그러나 입에 음식을 넣고 이야기하지는 않도록 한다.

• 아페리티프를 마셨으면 주인은 식탁에 앉기를 권한다. 주인이 개인의 취향·화술 등을 고려하여 전체가 대화에 참여하도록 자리 배치를 한다. 자리 배치는 상석인 남자 주인의 오른편에 주빈이나 최연장자가 앉고, 남녀가 번갈아 앉으며, 한가족이 연이어 나란히 앉지 않는다. 자리 배치를 받으면, 곧바로 앉지 말고, 주인과 주빈이 앉은 후에 앉도록 한다. 앉을 때는 식탁을 향해 섰을 때 의자의 왼쪽에서 앉고 식탁과 너무 멀리 떨어지지 말아야 하며 의자 등받이어 기대지 않는다.

• 의자에 앉아 식사하기 전에 손은 자연스럽게 식탁 위에 놓거나 무릎 위에 올려놓는다.

• 냅킨은 요리가 나오기 시작할 때 펴는데, 이등분해서 접은 후 접힌 끝단이 밖을 향하게 놓고 입을 닦을 때는 냅킨의 안쪽을 사용한다. 냅킨은 식사 후 커피를 마실 때까지 무릎에 두며, 다 사용한 후에는 접시 왼쪽에 가볍게 접어둔다.

• 안주인이 식사를 시작하면 손님이 시작하고 모든 사람이 끝날 때까지 식사를 한다.

• 포크와 나이프는 요리가 나올 때마다 바깥쪽부터 좌우 한 개씩을 사용하는데, 한번 사용한 것은 접시 위에 가지런히 올려놓는다. 사용중인 포크는 아래를 향하게 하고, 나이프는 칼날 부분이 안쪽을 향하게 하여 팔(八)자로 걸쳐놓는다. 식사가 끝나면 포크는 위를 향하게 하고, 나이프

의 칼날을 안쪽으로 향하게 해서 접시 중앙의 오른편에 나란히 놓는다.

• 샐러드는 기호에 따라 드레싱을 적당히 얹어 한 입에 들어갈 정도로 떠서 먹는다. 샐러드를 나이프로 잘라서 먹지는 않는다.

• 수프는 왼손으로 수프접시를 잡고 수프스푼을 자기 앞쪽에서 반대쪽으로 향하게 한 후 떠서 소리나지 않게 먹는다. 수프가 조금 남으면 접시 앞쪽을 들어서 살짝 기울인 다음 떠먹는다.

• 빵은 샐러드나 수프 등과 함께 먹기 시작하는데 손으로 알맞은 크기로 떼어서 먹는다. 고기요리나 생선요리를 먹는 사이사이에도 먹는다.

• 생선요리는 뒤집어 먹지 않는다. 윗면의 살을 먹은 다음 뼈를 발라내고 나머지 부분을 먹는다. 곁들인 레몬은 포크로 누른 후 나이프의 넓은 면으로 살짝 눌러 즙을 낸다.

• 포도주는 식사와 함께 마시는데, 백포도주는 생선요리에 적포도주는 고기요리에 제공된다. 포도주와 같이 차갑게 마시는 경우에는 잔의 목부분을 잡는다. 만일 목을 감싸듯이 잡으면 체온으로 인해 술의 온도가 변해서 포도주의 제 맛을 잃게 된다.

• 후식이 나오기 전에 핑거볼이 나올 때는 손가락을 서너 개 물에 담갔다가 냅킨으로 닦은 후, 후식으로 나오는 과일이나 케이크를 먹는다. 핑거볼에는 양손을 넣지 않는다.

4. 영국

1 영국의 자연환경

영국은 유럽 대륙의 북서쪽에 위치하고 있는 섬나라로 북서로는 대서양, 동쪽으로는 북해에 접해 있으며, 남동으로는 도버해협을 사이에 두고 프랑스와 마주보고 있다. 도버해안의 흰 절벽에서 프랑스 칼레까지의 거리는 겨우 34 Km로 영국은 유럽 대륙과 밀접한 관계를 유지하면서도 이 해협을 방패삼아 대륙의 동란이나 변혁의 물결을 차단해왔다. 영국의 총면적은 24 만 4,102Km^{2}로 남북한의 총면적보다 약간 크다. 이 가운데 잉글랜드가 전국토의 반을 차지하고 있으며, 다음으로 스코틀랜드, 웨일스, 북아일랜드의 순인데 북아일랜드는 잉글랜드의 10 분의 1 정도이다. 그레이트브리튼 섬의 남동부를 차지하고 있는 잉글랜드는 비교적 완만한 평원지대로 녹색의 전원풍경이 아름답다. 그 밖의 지방도 대부분이 구릉지대로 높은 산이 없다. 영국은 북위 50~60°에 위치해 있어 우리 나라보다 북쪽에 자리한 데 비해 대체로 온난한 편이다. 그것은 멕시코 만류와 편서풍 탓이다. 비가 내리는 날이 많아 강수량이 제일 적다는 남동연안에도 연간 150일, 북서쪽에는 250일 동안이나 비가 온다. 봄에는 비가 적고 겨울철, 특히 바람이 없는 날에는 안개가 많이 낀다.

② 영국 음식문화의 특징

영국은 북대서양 해류와 서안해양성 기후의 영향으로 겨울에도 별로 춥지 않고 여름에는 서늘하여 전국이 축산을 하기에 아주 적합하다. 또한, 어족자원이 풍부하여 세계 2 대 어장으로 꼽히고 있는 북동 대서양 어장을 가까이에 두고 있어 생선이 풍부하고 자체 생산되는 밀이 풍부할 뿐만 아니라 영연방 여러 나라에서 공급되는 값싸고 질좋은 곡물과 서늘한 기후에서 잘 자라는 여러 가지 채소의 덕분으로 풍부한 먹거리를 기초로 독특한 양식과 귀족적이며 맛깔스러운 요리를 개발하였다. 서양에서는 영국 음식이 특히 맛이 없기로 정평이 나있고, 가짓수도 다양하지 못한 것으로 알려져 있다. 이러한 혹평에도 불구하고 영국 음식은 실속이 있으면서도 나름대로 독특함이 있다. 굽고, 찌고, 쬐어 굽는 소박한 조리법은 영국인의 선조가 수렵민족이었던 것과 무관하지는 않다. 그 옛날에 모닥불을 둘러싸고 앉아서 고기 덩어리를 구우면서 먹었던 자취가 지금까지도 남아 있는 셈이다. 역사와 전통을 존중하는 영국인 기질을 이런 곳에서도 엿볼 수 있다. 근대에 들어와서, 대영제국으로서 5 대양을 지배하게 되자, 열대의 각종 양념이 영국에 들어와 영국요리의 종류가 다양해졌다. 인도의 카레 요리나, 실론의 홍차가 들어온 것도 이 무렵이다. 옛 전통을 소중히 하는 보수성을 지닌 반면에, 자기들의 기호에 맞으면 새로운 것을 받아들이는 유연성도 아울러 지니고 있다. 영국인들은 보통 하루에 네 번의 식사(breakfast, lunch, tea, dinner)를 하는데, 아침식사와 오후의 차는 아주 전형적인 영국의 식사이다. 유럽인들이 아침 식사를 간단히 커피와 토스트로만 때우는 데 비해[이것을 대륙식 아침식사(contenental breakfast)라고 함] 영국인들은 실속 있는 아침 식사를 한다.

표 3-7 영국 식사의 특징

종류		특 징
아침	breakfast	· 과일주스와 시리얼 또는 베이컨과 달걀, 소시지와 달걀에 토마토를 프라이 한 것, 훈제한 청어와 토마토, 토스트와 요구르트에 과일과 커피나 홍차 등으로 한다.
점심	lunch	· 메인 코스와 후식, 두 코스로 구성된다. 주 요리로 육류나 생선에 감자와 두 종류의 야채를 먹는다. · 주중에는 직장이나 학교에서 점심을 하므로 간단한 식단으로 구성된다. · 후식은 주로 푸딩 종류나 타트(tart)를 먹는데 달기 때문에 후식을 스위트라고도 한다.
차	afternoon tea	· 애프터눈티는 보통 오후 3시 반에서 4시 사이에 마시는 차로서 이 때 간단한 간식으로 비스켓과 케이크를 먹는다.
	high tea	· 하이티는 5시 경에 마시는 차로서 뜨거운 음식과 같이 한다
저녁	supper	· 점심을 정찬으로 먹고, 하이티를 먹은 경우에 저녁식사를 일컫는다.
	dinner	· 점심을 두 코스로 가볍게 먹고, 애프터눈티를 먹은 경우 정찬으로 먹는 저녁식사를 말한다. · 넷 또는 다섯 코스로 구성한다.

3 영국의 대표적인 음식

(1) 로스트 비프(roast beef)와 요크셔 푸딩(Yorkshire pudding)

영국의 전통적이고 대표적인 음식으로는 로스트 비프와 요크셔 푸딩을 들 수 있다. 로스트 비프는 가장 연한 안심을 통째로 소금과 후추를 뿌린 다음 버터를 발라 오븐에 구운 음식으로 요크셔 푸딩을 곁들이는 것이 격식이다.

영국요리는 섬세한 맛이라든가, 세련된 요리라고는 할 수 없다. 그러나 이 로스트 비프 한 접시로 대표되는 것과 같이, 영국요리의 특징은 단순, 명쾌, 소박하다. 그 외의 대표적인 영국 요리를 보아도 역시 그저 굽기만 하는 비프스테이크, 연어를 쪄서 만든 스모크사몬, 대중적인 피시 앤드 칩스 등 그 어느 것을 보아도 손쉬운 재료를 간단하게 요리한 것 뿐이다. 영국인은 어떻게 요리를 만들어 맛을 즐길 것이냐 하는 것보다는 식탁에서의 담소를 중요시하는 국민이라고 할 수 있다. 요크셔 푸딩은 로스트 비프 구이의 국물에 밀가루와 물, 소금, 달걀, 우유로 묽게 반죽하여 오븐에 익혀서 고기와 곁들이는 것으로 다른 후식용 푸딩과는 달리 달지 않다. 로스트 비프의 소스로는 서양 고추냉이 소스가 제격이며, 양고기 구이에는 박하소스, 양파소스를 끼얹어 먹어야 양고기의 독특한 누린내를 제거할 수 있다.

(2) 생선 프라이와 감자튀김

아주 영국적인 요리로는 생선 프라이와 감자 튀김을 빼놓을 수 없다. 이것은 간단한 런치 및 하이 티로도 먹을 수 있다. 값도 싸고 실속 있는 음식으로 어디에서나 쉽게 찾아볼 수 있다. 영국인이 흔히 즐겨 먹는 생선은 대구, 명태, 청어, 가자미, 고등어 등이다.

(3) 스코치 에그(scotch egg)

스코틀랜드에서는 스코치 에그라고 하여 푹 익힌 달걀의 겉 껍질을 벗기고 통째로 반죽한 소시지 고기로 다시 싸서 빵가루를 입혀 기름에 튀겨 낸 음식이 있다.

이것은 간단한 점심식사로 아주 인기가 있다.

(4) 해기스(haggis)

해기스는 스코틀랜드의 전통음식으로 양이나 송아지의 염통, 허파, 간 등을 쇠기름과 오트밀을 섞어 소금, 후추, 양파 등으로 양념하여 그 동물의 위장 속에 다시 넣어 커다란 소시지처럼 삶아 낸 요리이다. 이 요리는 18세기까지 잉글랜드에서 즐겼으나 이제는 전형적인 스코틀랜드 요리로 취급된다.

(5) 후식

영국에서 가장 흔하게 즐겨 먹는 후식은 사과 파이에 생크림을 얹은 것이다. 라이스 푸딩(rice pudding)도 아주 전형적인 후식으로 쌀을 불려 우유에 설탕을 넣고 오븐에 익힌 것으로 우리의 흰 쌀죽 같은 음식으로 맛이 달다.

4 영국인의 차 문화

차는 1655년 유럽에 최초로 수입되었고, 영국에 들어오기 전, 즉 17세기 중반에 네덜란드에서 대대적으로 유행했다. 영국에서 차가 최초로 성행하기 시작한 것은 찰스 2세(1630~1685)의 포르투갈 태생 왕비 브라간사가의 캐서린 때문이다. 그 후 1820년에 인도의 아삼(Assam)지방에서 차가 발견된 후 영국 중상류층에서 보편화되기 시작했다. 커피는 영국에 수입되어 절정기를 누리다가 다시 기울어지는 추세인 반면, 차는 영국 문화 속에서 사랑을 계속 받아 오고 있다.

(1) 차의 종류와 마시는 법

우리가 보통 홍차라고 부르는 차는 영국인이 마시는 인도산 차(indian tea)와 실론 차(ceylon tea)이다. 이것은 블랙 타입이라고 하여 찻잎을 건조하기 전에 발효시킨 것이다. 중상류층의 영국인은 아주 순수하고 고급스런 아삼, 다르질링(Darjeeling), 닐기리(Nilgiri) 등의 인도산 차와 딤불라(Dimbula)지방의 실론 차 또는 키문(Keemun), 랩생 수총(Lapsang Souch- ong), 오룽차(Oolong) 등의 고급 중국 차를 마시기도 하지만 보통 일반 대중은 영국에서 섞어 만든 blended tea를 더 즐긴다. 영국인은 인도산 차나 실론 차 등은 우유를 타서 마시고, 중국 차를 마실 때는 레몬 조각을 띄워 마신다. 맛있는 차를 만드는 방법은 차 한 잔에 찻숟갈 하나만큼의 차를 넣고 찻주전자용으로 한 숟갈을 더 넣은 후 끓는 물을 부어서 만든다. 이때 찻주전자는 뜨거운 믈로 한 번 가셔내야 한다. 또 한가지 영국인은 맛있는 차를 만들려면 티백(tea bag)을 사용하지 말아야 한다고 생각한다. 반드시 찻잎을 넣어서 차를 잔에다 따를 때에 찻잎을 걸러 내는 차 거르개(tea strainer)를 사용한다.

(2) 애프터눈 티(afternoon tea)

영국에서 애프터눈 티와 케이크를 같이 대접하는 관습이 처음 시작한 것은 1840년경 베드퍼드 공작 부인에 의해서이다. 이것은 오후 3시 30분에서 4시 사이에 주로 먹는 식사이다. 주로 간단히 차 한잔과 비스킷 한 두 조각을 먹는 것부터, 케이크, 샌드위치, 머핀, 토스트 등을 버터와 잼, 마아말레이드, 꿀과 곁들여서 같이 먹는 등 지방과 계급에 따라 음식에는 격차가 심한데, 어린이들의 생일 파티, 세례식 축하연, 결혼식 피로연과 장례식 후에 손님 접대 등이 이 경우에 속한다.

(3) 하이 티(high tea)

하이 티는 오후 5시에서 6시에 차와 곁들여 먹는 저녁 식사를 말한다. 주로 어린이의 저녁 식사는 하이 티로 끝난다. 나이에 따라 8~9세까지의 어린이들은 아침, 점심, 하이 티를 먹고 곧 잠자리에 들게 된다. 하이 티는 또 미트 티(meat tea)라고 불리는데, 그 이유는 고기가 곁들린 음식이 나오기 때문이다. 이것은 어린이들의 저녁 식사일 뿐만 아니라 어른들에게도 요긴한 식사시간이다. 하이 티에는 육류나 생선 등 조리한 따뜻한 음식이 나오는데 햄, 소시지와 달걀 프라이, 튀긴 생선과 감자 튀김, 포크 파이, 스테이크 앤드 키드니 파이, 세퍼드 파이 등이 제공된다. 또, 다양한 샌드위치 등이 식탁에 오른다. 영국인들의 샌드위치는 한 입에 들어갈 만큼 작게 잘라 놓는 것이 특징이고, 특히 티타임에는 이러한 다양한 샌드위치가 인기가 있다.

5. 독 일

1 독일의 자연환경

독일은 북쪽에는 스칸디나비아, 남쪽에는 알프스산맥, 그리고 대서양 서부 유럽의 국가와 동부 유럽 대륙의 중심부에 위치한다. 주요 지형적 특색은 북부 독일 평원이나 저지대, 중부 독일의 고지대, 그리고 알프스 산맥의 세 부분으로 형성되어 있다. 주요 강은 스위스 국경으로부터 독일 국경으로 흐르는 라인강이 있다.

연중 온대기후를 가지고 있으며, 봄은 3~5월로 서늘하고 비가 오고, 여름은 6~8월로 덥고 건조하다. 가을은 9~11월로 맑고 따뜻하고 겨울은 12~1월로 춥고 습기가 있는 계절이다. 대체로 연중 기후는 온화한 편으로 연평균 기온은 9℃이다. 독일 기후의 특징은 남쪽으로 갈수록 고도가 증가하여 이것이 위도에 의한 기후의 차를 상쇄시켜 남북간의 기후차가 적은 점이다. 또한 해양의 영향으로 대서양 방면에서 편서풍에 의해 운반되는 습기에 기인한 한냉기후의 완화작용으로 동쪽으로 갈수록 대륙성 기후의 경향이 강해진다.

2 독일 음식문화의 특징

독일인의 식습관 발달과정은 지역과 사회 계층에 따라 크게 차이가 나기 때문에 일반적이고 전형적인 모습을 표현하는 것은 쉬운 일이 아니다. 또한, 독일인들은 특히 이웃 국가들의 식습관을 모방하면서 자신들의 것을 정립하였다. 독일의 절대주의 시대의 궁정, 즉 호프(hof)귀족들의 식습관이 처음에는 부르주아층에서 시작하여 점차 일반 민중에게 퍼져나가 오늘날의 독일 식습관의 전형을 형성하게 되었다.

현재 독일을 대표하는 음식으로는 소시지로써 최근까지만 하여도 각 가정에 기술자가 와서 돼지 한 마리로 소시지를 만들어 1년간 보존식

(保存食)으로 이용하였으나 지금은 거의 없어졌다. 소시지의 종류는 향료와 형태 등에 따라 구분되며 약 200~300 종에 이른다. 또 감자는 주식으로서 수프, 메인 디쉬(main dish), 디저트 등 모든 분야에 이용된다. 그리고 맥주나 포도주가 많이 생산되고 값이 매우 싼 편이다. 오늘날의 독일 음식문화를 형성하게 된 배경을 시대적 구분에 따라 나뉘어 살펴보도록 한다.

(1) 절대주의 이전의 음식문화

중세의 기록들이나 그림을 보면, 자르지 않은 짐승이 통째로 구워져서 식탁에 올려진 것이 있다. 이것은 특히 남자들의 식탁에서 그랬으나 특별한 손님을 초대하여 접대하는 경우에는 미리 잘게 썰어 제공하였다. 또한 빵과 밀가루 음식이 주요한 음식이었으나 가난한 사람들은 빵을 만들어 먹는 일이 쉽지 않아 주로 브라이(brei : 감자나 과일을 으깨어 만든 음식)와 수프를 만들어 먹었다. 이 수프를 먹는 전통은 식량이 풍부해지고 요리 내용이 달라진 오늘날에도 서양인 식습관에 남아 있는데 수프를 먼저 먹고 주요리를 먹는 것이 그것이다.

식사 도구로는 칼이 제일 중요했고, 그 다음에 숟가락이 많이 사용되었다. 공동의 사발에서 칼로 고기를 집어다가 나무판 위에 놓고 칼로 썰어서 손으로 먹었다. 당시에도 포크는 있었지만 오늘날과 같은 용도는 아니었고, 고기를 고정시키기 위해 사용되었다. 손으로 직접 음식을 먹었기 때문에, 특히 고기를 먹을 때는 기름이 손에 많이 묻기도 하였다. 이러한 가운데 독일인의 식생활에 큰 자극을 준 것은 이탈리아의 요리술 발달과 식사예절의 정립이었다. 16 세기에 이미 이탈리아의 최고 상류층은 포크를 사용했는데, 이 포크의 사용과 더불어 이탈리아의 식사 예절이 유럽에서 지도적인 위치를 차지하게 되었다. 이것을 본 독일 귀족들은 이탈리아의 식습관을 모방했다.

(2) 절대주의 시대 호프식 식사

독일 귀족들의 포크 사용이 귀족과 평민들의 식습관을 구별해 주는 가장 결정적인 요소가 되었다. 이러한 과정을 통해서 독일 귀족들의 궁정(hof)식 식사 예절이 정립되어 갔다. 또 요리술도 고도의 전문 기술로 발전했지만 이는 일부 부유층들만이 누릴 수 있는 특권이었다. 절대주의 시대에도 프랑스 요리술이 이탈리아의 것을 수용하며 이탈리아의 것을 앞질러 전 유럽을 주도했다. 프랑스 요리는 매우 다양해졌고, 각 요리마다 정교하게 손질되었다. 이 시대에는 과식과 과음은 사라지고 예절을 갖춘 식사를 즐기는 일이 식사 문화로 자리잡아 갔다.

포크 및 식탁보의 사용이 상류 사회의 필수적인 예절이 되었고, 냅킨도 새로 개발되었다. 이러한 식사 도구를 필수적으로 사용해야 했을 뿐만 아니라 이들을 우아하게 사용하는 기술 또한 중시되었다.

독일의 군주들과 귀족들도 프랑스의 식생활을 열심히 모방하기 시작하였다. 독일의 호프 식사는 사치스러웠고, 식사 시간도 길었다. 궁정에서 화려한 식사는 정교한 요리 뿐만 아니라 식사 서비스와 식탁보, 그리고 식사 도구의 기하학적인 배열, 냅킨을 접는 기술 등을 통해 나타났다. 귀족들은 화려한 식탁에서 흥청망청 먹어댔는데 절대주의 시대는 곧 낭비의 절정기였다. 그들은 이러한 낭비를 자신들의 신분을 나타내는 표징으로써 이해하였다.

독일 귀족들이 프랑스 궁정 및 살롱의 음식문화를 모방했지만 질적으로는 그 수준에 이르지 못하고 단지 극단적인 낭비라는 풍속도로 나타났다.

호프에서 자리잡은 식사 예절은 부르주아들에 의해서 모방되었는데 여기에서 요리책이 중요한 역할을 담당했다. 즉 호프의 요리인들이 부르주아들을 위해 요리책을 썼고 이 요리책에는 요리방법 뿐만 아니라 호프 식사 예절에 대해 특히 자세히 기술했다. 상류층에 속한다는 표징 중의 하나가 이 호프식의 식사 예절을 갖추는 일이었다.

부르주아가 귀족들의 식사 예절을 모방하여 두 계급간에 차이가 없어지는 것처럼 생각되자 귀족들은 기존의 식습관을 더욱 정교하게 하고, 더 많은 새로운 요리들을 개발하기 위해 노력하였다. 권위의 속성을 가진 절대주의 시대에는 바로 이 권위를 강화·유지·획득하려는 욕망이 요리기술과 식사 예절을 발전시켰다고 볼 수 있다.

(3) 시민 혁명 및 산업 혁명기

① 커피 식사

독일이 다른 나라에 비해 점심 식사 시간을 가장 중요시하는 것은 산업 혁명기에 이루어졌다. 식사 시간에 변화를 가져온 근본적인 원인은 커피와 차를 음료수로 선호하게 되면서부터였다. 호프의 귀족들은 저녁 늦게까지 먹고 마셨기 때문에 아침이면 식욕을 잃었다. 이들은 아침에 커피를 마셨는데 이런 습관은 빠르게 퍼져 나갔다. 1800 년대 전반기에는 아침에는 물론 점심에도 커피 식사라는 것이 이루어졌다. 처음에는 귀족에서부터 시작된 것이 저소득층에도 빠르게 모방되어 일일 노동자와 농민들도 낮에는 일에 쫓겨 간단한 커피 식사를 선호하게 되었다. 그런데, 독일에서는 19 세기 중반 이후 산업화와 도시화가 촉진되면서 다시금 점심 시간을 중시하는 옛 전통이 되살아나기 시작했다.

즉, 장시간 노동 때문에 아침, 점심을 커피 식사로 하는 것이 어려워졌고, 따라서 점심에 따뜻한 식사를 하게 되었다. 이들은 점심에 식사를 제대로 하고 저녁에는 간단히 먹으며 쉬고 싶어했기 때문이다. 그러나 점차 산업인구가 늘고 노동 시간이 줄어들었음에도 불구하고 점심에 따뜻한 식사를 하는 습관을 유지해 나갔다. 독일인들이 바쁜 중에도 따뜻한 식사를 하는 전통을 가지게 된 것은 그들이 아인도프(eintopf)요리를 즐기는 습관이라고 볼 수 있다. 이 요리는 1700년경에 등장한 것으로 야채, 콩, 감자, 고기를 냄비에 넣고 끓인 요리를 의미한다. 이것은 요리하기가 편했을 뿐만 아니라 먹고 남은 것은 냄비를 데우기만 하면 먹을 수가 있었다.

② 단 음식의 선호

1830년대까지만 해도 고기를 과일과 함께 먹는다는 것은 생각할 수도 없는 일이었다. 그러나 1850년대 이후 고기요리를 바나나 파인애플과 함께 하는 방식이 널리 퍼지기 시작했다. 이것은 산업 노동자들이 단조롭고 고된 노동 시간 때문에 받는 스트레스를 단 음식을 섭취함으로써 풀고자 했기 때문이다. 단순하고 지루한 일에 종사하는 노동자일수록 그 만큼 더 많이 자극제로써 단 음식을 섭취했다. 빵을 먹을 때에도 빵

위에 단 것을 올려 먹었는데, 주로 단 과일과 잼이 사용되었다. 버터나 마가린을 바른 빵에도 단 것을 올려 먹었다.

산업 혁명 이전까지 독일에서는 주로 신맛을 내는 음식이 대부분이었으나, 이제는 설탕과 단 음식에 의해 밀려났다. 또한, 커피를 마시면서 과자나 케이크를 많이 먹었다. 1930년대에는 일요일 뿐만 아니라 주중에도 아침부터 케이크를 먹는 사람이 있을 정도로 케이크의 소비가 일반화되었다.

그런데 이와는 달리 독일 남부의 농경 지역에서는 신 음식의 전통이 아직도 비교적 강하게 자리잡고 있었다.

③ 호프 식사 예절의 대중화

시민 혁명기를 거치고 산업 혁명기에 들어서면서 민중들은 귀족층과 부르주아의 식사 문화를 열심히 모방하기 시작했다. 이 평민층이 부르주아의 요리와 식사 예절을 모방하면 부르주아들은 평민과 차이를 두기 위해 돈이 더욱 많이 들어가는 새로운 요리와 식관습을 개발해 냈다. 이것은 귀족들의 식사 예절이 부르주아로 옮겨갈 때와 같은 사회적 메카니즘이 일어났음을 의미한다. 그러나 결국 평민층의 전반적인 소득 수준의 향상으로 인해서 부르주아의 노력에는 한계가 있었다. 민중들도 생활 수준이 높아짐에 따라 호프 식사 예절에 흥미를 가졌고, 가능한 범위 내에서 그것을 즐길 수도 있었다. 이것은 결국 산업 혁명기를 통해서 계급을 초월한 평등화가 음식문화에서 이루어지기 시작했다는 것을 의미한다.

(4) 현 대

① 독일인과 맥주

독일, 특히 남독일인의 맥주 기호도는 유명하다. 통계적으로도 우리 나라의 10 배 이상을 마시고 있다. 독일인은 아침부터 맥주잔을 드는 셈이데, 부녀자나 어린이까지 맥주를 마시는 수가 있다. 그러나 실제로 맥주를 마실 때도 몇 가지 규칙, 예의 범절이 있는데 독일인들은 그것을 철저하게 지키고 있다. 먼저 독일인들은 절대로 만취하지 않는다. 맥주집만이 아니라, 그들은 레스토랑이나 자기집에서 맥주를 마실 때도 '명랑하게 그리고 절도있게'라는 원칙을 지키고 있다. 주로 비어 홀에서는 생맥주를 팔고, 레스토랑에서는 병맥주를 판다. 맥주의 종류도 수없이 많은데, 필스(Pils)가 대표적이고 검은 색의 둔클레스(Dunkles)도 애용된다. 알코올 도수가 약한 말츠비어(Malzbier), 훈제 맥주인 라우흐비어(Rauchbier) 등도 많이 마신다. 맥주와 관계있는 축제 가운데 최대의 것은 뮌헨의 옥토버페스트(Octoberfest)이다. 10월 첫번째 일요일 이전의 16일 동안을 테레지엔비제(Theresienwiese)의 광장에 개형 천막을 쳐놓고 유쾌한 바이에른 악단의 음악에 맞추어 밤새도록 객주를 마신다.

② 소시지와 햄

독일의 소시지와 햄은 질과 맛에서 세계 최고라는 정평이 나있다. 핫도그 감으로 세계적인 명성을 얻고 있는 프랑크푸르트는 중간 정도에 지나지 않으니까 짐작이 갈 만하다. 소시지(Wurst)는 긴 겨울 동안의 저장식품으로 개발되었던 것으로, 뉘른베르크의 Nurnberger Bratwurst, 레겐스부르크의 Regensburger Bratwurst, 뮌헨의 Munchener Weisswurst가 유명하다. 간(肝)으로 만든 Leberwurst, 피와 비계의 Blutwurst 등도 특이한 맛으로 이름이 나 있다. 햄(Schinken)과 베이컨(Speck)도 몇 백 종류나 있다. 날고기를 말려서 만든 로러신켄(Roher Schinken)과 로스 햄인 게코흐터 신켄(Gekdchter Schinken), 향료를 섞어 만든 살라미(Salami) 등 이루 헤아릴 수 없이 많다.

③ 가정적인 독일요리

독일요리하면 감자가 연상될 정도로 독일인들은 감자를 즐겨 먹는다. 대개는 가루로 만들어서 요리에 쓰지만 메시드포테이토나 프라이드포테이토로 하거나, 삶은 후에 버터를 듬뿍 넣어 굽거나, 크네델이라는 야구공만한 덩어리를 만들어서 고기요리와 함께 먹기도 한다.

독일인들의 고기요리는 가정에선 삶거나 조리는 것이 보통이며, 돼지고기나 쇠고기, 때로는 토끼고기의 덩어리에 우선 기름으로 표면을 잘 구운 다음 향료를 넣고 푹 조린다. 그리고 국물을 걸쭉하게 만들어 함께 먹는 감자에도 국물을 듬뿍 묻혀서 먹는다.

보존식품을 사용한 요리에도 맛있는 것이 많은데 그 대표적인 것 중의 하나가 '아이스바인'이다. 이것은 돼지 뒷다리 고기를 소금에 절였다가 부드럽게 삶은 것이다. 직경 10 cm 쯤 되는 뒷다리가 뼈째로 식빵처럼 썰어진 것은 접시 위에 놓고 적당한 양념을 얹어서 함께 먹는다. 고기요리에 자주 곁들여지는 사우워크라우트(초무침한 양배추)는 양배추 채썬 것을 소금에 절여서 발효시킨 것인데 먹을 때에는 여기에 사과 간 것 등을 가하여 부드럽게 조린다.

6. 러시아

1 러시아의 자연 환경

구 소련의 영토는 매우 넓어서 동유럽에서 북아시아와 중앙아시아에 걸쳐 태평양까지 이르는 광대한 영토를 가지고 있다. 유럽에서는 스칸디나비아 반도의 노르웨이·핀란드와 동유럽의 폴란드·체코·슬로바키아·헝가리·루마니아와, 아시아에서는 터키·이란·아프가니스탄·중국·몽골·한국과 접경하고 있다.

러시아의 기후는 그 위치·면적·지형 등에 따라서 크게 달라진다. 광대한 영토의 대부분이 중위도 또는 고위도에 위치하고 한랭한 지역이 많을 뿐 아니라 해양의 영향도 많이 받고 있다. 러시아는 동서로 길 뿐 아니라 남북의 폭도 극히 넓어 남북의 기온차도 현저하게 크다. 대체로 한랭하고 겨울이 길며 일조량이 적어, 토양이 척박한 툰드라와 타이가 지역에서는 농업이 거의 이루어지지 못하고, 남쪽의 혼합림·낙엽수림 지대와 스텝 지역에서만 농목업이 이루어진다. 스텝 지대는 러시아의 곡창지대로 밀·사탕무·해바라기 등의 농작물 재배가 집중적으로 이루어지지만 러시아 인구에 비해 많이 부족하다. 비옥한 농토를 가졌던 다른 유럽에 비해 음식문화는 크게 발달하지 못하였고 다만 18세기에 표트르 대제가 서구화 개혁을 추진하면서 서유럽의 문물을 들여와 이때부터 상류층의 식탁은 서구화하기 시작했다.

1980년대 이후 구 소련의 여러 지역이 각기 독립하거나 자치령이 되어 현재 정식 명칭은 소비에트 사회주의 공화국 연방(Union of Soviet Socialist Republics, USSR)으로서 러시아를 비롯한 총 15개의 공화국으로 구성되어 있다. 인종으로는 러시아인·으즈베트인 등 약 130여 개의 민족이 살고 있는데 대부분은 유럽계 민족이며, 이들과 함께 소수의 아시아계 인종이 함께 살고 있다. 러시아의 대표적인 종교집단은 그리스 정교이며, 그 외에 소수민족들이 이슬람교와 불교를 믿는다.

2 러시아 음식문화의 특징

러시아인들의 음식 문화는 귀족적인 것과 민중적인 것이 각각 확연히 다른 발전의 길을 걸어왔다. 러시아의 귀족들은 그들 나름대로 서구 유럽의 스타일을 모방하는 음식 습관을 유지해 왔다. 평민들 역시 그들 나름대로 자신들의 고유한 러시아 음식문화라고 볼 수 있다. 또한 러시아는 많은 소수민족으로 구성되어 있어 생활관습이 다양한 나라이다.

(1) 제한된 식재료

식재료는 일부의 남쪽을 제외하고는 생채소가 적기 때문에 양배추·토마토·감자·양파·당근·사탕무·오이와 같은 저장채소나 염장채소를 쓰는 요리가 많다. 육류로는 양고기를 많이 쓰고, 어류는 청어·연어·대구가 많으며, 특히 철갑상어의 알젓은 세계적으로 유명하다. 빵은 호밀로 만든 흑빵이 유명하고, 흰빵으로는 브로치카라는 둥근 빵이 주로 아침식사에 쓰인다. 유제품은 풍부하여, 스메타나(사워크림)·트바로크(코티지치즈)·케피르(사워밀크)·버터 등을 사용한 요리도 러시아요리의 특색이다.

(2) 빵을 신성하게 여기는 러시아인들

곡물 또는 빵을 만드는 재료를 통칭하여 '흘렙(khleb)'이라고 하는데 밀이나 호밀로는 빵을 만들었고, 수수·보리·귀리 등으로는 죽을 쑤어 먹었다. 특히 러시아인들은 빵을 신성하게 여겨 소홀히 다루지 않았으며, 빵과 소금은 귀한 손님에게 가장 먼저 제공하는 환대의 표시였다.

(3) 죽의 애용

죽은 최소한의 재료로 만들 수 있으며 배를 최대한 불릴 수 있는 음식이다. 곡물·우유·소금 등을 이용하여 끓인 죽을 러시아인들은 '카샤(kasha)'라고 하며, 중요한 자리에서는 항상 죽을 준비하여 대접하는 습성을 가지고 있다.

(4) 기근을 해결한 감자

1891년대 기근 후에 감자는 러시아인들의 주식과 같이 되어 삶고 튀기고 다른 채소나 고기요리에 곁들이는 등 다양한 조리법으로 감자요리를 한다.

(5) 육류와 낙농품 사용

쇠고기·송아지고기·돼지고기 등을 주로 먹는데, 쇠고기가 가장 싸고 새고기는 가장 비싼 편이다. 육류요리에는 소금과 후추 정도만 쓰고, 향이 강한 재료는 쓰지 않아 육류의 맛을 그대로 즐길 수 있다. 버터밀크·치즈·버터는 이들의 음식을 만드는 데 필수적인 재료이고, 많은 음식에 스메타나(smetiana)라고 하는 발효시킨 농후크림을 쳐서 먹는다.

(6) 즐겨먹는 아이스크림

러시아에서 마로제노에(мороженое)라는 간판은 아이스크림 가게를 뜻한다. 춘하추동·남녀노소를 불문하고, 모든 러시아인은 마로제노에를 즐긴다. 초콜릿을 씌운 것은 에스키모, 과일맛이 나는 프룩토보에, 요구르트 음료인 케피르 등이 있다. 요구르트 음료는 신맛이 강하지만 건강에 좋은 유산균이 들어있다.

❸ 러시아의 대표적인 음식

표트르 대제 이후 러시아 요리가 호화로웠다고 하지만 그것은 황제나 귀족, 군인, 부유한 상인들의 식탁이었을 뿐이고, 서민들의 식사는 극히 질박하고 단조로웠다. 호밀이나 잡곡으로 만든 검은 빵과 죽, 양배추절임, 소량의 우유 등이 일상식이었으며, 밀로 만든 흰빵이나 버터는 특별한 날에만 먹었다.

(1) 보르시치

보르시치는 베이컨·햄 등과 토마토·감자··당근·양파·양배추 등의 채소를 함께 넣고 끓여 스메타나를 끼얹어 먹는 러시아식 고기수프이다.

(2) 샤시리크

샤시리크는 양고기의 꼬치구이로 주로 축지 때 볼 수 있는 음식이다.

(3) 피라시키

피라시키는 고기를 넣고 튀긴 만두 같은 빵이다.

(4) 자쿠스카

자쿠스카는 프랑스어로 오르되브르라는 전채요리로서, 대개는 찬 음식이 나온다. 각종 냉육, 어육, 캐비어와 야차 샐러드를 곁들인 음식이다.

(5) 명절음식 '피로그(pirog)'

축제 때나 명절에 반드시 상에 오르는 빵으로서 여러 종류가 있다. 메밀죽이나 염장생선·당근·고기 등 많은 식재료를 넣은 피로그를 만들어서 다양한 시치에 곁들여 먹는다.

(6) 팬케익 '불린'

불린은 소량의 밀가루와 다량의 액체를 넣어 그럴 듯하게 만들어지는 최상의 음식으로 아이를 낳은 산모들에게나 축제 때, 추도식 날 등 기념할 만한 자리에서는 항상 불린을 대접하는 것을 볼 수 있다. 잘 만들어진 불린은 기포가 고루 퍼지고 가장자리가 바삭거리지도 않으며 얇게 부쳐진 것으로 잘 만들려면 경험이 필요한 음식이다. 불린은 스메타나라는 사워크림과 연어알이나 철갑상어알을 곁들여 먹는다.

(7) 펠메니

시베리아식 물만두로 만두피가 두껍고, 속은 고기로 채워져 있다.

(8) 캄포트(cambot)

러시아 과일 주스로 주로 자두, 살구류의 과일로 만든다.

(9) 스메타나(smetana)

우유로 만든 소스로 마요네즈와 비슷하나 신맛과 단맛이 강하다.

(10) 케피르(kepir)

러시아식 요구르트로 신맛이 상당히 강하지만 요구르트의 순수한 형태로서 건강에 큰 도움이 된다.

(11) 음료

① 크바스(kvass)

호밀이나 보리의 맥아를 원료로 하여, 여기에 효모 또는 발효시킨 호밀빵을 넣어 만든 러시아 특산의 청량음료이다.

② 보드카(vodka)

러시아의 대표적인 술인 보드카(vodka)는 물(voda)이라는 러시아어에서 유래되었다. 일반적으로는 남자들이 점심식사 전에 작은 잔에 따라 한잔씩 마시곤 하는데 식욕을 돋우고 소화촉진에도 좋은 식습관으로 자리를 잡고 있다.

보통 곡류나 감자를 가지고 빚으며, 포도, 사과 등의 과일로도 만들 수 있다. 이 술을 마시는 방법은 작은 컵에 보드카를 붓고, 컵 주위에 소금을 약간 뿌린 다음 단숨에 마신다. 러시아인들은 초대받았을 때 집주인이 주는 술은 다 받아 마셔 잔뜩 취하는 것을 예의로 여길 만큼 술을 즐겨 마시는 민족이다. 우리 나라 사람들이 소주를 즐겨 마시듯이 러시아인들은 보드카를 즐겨 마신다.

③ 홍차(그루지아차)

차는 19세기에 러시아가 중국으로부터 차를 수입하기 시작하면서부터 널리 보급되었다. 초기에는 병을 고치는 목적으로 사용되었고 차의 수입이 증대하여 차를 마시는 습관이 확대되었으며 우리나라의 신선로와 비슷한 기구로서 숯, 마른나무, 솔방울 등을 땔감으로 이용하여 차를 끓이고 물을 빨리 끓이면서 계속 보온시킬 수 있도록 되어있는 사모바르(samovar)의 사용도 보편화되었다.

❹ 러시아의 식사예절

• 식사 전에 반드시 손을 씻으며 식사 전에 각자 십자가 성호를 긋
는다.

• 식사 예절은 엄격해서 숟가락으로 식기를 두드리거나 긁는 것은 절
대로 금지한다.

• 바닥에 음식을 흘리거나 식사시간에 큰스리로 이야기하거나 웃는
것도 실례가 된다.

• 식사가 끝나기 전에 일어나는 것도 실례이다.

• 손님 접대는 러시아인들의 독특한 특징을 보이는 것으로 손님에게
충분한 술과 음식을 대접한다.

III. 아메리카 식문화권

중남미 지역은 아열대, 열대, 온대 및 한대의 기후를 가지고 있을 뿐
만 아니라 열대우림, 준사막 및 사막지역이 있고 해발 2000 m가 넘는
고지대에서도 사람들이 살고 있는 등 기후가 매우 다양하고 사람들이
널리 퍼져 살고 있다.

또한, 인종면에서도 선주민(先住民)인 몽고리안계의 인디오와 그들
을 무력으로 지배한 스페인과 포르투갈계 서구인 및 그 후에 이민간 다
른 지역의 서구인, 노예로 끌려가 그 곳에 정착한 흑인 및 그들의 혼혈
로 태어난 혼혈족, 그 수는 상대적으로 적지만 늦게 도착하여 자리잡기
시작한 우리나라와 일본계 동양인 등 마치 인종 전시장과 같은 인적 구
성을 보이고 있지만, 식생활 문화적인 관점에서 두 개의 기본 틀, 즉 옥
수수, 감자, 호박, 고추, 마니옥(카사바), 토마토 등의 그 곳 원산(原産)

식물을 기초식품으로 한 인디언 식문화에 스페인과 포르투갈계의 식생활 문화가 혼합된 혼합 식문화를 유지하고 있다.

그 결과 소득이 높을수록 서구식 문화의 영향을 더 받고 있으며, 도시에서 멀수록, 또 소득이 낮을수록 그 곳 전통의 식품을 더욱 많이 소비하는 경향이 있다.

멕시코요리는 옥수수 요리 문화라 해도 될 만큼 스페인식 요리에 옥수수와 왕고추가 많이 쓰이고 있으며, 페루에선 옥수수 뿐만 아니라 감자가 많이 소비되고 있다. 특히, 언(冷) 감자를 탈수(脫水)시켜 말려 발효시킨 '추누'는 고지에 사는 페루인들의 가장 중요한 보존식으로서 수프의 바탕을 이루고 있다. 이와 같이 감자가 중요한 음식으로 자리잡고 있어서 페루에선 매년 대대적인 감자 축제가 열리고 있다. 페루 감자는 3000m의 높은 산지에서 생산되고 있으며, 농민들은 300종 이상의 여러 가지 종자를 보존, 유지하면서 이들을 섞어 심음으로써 병해(病害)나 기후변화로 인한 흉작(凶作)을 방지하고 있다.

한편, 유럽계가 대부분을 점하고 있는 우루과이, 아르헨티나, 칠레 등의 대도시에서는 스페인풍의 요리가, 그리고 아마존의 열대우림 속의 원주민들은 마니옥 등의 근채류와 생선, 열대과일 등을 주로 이용한다.

북아메리카에 위치하고 있는 국가는 미국과 캐나다이다. 영국·프랑스·독일 등지에서 이주한 사람들이 개척하여 나라를 일구었기 때문에 역사는 짧지만, 자연적·경제적 규모와 위력이 세계에서 가장 크다. 미국의 식생활 문화라 하면, 북아메리카 중에서도 멕시코 이남을 제외한 미국과 캐나다의 식생활을 말하지만, 알래스카와 인디언의 식생활은 제외한다. 현재의 미국 음식은 원래부터 이 곳에 바탕을 두었던 원주민의 식생활 문화와 초기 식민 세력이었던 스페인, 프랑스의 식생활 문화, 그리고 그 후 미국의 지배 세력이 된 앵글로 색슨계의 영국 식문화 등이 기초를 이룬 바탕 위에 다민족(多民族) 국가인 미국을 이루고 있는 각 민족의 식문화가 혼합되어 있다. 그 위에 풍부한 농산물, 그리고 이를 합리적으로 가공, 저장, 수송하게 된 공업력, 경제 발전으로 인한 구매력 등이 현재 미국 식생활 문화의 기초를 이루고 있다. 미국 음식은 뚜

렷한 특징이 없다. 그러면서도 현대 음식은 곧 미국 음식이라 할 정도로 전세계의 음식 문화를 소화하여 새로운 음식 문화를 만들어 내는 것이 미국 음식이라고 할 수 있다.

1. 아르헨티나

1 아르헨티나의 자연환경

아르헨티나는 남아메리카 대륙의 남쪽 끝에 위치해 있고, 이 대륙에서는 브라질 다음으로 큰 나라이다. 남북의 길이 3700 Km, 총면적 262만 7000 Km², 지세는 크게 4 가지로 구분된다. 서쪽은 칠레와 국경을 이룬 안데스 산맥지대, 북쪽의 서안데스 산록에서 남쪽의 팜파스를 따라 펼쳐진 비옥한 삼림지대, 중앙부의 팜파스라고 불리는 대평원지대, 남부의 기복이 심한 반사막지대 등이다.

서쪽의 산맥지대에는 북쪽의 남아메리카 최고봉 아콩카과(Aconcagua)와 오호스델살라도(Ojos del Salado), 피시스(Pissis)를 비롯하여, 3000 m 이상의 높은 산들이 많고, 남쪽으로는 아름다운 호수들이 많아서 매우 변화가 심한 편이다.

수도 부에노스아이레스와 그 주변의 팜파스는 온난하고 4 계절이 뚜렷하며, 여름에 습도가 높은 것을 제외하면 대체로 쾌적한 편이다. 북부와 동부는 아열대성, 1 년 내내 강한 바람이 부는 남부 파타고니아는 아한대성, 남쪽 끝의 푸에고 섬은 한대성의 몹시 추운 기후이다. 이렇게 지방별로 기후가 크게 다름에 따라 동물의 분포도 크게 다르다. 팜파스에는 스컹크, 비스카차, 타조, 퓨마 등이, 북부 삼림지대에는 산고양이, 큰뱀, 독사 등이, 해안에는 물개, 바다표범, 펭귄 등이, 산악지대에는 알파카, 콘도르 등이 산다.

❷ 아르헨티나 음식문화 특징

우리나라 사람들의 주식이 쌀이라면, 아르헨티나인들의 가장 대표적인 주식은 쇠고기라고 할 수 있다. 아르헨티나는 미국, 러시아, 브라질에 이어 세계 제 4위의 쇠고기 소비국이기 때문이다. 목축업은 곡물 농업과 함께 아르헨티나 경제의 바탕을 이루고 있다. 축산업은 아르헨티나에서 가장 오래 되고 발달된 산업, 즉 육류 가공의 계기를 마련해 주었고, 냉동육은 해외 수출을 가능하게 해 주었다.

이처럼 아르헨티나에서 목축업이 발달할 수 있었던 이면에는 다음과 같은 요인이 있었다.

(1) 목축업의 발달 요인

① 거대한 초원 팜파(Pampa)

아르헨티나에는 팜파(Pampa : 남미의 광할한 초원 - La pampa, 중부 아르헨티나 지역으로, 특히 거대한 소 방목 지역을 의미한다)라는 광활한 초원지대가 끝없이 펼쳐져 있고 적당한 기후와 강우량이 가축의 방목을 위해 최적의 여건을 마련해 주었기 때문이다. 이른바, 아르헨티나의 '팜파스'초원이 바로 그것이다.

그 면적은 약 70 만 Km^2 로 전체 국토 면적의 1/4에 해당하는 광대한 지역이다. 북쪽으로는 산타페 주에서 차코주의 삼림지대, 서쪽 및 북서쪽으로는 멘로사주의 동부까지 뻗어 있으며 남쪽으로는 콜로라도 강까지 이른다. 양질의 목초가 풍부한 팜파로 인해서 아르헨티나에서 목축업이 크게 발달할 수 있었다.

아르헨티나의 팜파 목축업의 시작은 16 세기로 거슬러 올라간다. 그 당시 스페인 정복자들은 소, 양, 돼지 등의 가축을 가지고 와서 이곳을 정복하기 시작했는데, 그것들 중의 일부가 이곳에 남겨져 급속히 번식하게 된 것이다.

② 품종개량

아르헨티나에서 목축업이 발달할 수 있었던 두 번째 요인은 품종 개량을 들 수 있다. 콜롬비아 역시 쇠고기를 주식으로 하고 있지만, 두 나라의 육질을 비교해 보면 서로 큰 차이가 있음을 알 수 있다.

그것은 목초지의 품질과 소의 품종 때문에 발생한 것으로 보여진다. 콜롬비아의 소는 세보(Cebu)가 주종을 이루는데, 이 종은 덩치가 커서 체중은 많이 나가지만 고기가 더 질기고 맛도 덜한 편이다. 반면에 아르헨티나 고기는 연하고 더 맛이 있다. 아르헨티나는 보다 더 우수한 품종을 개발하기 위해서 많은 노력을 하고 있다. 예를 들어, 수도 부에노스아이레스에서는 아르헨티나 농촌협회 주최로 매년 축산 전람회가 개최되는데 100년 이상 열린 이 행사는 국민들의 지대한 관심을 끌고 있으며, 언론매체에서도 대대적으로 보도를 하고 있다.

(2) 아르헨티나의 식습관

① 식사패턴

아르헨티나인들은 대개 아침식사는 주스와 빵과 햄, 우유 또는 커피 한 잔 정도로 때우지만, 점심과 저녁 식사 떄는 반드시 육류와 적포도주를 곁들인다. 그리고 특이하게도 아르헨티나에서는 식당이나 음식점에 가면 언제나 식사를 할 수 있는 것이 아니라 식사 시간이 정해져 있어 그 시간에 맞추어 가야만 한다. 즉, 점심은 정오에서 오후 3시 사이, 저녁은 밤 8시 이후라야 식당문을 연다. 특히 주말에는 밤 11시에서 12시쯤이 되어야 만원이 된다. 또한 그들은 보통 한끼에 2~3시간 정도 식사를 하는데, 단순히 식사만 하는 것이 아니라, 환담도 나누고 웃고 떠들며 천천히 식사를 하기 때문이다.

식사의 첫 단계는 엔트라다 [entrada : 전채요리]를 먹으며, 이때는 대개 햄과 소 내장요리 등이 나온다. 그 다음에는 비페 데 로모(bife de lomo) 또는 비페 데 초리소(bife de choriso)란 쇠고기 스테이크가 나오는데, 우리나라와 비교하면 2~3인분에 해당하는 양이 1인분 정도이다.

이때, 취향에 맞는 엔살라다(ensalada : 야채샐러드)를 곁들여 먹게 된다.

주요리가 끝나면 후식이 나오는데 대개는 플란 (flan : 계란 노른자와 우유 및 설탕을 섞어 만든 단맛이 나는 후식의 일종)이나, 각종 아이스크림, 혹은 신선한 과일을 먹게 된다.

② 프랑스 못지 않은 포도주 생산과 소비

아르헨티나인들에게 포도주는 술이라기 보다는 육식을 할 때 곁들이는 음료 정도로 인식되어 있다. 개인에 따라 다르지만 통상 반 병(500ml) 정도는 거뜬히 비워 버린다. 아르헨티나는 포도밭이 많아 여러 가지 다양한 종류의 각종 포도주가 생산되며 국내 소비는 물론 해외에까지 수출되기도 한다. 아르헨티나의 식사 중 격식을 갖춘 정식에서는 엔트라다에서 생선요리가 나오는데 그때 비보 블랑코(vino blanco), 즉 백포도주를 들게 되는데 취향에 따라서 간혹 얼음을 넣어 마시기도 한다. 그리고, 주요리에 곁들이는 포도주로는 비노 틴토(vino tinto) 라는 적포도주를 들게 된다.

③ 전통적인 육식 문화

아르헨티나는 주식이 쇠고기인 만큼 육식이 식생활의 주를 이룬다. 아르헨티나는 다른 중남미 나라에 비해 중산층이 두터운 나라이지만 빈부의 격차가 꽤 있는 것도 사실이다. 부유층은 값이 비싼 부위의 쇠고기를 먹고, 중산층은 보다 값이 저렴한 부위를, 서민층은 정육점에서 줄을 서서 기다려 고기를 구입한다. 이렇게 육식을 즐기는 반면 생선요리는 별로 즐기지 않는다. 긴 해안선과 많은 호수, 강, 그리고 대서양을 끼고 있어 풍부한 수산 자원을 보유하고 있으나 그 소비량은 적은 편이다.

아르헨티나에서는 우리나라와는 정반대로 돼지고기가 더 비싸 값으로 보면 약 2배 정도 비싼 편이다. 따라서, 돼지고기 요리가 고급 요리에 속한다. 돼지 역시 소처럼 방목을 해서 사육하는데 주로 야산 지대에서 길러진다.

햄 등의 수요가 많은 편이어서 역시 양돈업이 성행한다. 아르헨티나의 중남부 지역에서는 양이 많이 사육되는데 이것은 기후조건과 풍토가 적합하기 때문이다. 그리고 소와 마찬가지로 완전 방목으로 사육한다. 양고기 역시 값이 저렴하여 일반인들이 즐겨 먹는다. 아르헨티나에서는 요리할 때 불에다 고기를 얹어 놓고 직접 굽기도 하지만 더욱 더 맛을 내기 위해서는 화력이 강한 나무를 태워 그 열기를 이용하여 간접적으로 요리를 한다.

④ 육식 이외 음식

아르헨티나에서는 육식 이외에도 분식을 많이 먹는다. 주로 스파게티, 마카로니, 라비올리 등 이탈리아 계통의 음식을 먹는다. 이러한 사실은 전체 인구 중 40 % 가 이탈리아계 이민자들의 후손이 차지해서 식생활에서도 이탈리아의 전통을 이어 받고 있으며, 또한 그 영향이 크다는 것을 의미한다.

❸ 아르헨티나의 대표적인 음식

(1) 아사도 콘 쿠에로(asado con cuero)

아사도 콘 쿠에로는 껍질째 구운 쇠고기를 말하는데, 가장 대표적인 아르헨티나 요리로 2 년생 송아지 한 마리를 통째로 1 시간 동안이나 준비하여 무려 5 시간 동안이나 굽는다. 이것은, 숯불에다 굽는 것이 아니라 버드나무나 케브로초 나무, 또는 알가로보 나무의 장작불에 간접적으로 굽는다. 털이 붙은 채 굽지만 나이프와 포크를 사용하면 쉽게 제거할 수 있다.

(2) 푸체로 (puchero)

푸체로는 라플라타 강 지역의 전통음식으로 아사도처럼 특히 시골에서 즐겨 먹는 요리이다. 각종 야채와 고기를 넣어 삶은 국에다 쌀 또는 국수를 넣는다. 야채는 마늘, 양파, 파슬리, 호박, 당근 등이 들어가고 가장 간단한 푸체로는 흔히 카사바 가루로 만든 토르티야와 함께 나온다.

(3) 엠파나다(empanadas)

엠파나다는 일종의 만두로 아르헨티나의 고유한 음식 중의 하나이다. 엠파나다는 북서 지방의 것이 유명하며 겉도양은 우리의 송편과 비슷하다. 대개 반달 모양을 띠고 있는데 보통 4 개 정도가 1 인분이며 지역에 따라 재료와 요리 시간에 다소 차이가 있다.

(4) 예르바 마테(yerba mate)

예르바 마테는 아르헨티나의 전통차로 대서양 동쪽의 파라과이 강 서쪽에 재배 지역이 편중되어 있어 마테차는 아르헨티나의 동북부, 파라과이 및 브라질 남부의 전통차라 할 수 있다.

마테차는 아주 독특한 방식으로 끓인다. 오목한 박에 1/2 내지 1 온스의 차에다 약간의 설탕을 넣고 뜨거운 물은 부어 은 또는 골풀로 만든 빨대를 사용해 마시는데 농도에 따라 물을 더 타서 마신다. 그런데 다른 차와는 달리 마테는 손에서 손으로 입에서 입으로 돌려가면서 마셔서 약간은 비 위생적이지만 만일 이를 마시기를 거절한다면 결례로 간주될 수도 있다.

2. 브라질

1 브라질의 자연환경

브라질은 남미는 물론 남반구 전체에서 제1의 면적을 가진 큰 나라로서 우리나라의 약 40배나 되는 면적을 가지고 있다. 북은 넓고 남은 좁은 삼각형 모양의 이 나라에는 세계 최대의 아마존 강이 흐르고 있는데, 그 광막한 유역은 무한한 가능성의 대륙임을 보여준다. 도시들은 세계 각국인이 뒤섞여 살고 있어서 인종 전시회 같다. 도시는 현대적 면모를 갖추고 있는 반면 아마존 강 상류로 올라가면 문명을 거부하는 원주민들의 원시생활이 아직도 계속되고 있다. 기후는 대체로 네 지역으로 나뉜다. 첫째, 아마조니아 계곡 지역은 브라질 전 국토의 약 40 %를 차지하는데 습지와 늪이 많기 때문에 개발이 뒤져 있어 '녹색의 지옥'이라고까지 불리며, 장마 때에는 침수되는 열대 밀림지대이다.

둘째, 동북부 지역은 천재가 잦고 한발이 극심한 지역으로서 내륙지방은 삼림이 적고 관목과 선인장만이 자라는 지대이다. 셋째, 해안지방은 브라질에서 가장 개발이 잘 된 지역으로서 리오데자네이로나 상파울로도 이 지역에 속하며 계절은 여름, 겨울토 나뉜다. 넷째, 서부 중앙 지방은 낮에는 더우나 밤에는 서늘한 대륙성 기후이다. 브라질은 세계 굴지의 농업국으로서 주요 농산물은 수출용 커피, 코코아, 목화, 오렌지, 담배, 사탕수수, 그리고 국내 공급용의 옥수수, 쌀, 밀 등이 있다. 특히, 커피는 세계 생산고의 약 50~60%를 차지하는 세계 제일의 생산국이다. 그러나 경지는 국토의 2.2%에 불과한 테 그 중 80%를 불과 2%의 대지주가 차지하고 농촌인구 81%는 땅을 못 가지고 있다. 목축은 소, 돼지 모두 세계 제3위에 해당하는 목축 국가이기도 하다.

② 브라질의 음식문화 특징

브라질은 포르투갈의 카브랄이 1500년에 발견했으며, 1822년 포르투갈로부터 독립하였다. 따라서 언어도 포르투겉어를 공용어로 사용할 뿐만 아니라 종교도 포르투갈의 영향을 받아 카톨릭을 국교토 하는 등 포르투갈의 영향을 많이 받았다.

16세기에는 넓은 사탕수수밭에 노동력이 브족하여 아프리카에서 흑인들을 노예로 데려왔다. 18세기부터는 포르투갈은 물론 독일, 이탈리아 등 유럽 국가에서 백인들이 이민을 와서 ᄃ양한 인종을 구성하고 있다. 따라서 세계 5위의 광활한 영토를 갖고 있는 브라질은 동, 서양 및 아프리카 등의 다양한 문화를 가지고 있으며 음식문화 역시 예외는 아니다.

(1) 인디오의 음식문화

인디오의 음식은 주로 브라질 오지인 북부 및 북동부 지역에서 주로 발달했다. 브라질은 '자연의 천국'이라고 불릴 만큼 풍부한 천연 자원을 가지고 있는 나라이다. 따라서 풍부한 과일이나 사냥으로 잡은 고기만으로도 그들은 먹고사는데 큰 지장이 없다. 그래서 브라질 원주민들은 곡식을 재배하거나 동물을 사육할 필요성을 별로 느끼지 못했다. 실제로 지금도 브라질의 여러 지방에서는 길가의 과일을 따서 그 즙을 마시기만 해도 훌륭한 아침 식사를 대신할 수 있다. 과일 시장에 나가 보면

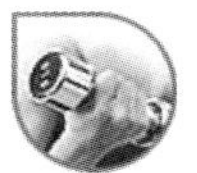

놀랄 만큼 많은 종류의 과일이 쌓여 있어 조금씩 잘라 놓은 과일들의 맛만 보아도 아침 식사로 충분하다. 이만큼 천연 자원이 많기 때문에 인디오들은 음식문화를 발달시킬 필요성을 느끼지 못해서 자연 그대로를 식품으로 대용했다. 초기에는 식물의 열매나 뿌리를 그대로 먹었는데, 식물의 열매로는 바나나, 오렌지, 파인애플 등 풍성한 열대 과일을 오늘날까지도 즐겨 먹고 있다. 그 중에서 바나나를 가장 많이 먹는데 처음에는 그대로 먹다가 차차 세월이 흐름에 따라 삶아서 먹기도 하고 구워 먹기도 한다. 바나나로 만든 요리 중에는 바나나를 말린 후 얇게 썰어서 달걀과 설탕을 넣어 삶아서 만든 파이 혹은 과자를 만들어 먹기도 한다.

식물의 뿌리를 먹는 것으로는 만디오카가 가장 유명하다. 만디오카로 가장 많이 만드는 음식으로는 만디오카가루를 생선에 묻혀 튀긴 뒤 고추기름을 발라 먹는 피렁을 꼽을 수 있다. 인디오들이 식사에서 가장 즐겨 먹는 것이 바로 이 피렁이다. 인디오들은 사냥하여 잡은 고기나 강에서 잡은 물고기를 꼬챙이에 구워 먹는다. 수프는 양파, 마늘, 상추, 서양미나리 등으로 만든다. 그들이 사용하는 양념은 소금, 올리브, 고추, 후추, 계피 등이 있다.

(2) 흑인의 음식문화

16세기 초부터 브라질은 사탕수수밭에서 일할 노동력이 부족하자 아프리카의 세네갈, 가봉, 모잠비크 등지에서 흑인들을 데려오기 시작했다. 흑인 음식의 가장 큰 특징은 소금과 마늘을 많이 사용하는 것이다. 소금은 더운 지역에서 힘든 일을 할 때 땀을 흘리게 되므로 염분을 보충하기 위해서 필요했고, 마늘은 열병으로 죽는 많은 사람들의 열병을 막아주는 역할을 한다고 믿어졌기 때문에 많이 사용했다. 흑인들이 아프리카에서 직접 가져온 식물인 '덴데(dende)'는 야자수의 일종으로 그 열매에서 기름을 짜서 음식을 튀길 때 사용한다. 덴데 기름은 끓이기 전까지는 아무 맛이 나지 않지만 음식을 튀기면 독특한 맛과 향을 내준다. 또한 풍부한 지방분을 함유하고 있어 노동을 많이 하는 아프리카에서 온 노예들에게는 매우 귀중한 식품이다.

흑인음식 중 가장 대표적인 것으로 '쿠스쿠스 (cuscuz)'와 '페이조아다(feijoada)'를 들 수 있다. '쿠스쿠스'는 아프리카의 이집트와 모로코에서 즐겨 먹는 음식으로 밀가루나 보릿가루로 만들어 먹었다. 그러나 브라질에서는 옥수수를 찧어 가루를 내어 반죽한 후 소금을 친 다음 삶아서 야자수 기름을 발라 먹는다. 옛날에는 흑인 노예들이 주로 가정에서 만들어 먹었지만 지금은 브라질 빵 공장에서 대량으로 만드는 인기있는 브라질의 서민적인 음식이다. 아침 식사에 커피나 우유와 함께 들기도 하고 가벼운 저녁 식사에도 많이 먹는다.

'페이조아다'는 페이존이라고 하는 콩에 고기를 넣어 요리한 것이다. 지역에 따라 조금씩 다르지만 가장 대표적인 것은 페이존 프레트라고 하는 한국의 팥보다 약간 큰 까만 콩으로 만든다. 이 요리는 보통 토요일의 점심으로 먹는데, 콩을 목요일 밤부터 물에 담가 불린다. 그것을 다음날 하루종일 큰 남비에 삶는 도중에 소와 돼지의 뼈가 붙은 고기, 카르네세카(소금에 절인 고기), 링기사(살코기 순대), 베이컨, 기타 기호에 따라 돼지의 코와 귀까지 넣는다. 하루종일 약한 불에 얹어놓으면, 육류는 흐물흐물해질 정도로 부드럽게 되고, 소금에 절인 고기에서는 적당한 소금맛이 우러나며, 전체에 기름이 베어 들어가 반질반질한 요리가 된다. 굵은 파와 같은 아료포로도 큼직큼직하게 썰어 넣는다. 마지막 손질은 마늘이다. 프라이팬에 기름을 끓이다가 마늘을 대량으로 노릇노릇하게 튀기고, 거기에 페이조아다를 넣는다. 형체가 남아 있는 콩은 그 때에 될 수 있는 대로 포크 같은 것으로 이긴다. 그것을 한 사람분씩 질그릇 냄비에 담고 끓여서 낸다.

(3) 백인의 음식문화

브라질은 포르투갈인은 물론 이탈리아, 독일 등 유럽의 백인들이 많이 이민을 왔기 때문에 유럽의 영향을 많이 받았다. 특히, 북부지방과 남부지방은 매우 대조적이다. 북부지방은 주로 원주민이나 흑인들의 영향을 받아 비교적 브라질 고유의 문화를 지니고 있는 반면, 남부지방은 유럽 문화를 옮겨다 놓은 듯 유럽과 흡사하다. 이탈리아인들이 많은 지역에서는 이탈리아 문화가 이식되어 스파게티 같은 음식이 정착되었으며 독일인들이 많은 지역에서는 독일 문화가 그대로 이식되어 낙농업을 이용한 버터나 치즈 같은 음식이 발달했다. 그들도 육류를 먹을 때는 적포도주, 생선류를 먹을 때는 백포도주를 마신다.

백인의 음식 중 대표적인 것으로 대구요리를 들 수 있다. 대구요리는 포르투갈의 가장 전통적인 요리로, 포르투갈인들이 많이 사는 상파울로나 리우데자네이로의 유명한 대구요리로는 '해산물 대구 요리'와 '달걀 감자 대구요리'를 들 수 있다.

3 브라질 음식의 지역별 특징

(1) 상파울로(São Paulo)

상파울로는 '사도 바울'이라는 뜻을 가진 도시로 커피 농장을 중심으로 크게 발전했다. 포르투갈, 이탈리아, 독일 등 유럽에서 이민 온 백인들은 물론이고, 아프리카인, 동양의 한국, 일본, 중국인들이 각기 자기 나라의 타운을 형성하고 있다. 그래서 세계 각국에서 많은 사람들이 모여 있는 '세계 인종 시장'이라고 말할 수 있는 도시이다. 따라서 음식문화도 다양하다. 상파울로에는 엥파다(empada), 호박파이 및 브라질식 칠면조요리 등 브라질 전통 음식이 있다.

엥파다는 브라질 사람들이 가장 즐겨 먹는 파이의 일종으로 밀가루를 반죽하여 익힌 다음 토마토, 야자수 열매, 양파, 파슬리, 올리브 등을 넣어 쪄서 만든다. 호박파이는 밀가루를 반죽하여 얇게 썬 호박, 양파, 마늘, 올리브유를 넣어 만든 파이의 일종이다. 브라질에서 가장 대표적인 파이로는 엥파다와 호박파이를 들 수 있다. 또 상파울로 시의 대표적인 음식 중의 하나인 브라질식 칠면조요리는 칠면조를 자르거나 통째로 굽기도 하고 찜통에 쪄서 만들기도 한다. 칠면조에 양파, 마늘, 당근, 월계수 잎, 말린 후추 열매, 파슬리 등을 넣고 찜통에 찐 후 마늘, 올리브유, 백포도주, 카샤카(cachaca)를 넣어서 요리한다. 칠면조요리는 미국의 개척자들이 메이플라워호를 타고 미국에 건너가 추수감사절 때 하는 요리로 유명하나 브라질에서는 추수감사절 때가 아니더라도 자주 해 먹는다.

(2) 리오데자네이로(Rio de Janeiro)

리오데자네이로시에는 대구 볼요리, 야자수 잎을 넣어 만든 새우요리를 대표적인 음식으로 꼽을 수 있다. 대구 볼요리는 대구를 삶아 으깨서, 감자와 양파, 마늘 등 양념을 섞은 후 삶아 으깬 감자와 밀가루를 뿌려 섞는다. 그 후 달걀 흰자를 간을 맞춰 거품을 낸 후 저어서 반죽한 뒤 호두만한 크기의 덩어리로 만든다. 그 덩어리에 빵가루를 살짝 묻혀 랩으로 싸서 냉장고에 1시간 이상 넣어 두었다가 꺼낸 후 끓는 기름에 대구 볼을 넣어 노릇노릇해지면 꺼낸다.

야자수 잎을 넣어 만든 새우요리는 새우에 양파, 마늘, 당근, 월계수 잎 등을 넣고 물을 부어 낮은 온도로 40여분 간 끓여 새우 국물을 만든다. 새우 국물에 밀가루를 넣고 계속 저으면서 노릇노릇해질 때까지 익힌다. 야자수 열매를 넣고 고추, 파슬리, 부추 등을 잘게 썰어 넣고 저어서 만든다. 이 요리는 쌀밥과 함께 먹는다.

(3) 바이아(Bahia)

바이아주에는 포르투세구루 항구가 있다. 이곳은 브라질을 발견한 카브랄이 처음 도착한 곳이다. 이곳은 일찍부터 포르투갈 사람들이 진출하여 광활한 지역에 걸쳐 사탕수수를 재배했다. 따라서 넓은 사탕수수밭에서 일할 노동력이 부족하자 아프리카에서 흑인들을 데려와 노예로 부렸다. 이곳의 음식문화는 다른 지역과는 다르게 아프리카 흑인들의 영향을 많이 받았다. 또한 사탕수수밭 농장 주인 아들인 백인, 브라질 원주민, 아프리카에서 온 흑인이 모두 이 지역에서 살게 되어 포르투갈, 브라질, 아프리카의 음식문화가 함께 발달했다. 바이아 주는 넓은 초원에서 방목하는 많은 짐승들에게서 나오는 풍부한 육류, 초원에서 나오는 각종 채소와 과일 등으로 맛있고 향기로운 음식문화가 잘 발달되었다.

바이아 주를 대표할 만한 음식으로는 '아카라제(acarajé)'를 꼽을 수 있다.

아카라제는 콩을 물에 불렸다가 껍질을 벗긴 후 양파를 넣고 분쇄기로 갈아 묽은 반죽을 만든다. 소금과 후추 등을 넣어 간을 맞춘 후 프라이팬에 덴데 기름을 넣어 살짝 구워 타원형으로 만들어 놓는다. 그 위에 말린 새우를 놓고 콩과 양파를 섞어 만든 묽은 즙으로 새우를 살짝 덮는다. 아카라제는 바이아 사람들이 가장 즐겨 먹는 케이크의 일종이다.

(4) 아마조나스(Amazonas)

아마존 지역은 세계 산소 공급량의 1/3을 감당할 만큼 밀림이 울창하다. 과일이 풍부하며 아마존 강을 중심으로 수산물이 풍부하여 과일로 만든 요리와 생선요리가 발달되어 있다. 이곳은 백인들의 침입을 피해 여러 종족의 원주민이 살고 있는 지역으로 브라질 원주민 음식문화가 비교적 잘 보전된 지역이라 말할 수 있다. 아마존 지역의 대표적인 음식으로 '파투 누 투쿠피(pato no tucupi)'가 있다. 투쿠피는 카사바 나무에서 추출한 즙으로 이 즙에는 독이 있으므로 독을 제거하기 위해선 끓여야 한다. 투쿠피 즙을 끓여 즙을 제거한 후 그 물에 오리고기를 넣고 올리브유, 마늘, 소금, 후추, 월계수 잎 등을 넣고 푹 삶으면 훌륭한 파투 누 투쿠피 요리가 된다. 이 요리는 옹기 그릇에 담아야 제맛이 난다.

부리티(buriti)는 아마존 유역에 있는 여러 종류의 야자수 중 가장 아름다운 것으로 우아하고 옻칠한 듯한 빛깔을 지녔으며, 부채 모양의 껍질이 자두 크기 만한 열매를 덮고 있다. 아마존 사람들은 이 부리티 나무의 열매에서 나오는 기름으로 요리도 하고 이 열매의 즙을 발효시켜 만든 술과 이 열매로 만든 달콤한 사탕으로 정찬을 즐긴다.

(5) 미나스제라이스 (Minas Gerais)

'모든 광물'이라는 뜻을 가진 미나스제라이스는 주 이름이 말해 주듯이 광물이 풍부한 지역이다. 일찍이 포르투갈 사람들이 브라질을 개척할 때 반데이란치스(bandeiranres)라 불리는 개척단들이 들어가서 금과 다이아몬드 등을 채광했다. 그 영향으로 이곳은 포르투갈인들의 영향을 많이 받았다. 이곳은 포르투갈인들과 브라질인들의 음식문화가 어우러져 발달했다. 미나스제라이스 주는 광산 못지 않게 넓은 초원과 목축업이 발달했다. 그 영향으로 육류 요리 야채 요리가 함께 발달할 수 있었다. 대표적인 요리로서 '키아부 닭고기 요리'를 들 수 있다.

키아부 닭고기 요리는 닭고기를 잘 씻어서 조각낸 후 마늘, 소금, 후추에 버무려 1시간 정도 냉장시킨 후 프라이팬에 올리브유를 넣고 닭고기를 튀겨 낸다. 튀긴 닭고기에 양파와 소스를 넣고 익힌 후 프라이팬에 기름을 붓고 키아부를 잘라 넣고 저어준다. 키아부에서 점액이 나오게 되는데 좀더 저으면 이 점액은 프라이팬에 달라붙고 키아부는 오돌도돌하게 된다. 이것을 꺼내 잘게 잘라서 먼저 튀긴 닭고기 요리에 넣고 소금과 후추로 간을 맞추면 훌륭한 키아부 닭고기 요리가 된다.

3. 페 루

1 페루의 자연환경

페루(Peru)는 남아메리카의 중부 태평양 연안에 있는 나라이다. 잉카의 옛땅인 페루는 스페인 식민지 시대에 남아메리카 대륙의 정치, 경제, 문화의 중심지를 이루어 번영을 누렸으나, 독립 후 정치적인 불안이 계속되고 있다. 페루는 열대권과 아열대권에 속하지만 태평양연안을 따라 북서쪽에서 남동쪽으로 달리는 5,000 Km 이상의 안데스산맥이 이 나라를 3개의 지역으로 갈라놓고 있으며 이들 지역은 각각 현저한 특징을 나타내고 있다. 해안지방(코스타)은 태평양연안에 있는 너비 40~80 Km, 길이 2,200 Km의 좁고 긴 저지이며, 훔볼트 해류의 영향으로 여름에도 더위가 심하지 않다. 남위 12°에 위치한 수도 리마의 기온은 13~30°로 견디기 쉽다. 대부분의 지역이 습도가 낮은 사막지대이지만 안데스산맥에서 흘러내리는 다수의 짧은 하천을 따라 오아시스가 점재(點在)하며 목화, 사탕수수, 삼(麻)이 산출된다. 북부에는 유전, 부근 섬에는 구아노(鳥糞石)산지가 있으며 생산, 경제의 중심지를 이루고 있다. 산악지대(시애라)는 동부, 서부 양 안데스의 중간에 있으며 그 너비는 300~400 Km, 표고 4,000 m의 고지이다. 와스카란산(6,768)을

최고봉으로 안데스의 빙하지대에서 온난한 기후대까지가 이 지역에 포함되며, 남쪽 볼리비아와의 경계에는 세계에서 가장 높은 곳에 위치한 호수인 티티카카호(수면높이 3,810 m, 표면적 8,135 Km²)가 있다. 여러 종류의 광물자원이 풍부하며, 약 600 만 가까운 인디오계 주민은 라마, 양, 알파카를 사육하면서 근근히 자급농업을 영위하고 있다. 삼림지대(몬타나)는 우카얄리강을 비롯한 많은 아마존 지류에 의해 이루어진 평지로 국토의 2 분의 1 을 차지한다. 잠재적 경제력은 크지만 열대성 정글로 덮여 있고, 이 지역의 인구는 총인구의 14 %가 채 못 되어 개발이 아직 안 되어 있다. 전국적으로 1 년은 우기와 건기로 나누어진다.

2 페루 음식문화의 특징

페루하면 누구나 잉카 제국을 연상하게 된다. 13 세기에 쿠스크를 거점으로 하는 잉카가 대두하여 안데스 일대에 대제국을 형성하였다. 그러나 1532 년 잉카 제국은 스페인 군의 침입에 의해 멸망하고 그 뒤로 300 년간 중남미의 다른 여러 나라와 함께 스페인의 식민지통치를 겪었다. 현대의 페루는 잉카 제국의 전통을 이어받고 또 오랜 식민지 통치를 통하여 스페인의 영향도 많이 받았다.

(1) 잉카족의 식생활

페루의 주민들이 먹는 음식은 주로 채식이지만 좁고 긴 해안선을 따라 있는 지역적 특성으로 물고기가 풍부하였고 때로는 공동으로 사냥을 하기도 했다. 기니아피그도 또한 거의 모든 가정에서 사육되었다. 잉카족은 개를 먹는 것을 인가하지 않았으나 일부에서는 식용하기도 하였다. 잉카족의 식사는 주로 옥수수와 감자, 호박, 콩, 마니악과 고구마, 땅콩, 토마토, 아보카도 등으로 이루어져 있었다. 옥수수는 페루 저지대의 주식으로, 말린 낟알을 갈은 다음 그 가루를 가지고 죽을 끓여서 먹었다. 반면 고지대에서는 옥수수 대신 감자나 오카(oca), 퀴노카(quinoca), 또는 다른 괴경작물들이 재배되었다.

스페인이 잉카족을 멸망시키고 식민지화 하면서 페루에는 스페인의 음식문화가 전달되었고 스페인은 페루의 감자, 땅콩 등을 외부에 전파하는 역할을 하였다.

(2) 페루 고지대의 식생활

고지대에 사는 사람들 중에서 가장 독특한 식생활을 하고 있는 사람들은 안데스산맥에 살고 있는 인디오 케추아족이다.

그들의 주식은 감자인데 1,000m가 넘는 산에 300종이 넘는 각종 감자를 심으며 수확한 감자의 일부를 밖에 내다 얼린다. 낮과 밤의 온도차가 심하여 감자가 밤사이에 얼었다 다음날 낮에 녹게 되면 그 감자를 밟아 감자 속에 있는 물은 뺀다. 이것을 반복하면 감자에 있는 수분이 분리되어 나가고 감자는 건조된다. 이렇게 건조된 감자는 추누(chuñu)라고 알려져 있는데 고지대의 주민들에서는 가장 중요한 식량이다. 그들은 감자와 옥수수 등을 함께 추누로 만든 수프를 거의 매일 먹으며 특별한 날에는 거기에 라마, 면양 및 돼지고기를 넣어 삶아 먹는다. 손님이 오면 우리가 닭을 키우듯이 키우고 있는 설치과의 모르모트를 잡아 기름에 튀겨 내는 꾸이(cuy)라는 요리를 별식으로 제공한다.

또, 이보다 약간 저지대에서는 감자 뿐만 아니라 고구마와 맛데라(칸나의 일종) 등도 이용한다. 옥수수도 품종이 많아 색깔 및 크기가 여러 가지이다. 단백질은 고기 뿐만 아니라 콩과 땅콩으로부터 얻으며 더 아래로 내려가면 호박 등도 이용한다.

(3) 페루 해안지방의 식생활

페루의 일부 해안지방에서는 한꺼번에 많이 잡힌 물고기를 싱싱하게 저장하기 위해서 파도 끝과 해변 모래사장 사이 경계선에 구덩이를 파고 고기를 그 속에 넣은 후 모래를 덮는 방식의 특수한 고기저장 방식을 이용하여 4~7일 동안 생선을 저장하기도 한다. 이것은 파도가 계속적으로 밀려와 모래에 수분을 공급하고 더운 태양에 비친 모래사장의 수분이 증발할 때 증발열을 뺏아가 다른 곳보다 그 부분이 훨씬 온도가 낮아지는 원리를 이용하는 것이다. 특색 있는 요리로는, 쎄네체(ceviche)란 회요리 있고, 낙지, 새우, 오징어, 조개 등을 올리브 기름과 향신료인 타메릭(Turmeric)을 넣고 쪄낸 피칸테 데 마리스코(Picante de Mariscos), 생선요리인 아로스 코 마리스코(Arroz con Mariscos) 등이 있다.

4. 미국

1 미국의 자연환경

1492년 콜럼버스가 신대륙을 발견한 이래, 유럽 강대국들의 식민지였던 미국은 1776년 7월 4일 독립선언을 하고 13개 식민지를 주(州)로 하는 미합중국을 탄생시켰다. 현재는 본토의 48주에 알래스카 및 하와이를 합친 50주, 그리고 콜롬비아 특별구(수도 워싱턴)로 이루어진, 세계에서 가장 큰 영향력을 행사하는 연방공화국이다. 이외에도 자치령으로 푸에르토리코, 버니 제도, 태평양의 여러 섬들이 있다.

본토의 기후는 서경 100°부근을 경계로 하여 습윤한 동부와 건조한 서부로 크게 나누어 진다. 북동부는 대륙성 기후, 남동부는 온대 및 아열대 기후, 그리고 캘리포니아 지역은 지중해성 기후 및 사막 기후이다. 정치·경제·과학 등 여러 방면에서 세계 최강대국인 미국은 한반도의 42배나 되는 국토에서 공급하는 풍부한 농·축·수산물, 세계에서 가장 발달한 식품가공·포장기술, 마케팅 및 유통체계로 인해 식생활이 풍요롭고 간편하다. 그 외에도 풍부한 농산물, 그리고 합리적으로 가공·저장·수송하게 된 공업력, 경제발전으로 인한 구매력 등이 현재 미국 식생활 문화의 기초를 이룬다. 세계 각 지역에서 이주해온 사람들로 인구는 2억 7천만 명에 이르고, 백인(83%), 흑인(12%), 인디언과 동양계(5%)로 이루어져 있다. 국민의 32%가 기독교, 22%가 로마가톨릭교, 그리고 2%가 유대교를 믿고 있는데, 식생활에 종교적인 영향은 크지 않다.

2 미국 음식문화의 특징

개척 초기 미국의 음식문화는 원래 이곳에 바탕을 두었던 원주민과 스페인·프랑스의 영향을 받았다. 그 후 세계의 강자로 부상한 영국의 음식문화가 미국 음식문화의 기초가 되었고, 여기에 중국·일본·태국·한국의 음식문화가 섞여 다민족의 음식문화가 모두 존재하면서 혼합되어 있다. 식량자원이 풍부하고 식품의 생산·가공·유통의 발달로 식생활에서는 너무나도 풍요로운 미국이지만 특징적인 음식은 많지 않다. 그러면서도 현대음식은 곧 미국음식이라 할 정도로 전 세계의 음식문화를 소화하여 새로운 음식문화를 만들어내는 곳 또한 미국이라고 할 수 있다.

이민 초기의 음식은 원주민과 서유럽인들이 즐겨먹던 조개차우더, 옥수수 수프, 보스턴 포크빈스, 잉글랜드 보인드 디너, 치킨 아라킹, 버지니아 스파이스드 햄, 호박파이 등이다. 1890년경에 미국식 음식으로 주스와 샐러드가 출현하였고, 제1차 세계대전을 계기로 발달한 통조림 및 기타 가공식품공업이 일반화되면서 간편하게 먹을 수 있는 다양한 가공식품도 늘어났다. 한편, 제2차 세계대전 후 옥수수를 원료로 한 새로운 감미료인 고과당의 개발로 미국의 감미료 소비형태가 급변했다. 최근에는 건강에 대한 관심이 높아지면서 콩제품의 소비가 늘어나고 있다. 미국 음식문화의 일반적인 특징은 다음과 같다.

• 육류 위주의 식생활을 한다. : 동물성 지방의 섭취가 많아 심혈관 질환으로 고생하는 사람이 많다.

• 먹는 양이 많고, 단맛이 강한 후식과 음료를 좋아한다. : 열량섭취가 많아 극도로 비만인 사람이 급속히 증가하고 있어 국가적으로 식생활 개선에 신경을 쓰고 있다.

• 전 세계의 음식과 퓨전음식을 먹는다. : 다민족국가이기 때문에 거의 전 세계의 음식이 한 곳에 모여 있고, 여러 음식문화를 혼합한 음식이 많다.

• 간편한 식사를 지향한다. : 일에 중점을 두고 생활하기 때문에 간편하게 먹을 수 있는 즉석식품·일품요리·통즈림을 많이 먹는다.

• 실용성을 중요시한다. : 식생활에 소비하는 비용·시간·노력을 절약하기 위해 냉동식품·반조리식품을 많이 먹고 외식을 즐긴다.

• 최근에는 능률과 건강을 고려한 건강식을 먹으려고 노력한다. : 저

열량·저염·저콜레스테롤 식품을 섭취하기 위해 동양의 식생활에 관심이 많고, 쌀·두부·채소 등의 섭취가 증가하고 있다.

· 능률과 합리성이 식문화의 상징일 만큼 쫓기는 사회에서도 파티를 통해 인간관계를 쌓으려고 노력한다.

❸ 미국음식의 지역별 특징

미국은 북동부·중서부·남동부·서해안·남서부 등의 5개 지역으로 나뉜다. 그렇지만 편의상 동부·서부·남부로 나누어서 그 지역의 생산물과 식생활을 알아보기로 한다.

(1) 동부지역

동부지역은 미국의 정치·경제·사회·문화 전반에 걸쳐서 큰 영향을 미치는 미국의 두뇌와 심장부로서 미국은 물론 전 세계를 이끌어가는 중심지이다. 뉴욕·보스턴·필라델피아·워싱턴·시카고 등 대도시가 밀집되어 있어 인구 밀집지대를 이룬다. 기후는 대륙성 기후의 성격이 짙게 나타난다. 동부지역에서는 지역 특산물인 블루베리(blue berry), 칠면조, 옥수수, 감자, 토마토, 돼지감자, 고추, 오크라 등을 이용한 음식이 전통음식의 주를 이룬다. 특히 버몬트주는 미국의 50개 주 중에서 인구가 가장 적고 전원적인 모습을 많이 간직한 지역이며, 메이플시럽과 호박으로 유명하다.

(2) 서부지역

서부는 높고 험한 로키·시에라네바다 등의 큰 산맥이 뻗어 있고, 그 사이에 많은 고원과 분지가 있다. 서쪽으로 갈수록 농사짓기에 적합한 토지가 드물고 비가 적어 초지와 목장이 발달했고 소와 말을 방목한다. 콜로라도·덴버·애리조나와 같이 관개가 잘된 지역에서는 과일·채소·면화를 많이 생산한다. 캘리포니아는 겨울에 비가 많이 오고 여름에 비가 적은 고온건조한 기후지역이어서 토마토, 샐러드용 채소, 사탕수수, 딸기를 대량 생산한다. 특히 포도 생산량은 세계 제일이어서 포도주를 많이 생산한다. 하와이에서는 세계 파인애플의 40%를 생산하며, 그 밖의 열대성 과일도 풍부하다.

(3) 남부지역

남부지역은 습기가 많은 아열대지방으로 농업은 대농장제도에 그 뿌리를 두고 있다. 채소와 과일의 경작이 활발하고 가축도 사육하고 있다. 남부는 미국에서 음식문화가 가장 급속히 발전하는 지역이다. 멕시코와 흑인의 요리가 섞인 아열대 남부의 요리는 지방색이 풍부하고 종류도 많고 맛도 있다.

4 미국의 식사예절

미국의 식사예절은 서유럽 국가의 식사예절에 바탕을 두고 있는데 특히 영국식 식사예절과 비슷하다. 하지만 미국은 식생활 속에서도 간편함·합리성·능률·자유로움을 추구하기 때문에, 영국의 식사예절보다는 편안하다.

미국에서는 스테이크를 먹을 때 포크는 왼손, 나이프는 오른손에 잡고 고기를 자르며, 왼손의 포크를 오른손으로 옮겨서 잘라진 고기를 포크로 먹을 수 있다.

5. 캐나다

1 캐나다의 자연환경

캐나다는 한반도의 45배나 되는 땅을 가진 나라이지만, 사람이 살 수 있는 지역은 미국 국경을 따라 약 300 Km에 남북동서에 띠모양으로 뻗어 있는 지역으로 극히 한정되어 있다. 이곳에는 주로 광활한 농토와 도시가 들어서 있고, 농지는 정사각형으로 잘 정리되어 있다. 세계에서 두 번째로 큰 면적을 자랑하는 자연의 나라로 북아메리카 면적의 1/3에 이르며, 인구는 우리나라의 1/2밖에 되지 않는 국가이다.

고집스런 프랑스계와 명예를 존중하는 영국계, 자유로움을 추구하는

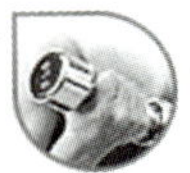

미국계가 삼색의 미묘한 조화를 이루어 발전하고 있다. 국토가 넓어 지역마다 기온 차가 심한 편이다. 높은 위도 탓에 겨울에는 추위가 심한 편이지만 서부 태평양 연안은 해류의 영향으로 기후가 따뜻하고 비가 많이 와서 캐나다의 위상을 상징하듯 뻗어나는 침엽수로 가득하다. 다민족국가로 각 민족들이 독자적인 언어와 문화권을 지켜가고 있다. 전체 인구의 약 70%를 영국계와 프랑스계가 차지하고 있다. 공식언어는 영어와 프랑스어이지만, 캐나다 정부의 이민장려정책으로 복잡한 언어 문제가 발생하였다. 프랑스계로 이루어진 퀘백주를 제외한 모든 지역은 주민의 81%가 공용어로 영어를 쓰고 있으며, 몇몇 소수 민족들은 제 2언어를 사용한다. 종교는 로마가톨릭교와 영국의 프로테스탄트교가 주종을 이룬다.

② 캐나다 음식문화의 특징

• 캐나다는 영국과 프랑스의 문화가 공존하는 곳으로서 미국보다는 유럽에 가까운 정취를 갖추고 있다.

• 세계적 농업국이며 임업국으로서 식품재료도 풍부하다.

• 고급의 해산물이 풍부하고 프랑스의 음식문화가 있지만 아직도 내세울 만한 음식이 별로 없다.

신생국으로서 별다른 음식이 없지만 레스토랑에서의 음식의 양은 풍부해서 우리의 양을 기준으로 했을 때 2인분 정도 양의 음식이 나온다.

• 다양한 원주민의 토속음식이 있다.

버팔로 버거, 사슴고기 스튜, 신선한 딸기 드링크, 세 자매라고 불리는 콩, 옥수수, 호박 수프 같은 것이 있다.

• 목축업과 낙농업이 발달하여 맛있는 비프스테이크와 질 높은 우유와 유제품이 풍부하다.

• 캐나다의 농식품 산업은 풍부한 종류의 질 높은 음식문화를 창조해 내고 있다.

③ 캐나다의 식사예절

• 캐나다는 미국과 비슷한 생활 습관을 보여주나 세세한 부분에서는 차이가 있다.

식사예법에서도 미국이나 캐나다가 모두 유럽의 식사예절을 기본으로 하고 있으나 미국은 능률과 합리성을 지향하고 있는 반면 캐나다는 영국의 문화를 자랑하고 식탁에서 보다 공손하고 점잖은 것이 다르다.

• 음식을 먹으면서 큰소리로 말하는 것과 입을 벌리고 음식을 먹는 것을 무례한 행동으로 여긴다.

가공식품과 식생활

1. 가공식품의 의의

「조리(調理)」란 음식물의 원료가 되는 재료에서 먹기 직전까지의 음식물에 대한 처리의 전과정을 일컫는다. 일부의 채소나 과일 등은 그림 4-1처럼 그대로 직접 먹을 수 있기 때문에 조리과정이 거의 필요하지 않지만 '가열(加熱)'이라 하는 조리기술을 활용해 온 인간은 음식물의 범위를 크게 확대시켜 왔다. 곡류를 음식물의 재료로 이용할 경우는 탈곡과 제분의 기술처리가 조리의 첫 단계에서 행해지지만 이 기술은 '다루는 법'을 아는 전문인의 손에 의해 처리되는 과정이므로 이때는 '조리'라 하지 않고 '가공(加工)'이라 한다.

밀을 주로 재배하는 지역에서는 제분·제빵이 독립된 전문적인 가공업으로 일찍이 발전되었지만 쌀의 경우는 탈곡이 쉽기 때문에 정미(精米)가 가공업으로 된 것은 훨씬 나중의 일이었다. 우리나라 등의 동아시아에서 「장(醬)」으로 대표되는 조미료의 제조와 전통적인 술빚기 과정 등도 '조리'라는 말보다 '가공'이라고 표현하는 것이 더 적합하다.

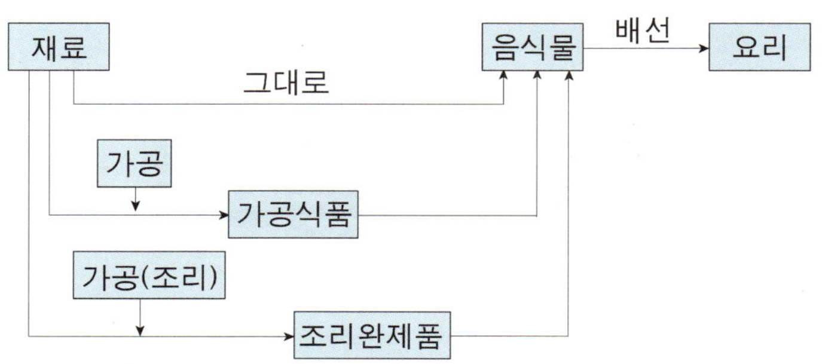

그림 4-1 음식물의 조리와 가공

제 2 차 세계대전의 종료 후 우리나라 등의 여러 나라들은 먹거리 재료의 부족에 직면하게 되자 일찍이 미활용 자원의 자원화를 위해 여러 가지 활용법을 모색하게 되었다. 그 당시 식품재료 영역의 확대와 저장 보존이 오래되는 가공기술의 개발을 먹거리의 증대를 위해 무엇보다 전력을 기울여야 할 중요한 과제였다. 이후 가공기술의 눈부신 발달로 먹거리의 종류와 공급이 원활하게 된 후에도 소비자의 끊임없는 욕구 심리에 맞추어 가공기술의 개발은 더욱 박차를 가하여 오늘에 이르고 있다. 이러한 진보적인 가공기술에 영향을 미친 소비자의 잠재적 욕구는 간편지향, 경제지향, 맛난맛지향, 레저지향, 건강지향, 안전지향, 개인식지향, 외식지향, 탈문화지향 등의 욕구가 과학기술의 발달과 접목된 결과라고 할 수 있다. 이 중 가장 중시되는 욕구는 안전지향이지만 가사노동의 편리성을 추구하는 소비자의 욕구와 더불어 무엇보다 인류의 전쟁역사는 식품가공의 간편성을 지향하게 한 강력한 원동력이 되었다. 특히 제 1 차 세계대전과 통조림식품, 제 2 차 세계대전과 고형 수프(Soup) 그리고 군수용으로 개발된 레토르트(Retort)식품 등이 그 대표적인 예이다. 따라서 고도의 기술이 배경이 되어 대량생산되고 있는 각종 인스턴트 식품이나 레토르트식품, 냉동조리식품 등의 가공식품의 개발 및 활용은 인류의 음식문화의 역사 중에서 가장 획기적인 문화산물이다.

또한 가공식품 영역에서 빼 놓을 수 없는 부분은 「포장」의 역할로서, 포장 때문에 가공식품이 팔리고 있다 해도 과언이 아닐 정도로 오늘날의 포장 기술은 가공식품의 활용범위를 확대시킨 가장 중요한 인자 중의 하나이다. 옛날의 포장의 역할은 운반을 편리하게 하는 것 뿐이었으나, 오늘날 가공식품의 생산증대와 장거리 수송량의 증대에 따라 식품포장의 최대 목적은 오염방지 등 내용물의 안전성을 확보하는 것이 되었다. 뿐만 아니라 포장에 명시되는 제품에 대한 내용정보와 유통기한, 생산자에 대한 모든 정보 등이 식품위생법 등으로 규정되어 있어 식품 내용 만큼이나 중요한 역할로 인식된다. 따라서 지금까지 포장하지 않고 판매되었던 채소류와 육류 등의 신선식품의 영역까지도 서서히 포장제품이 등장하여서 다른 제품과의 차별화를 꾀하는 등 판매전략의 하나로도 포장이 이용되고 있다.

2. 식생활의 가공식품화

식문화의 역사에 있어서 가공식품의 가정 나의 도입, 정착은 매우 중요한 역할을 하고 있다. 가공식품은 계절에 관계없이 연중 구입이 가능하고 보존기간의 연장, 조리시간 절약 및 간편성 등으로 복잡하고 바쁜 현대 생활에 융통성을 주었으며 가공에 의한 맛과 향기로 인해 보다 기호성이 높은 식품의 생산이 가능해짐으로서 식품 선택의 폭을 한층 넓게 하였다. 또 가공식품의 생산 확대는 외식산업의 성장을 촉진하여 우리의 식생활에 다양한 변화를 가져 왔으며 완제품(ready-to-eat) 형태의 가공식품은 가정 내의 음식조리 문화를 쇠퇴시키는 결과를 가져오기도 하였다.

　1960년대를 분기점으로 경제 발전에 따른 도시인구의 급증, 엥겔계수의 저하, 핵가족화, 여성의 사회참여 확대 등 사회 구조 변화에 의하여 소비하는 식품의 형태가 천연식품에서 가공식품(processed food)으로 점차 변화하였다. 1960년대에는 제과, 제빵, 제면공업이 활기를 띄었고, 70년대에 들어와서 유(乳)가공과 청량음료 가공이, 1980년대에는 가공기술 도입의 자유화와 함께 가공식품의 고급화와 다양화가 이루어졌다.

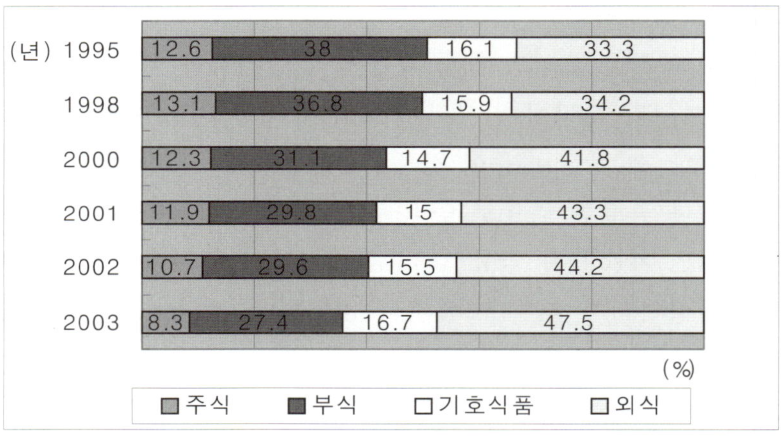

그림 4-2 식료품 종류별 구성비 추이

통계청 : 도시가계연보

　통계청의 자료(그림 4-2)에서 보는 바와 같이 우리나라 식료품비를 주식, 부식, 기호 식품, 외식으로 구분하여 보면 주식과 부식의 비중이 1995년 12.6%, 38%에서 2003년에는 8.3%, 27.4%로 감소하였으며, 기호 식품의 비중은 1995년 16.1%, 2003년 16.7%로 큰 변화가 없었다. 그러나 외식의 비중은 1995년에는 33.3%에서 2003년 47.5%로 크게 증가한 것으로 나타났다. 이렇게 외식의 비중이 높아짐에 따라 가정 내에서의 식사 비중은 상대적으로 감소하여 2000년대에 들어서 전체 식비 중 주식으로 이용되는 곡류 가공품의 비율도 감소하고, 부식으로 이용되는 육류, 어개류 가공품의 비율 또한 감소한 것으로 나타났다(표 4-1). 그러나 유가공품이 1999년에 급격히 증가한 것은 유가공품 중 요구르트 항목이 추가되어 그 소비율이 증가한 것으로 나타났다.

우리나라 전 가구당 전체 식비 중 가공품비가 감소하는 이유는 많은 비중(47%)을 차지하는 외식에서의 가공품 비율이 포함되어 있지 않기 때문이며, 만약 외식에서의 가공품비를 포함한다면 크게 증가할 것으로 본다.

학생들의 학교급식이 완전하게 보편화되어 가정에서의 도시락 준비가 불필요하게 되었고, 과거의 소금에 절이거나 말린 식품처럼 보존성에 중점을 둔 가공품이 아닌 take-out식품, 김밥, 샌드위치 등 간편성을 지향하는 음식으로 그 중심이 옮겨가고 있다.

표 4-1 우리나라 전 가구당 전체 식비 중 가공품비가 차지하는 비율

단위 : %

가공품 종류 \ 연도	1996	1999	2003
곡류 가공품	11.9	12.9	8.7
육류 가공품	1.8	1.9	1.2
유류 가공품	0.5	1.4	1.3
어개류 가공품	1.0	1.2	0.9
빵 및 과자류	5.6	4.9	4.3
채소 및 과일 가공품	2.1	1.5	1.5
유 지	0.7	0.5	0.3
음 료	3.1	2.4	2.8
주 류	1.3	1.2	1.2
계	28.0	27.9	22.2

통계청 : 도시가계연보

인스턴트식품, 레토르트식품, 냉동조리식품은 끓는 물에 넣는다거나 기름에 튀긴다거나 하는 가정에서 약간의 처리가 필요하나 take-out식품이나 완제식품은 가정에서의 처리가 전혀 필요치 않다. 이러한 가정

외의 기업에 의하여 주부의 노동 부분이 전면적으로 대체된 식품으로
서 뿐만 아니라, 가정에서는 만들기 어려운 진미에 대한 욕구가
take-out식품, 완제식품의 시장을 확대시켜 식생활에 중요성을 띠어 온
것도 '가공 식품화'의 흐름 가운데 최근의 큰 특징이다.

3. 가공식품의 기능과 특징

오늘날의 식생활 방식에 있어 중요한 위치를 차지하고 있는 가공식
품에 대해 그 기능과 특징, 그리고 소비자가 요구하는 소비성향 등이
어떻게 변화되어 왔는가를 간단히 설명하면 다음과 같다.

1 보존성과 품질유지

가공식품의 가장 기본적인 기능은 보존성이다. 신선식품을 그대로 두
면 부패하기 쉬운 식품을 여러 방법으로 가공처리하여 저장수명을 늘
리는 기능이다. 옛날에는 햇빛에 직접 건조하거나 소금, 설탕, 식초 등
에 절이는 가공법을 통해 식품의 보존성을 높여 왔다. 그 이후 나폴레
옹 시대에 발명된 통조림 가공법은 식품의 형태를 보다 자연상태에 가
깝게 저장할 수 있도록 발전시켰다. 20세기에 이르자 냉장, 냉동, 진공
Bag, 진공건조 및 Retort Pouch 등의 보존기술은 식품의 저장수명과
품질을 급속히 향상시켜 식품문화의 전환점이 되었다.

모든 식품을 보다 자연에 가깝게, 보다 오래도록 저장하여 이용할 수
있도록 끊임없는 가공기술에 대한 연구개발은 더욱 더 다양한 가공식
품의 문화를 정착시켜 나갈 것이다.

오늘날의 냉동보존 기술은 어패류나 두류(豆類) 등을 1년 내내 신선
식품에 가깝게 저장할 수 있게 하며, CA 저장기술은 사과 등의 과일도
연중 공급할 수 있게 하여 식품 소비, 문화의 질적 향상에 크게 기여하
고 있다.

② 저장성

가공식품이 갖는 보존성의 기능과 관련해서 저장성의 기능을 들 수 있는데 예전에는 식품의 저장이 가정단위로 행해지는 경우가 많았다. 그러나 오늘날은 보다 좋은 품질로 오래 저장할 수 있는 가공기술이 개발되어 식품의 상품화 및 시장화를 확대할 수 있게 하였다. 선진국의 경우 수급이 불안정한 식품의 저장까지도 가정 단위로 이루어지기보다 기업형의 저장형태가 보편화되고 있다. 특히 도시의 경우 주거생활의 공간이 협소하므로 이같은 추세는 더욱 증가하고 확대될 것이다.

이처럼 가정에서는 불가능한 고도의 저장기술과 냉동시설에 의한 저장 및 CA저장 등을 기업이 담당함으로써 식품의 품질유지와 상품적 가치를 높이는데 지대한 공헌을 하게 된다. 예를 들어 오징어나 새우, 참치 등을 자연형태로 직접 저장하거나 혹은 부가가치가 높은 조리식품이나 반조리식품의 형태로 가공하여 저장하는 경우는 모두 식품의 저장성을 향상시키는 가공기술로서 식품 이용의 효율성을 극대화시킨다.

③ 가격의 안정

가공식품이 갖는 최대의 장점 중의 하나가 저장성에 관련된 특성으로 식품을 일년내내 안정적인 가격으로 공급할 수 있다는 점이다. 가공기술과 저장기술이 발달하지 못했던 시대에는 선도(鮮度)유지가 큰 문제인 어패류나 청과물 등을 과잉 수확할 경우, 가격의 폭락이 뒤따르고 너무 수확이 적으면 폭등이 되는 과정을 반복하였다. 그러나 오늘날은 농산물이나 어패류를 가공함으로써 수요와 공급을 조절할 수 있게 하여 시장가격의 안정화를 도모할 수 있고, 나아가 생산자와 소비자에게도 모두 타당한 가격으로 공유할 수 있게 하였다. 그러나 근대에 이르러서는 자본력이 막대한 대기업이 냉동시설을 이용하여 매점매석해 오징어나 참치 등을 저장하면서 수급을 조작함에 따라, 오히려 높은 가격으로 안정화를 도모하는 경우도 있어 소비자의 이익보다 기업측의 이익만 급급하는 부정적 측면의 문제도 제기되고 있다.

4 품질의 향상

원료 자체로는 맛이 없거나 좋지 않고, 날것으로 먹기에는 비위생적인 식품 등을 가공처리 함으로써 식품의 품질을 향상시키는 경우이다. 예를 들어 맛이 나쁜 상어나 명태 등을 맛좋은 냉동조리 식품으로 가공하거나, 생선의 버려지는 알이나 내장을 염장발효시키는 것, 날것으로 먹을 수 없는 고비를 살짝 데쳐서 가공처리하는 경우와 은행을 잼으로 만들어 고품질의 가공식품으로 변화시키는 것 등이 대표적인 예이다. 뿐만 아니라 오늘날의 가공식품화는 어패류에서 보듯이 먹을 수 없는 머리나 뼈, 껍질 등의 부분을 제거하여 전체의 모양을 다시 정리한 뒤 균일한 품질의 식품으로 바꾸는 가공기술은 모두 식품의 품질을 향상시키는 데 그 목적이 있다.

5 조리노동의 대체기능

가공식품의 이용을 증대시키는 중요한 기능 중 '간편성'의 특성은 무엇보다도 앞선다. 이것은 주부가 처음부터 끝까지 식품을 조리하여 완성하는데 드는 시간과 노력 등의 가사노동을 가공식품을 이용함으로써 대체할 수 있다는 편리성이다.

옛날에는 밀을 스스로 제분하여 직접 밀가루를 만들어서 이용하였으나 지금은 이같은 가공기술의 전처리 단계를 모두 기업이 대신하고 있어 손쉽게 밀가루를 이용한 다양한 음식을 만들 수 있게 하였다. 그러나 80년대 이후의 급속한 가공식품화의 진행은 가공식품이 갖는 이런 편리한 기능 이외에 간편성이 확충되어 더욱 더 손쉽게 음식을 이용하게 되었다. 즉 새로운 가공식품으로 등장한 즉석면이나 즉석 짜장, 즉석카레 등의 가공식품이 그 대표적인 예이다. 따라서 식생활과 관련한 주부의 노동시간은 주방기기의 발달과 가공식품화에 따라 크게 경감되어 왔다. 최근에는 직접 집으로 배달해 먹는 배달식품의 메뉴도 다양해져 가공식품 혹은 외식과는 또 다른 차원의 간편한 식생활을 영위하게 한다.

사회가 복잡해지고 전문화됨에 따라 주부의 직장진출이나 여러 목적

의 사회진출은 바쁜 주부들을 많게 하고, 쉬고 싶은 주부들도 증가시켜 식생활에 드는 노동대체욕구는 더욱 강해질 것이다. 뿐만 아니라 가공식품의 이같은 가사노동 대체기술에 따른 효과 이외에, 보다 맛있고 위생적인, 그러면서도 즐거운 감각으로 즐길 수 있는 가공식품에 대한 소비자들 욕구가 충족되면 가공식품의 사용범위는 더욱더 확대되어 다양한 가공식품의 소비문화를 이루어 나갈 것이다.

6 조리기술의 대체기능

조리노동의 대체기능과 함께 가공식품이 갖는 2대 기능의 하나가 주부의 조리기술에 대한 대체기능이다. 불고기, 돈까스, 피자, 만두 등을 조리하여 냉동시킨 가공식품의 이용은 주부가 처음부터 직접 만들 때 드는 시간과 돈을 대체할 뿐 아니라 일정한 맛을 즐길 수 있도록 조리기술도 대체해 주는 것을 뜻한다. 숙련된 조리기술이 습득이 되지 않는 한 음식의 일정한 맛을 발휘하기란 쉽지 않다. 그러나 기업에서 만들어 놓은 조리완제품의 가공식품은 기업의 '기술'이 조리에 드는 시간과 노력은 물론 맛까지도 일정하게 유지할 수 있도록 대신해 준다. 전통적으로 한 가정의 음식맛을 좌우한다는 장(醬) 맛과 같은 조미 식품조차 요즈음은 기업이 용도에 맞게 다양한 형태로 가공하여 생산·판매 하므로 고추장, 된장, 간장 등의 가공기술이 없어도 문제가 되지 않는 시대에 우리는 살고 있다. 심지어 '조림용 간장', '찌게용 된장' 등 조리에 따른 조미식품의 전문화와 차별화가 소비자들의 욕구를 더욱더 충족시켜 준다. 그러나 생활 수준이 향상되고 진짜와 자연을 좋아하고 '손으로 만든다'에 대한 관심과 그리움이 고조되고 있다. 이 경우에도 어려운 기술을 기업이 대신해주는 반완제품(半完製品), 반조리의 가공식품이 또다른 가공식품의 형태로 상품화되는 실정이다. 이것은 소비자 자신의 창의적인 맛과 디자인의 욕구를 나머지 반조리과정에서 발휘할 수 있도록 잠재적 욕구를 배려한 가공식품의 경우다. 이러한 상황에서 보다 맛난 맛, 진짜 맛을 요구하는 경향이 커져 가공기술이 갖는 조리기술대체기능은 더욱 중요한 특성으로 부상된다.

　　그러나 조리기술 대체기능은 경우에 따라서는 가정에 있어서의 음식문화를 쇠퇴시키고 음식맛을 획일화시키는 결과를 가져오기도 한다.

4. 가공식품에 대한 욕구의 변화

　　국민 소득의 향상, 핵가족화, 여성의 사회참여가 높아짐에 따라 우리 고유의 식생활은 영양식, 위생식, 간이식(convenience food) 등 서구식 식생활을 부분적으로 수용하면서 식품의 소비구조도 점차 다양화, 안전성, 간편 지향화, 진미(眞味)에 대한 욕구, 고품질화 방향으로 바뀌어 가고 있다.

　　보건 환경 및 의료 서비스의 개선, 국민들의 건강에 대한 관심이 높아짐에 따라서 평균 수명과 노인 인구의 비율이 증가하고 이에 따라 성인병의 발병률이 매년 증가하고 있으며, 소위 건강 식품에 대해 많은 관심을 갖게 되었고 생리적으로 기능성이 입증된 「기능성 식품」들이 미국·일본 및 국내에서도 크게 주목받고 있다.

　　소비자의 식품 안전성에 대한 요구의 증가는 자연 지향적인 가공식품의 수요 증가로 이어지고 있다. 1990년 이후 연구 중에 있거나 식품 가공 산업에 도입되기 시작한 신기술로는 막이용 기술, 생물 공학의 기술, 초고압기술(압출, 초고압 이용 살균, 부피 축소), 진공처리기술(냉각, 탈기, 탈취, 해동, 농축, 건조, 튀김, 포장) 등이 점차 실용화되고 있다. 또한 원료 처리에서 있어서도 과거의 기계적·화학적 방법에서 생화학적 수법으로 전환되고, 살균의 경우에도 가열살균에서 생물학적 수법으로 전환되고 있다. 이렇게 식품의 자연적 특성을 유지하고, 안정성을 손상하지 않으며, 수명을 연장하며, 가공비용과 환경적 부담을 감소시키기 위해서는 최소한의 가공기술을 이용하는 것이 바람직하며, 농산물 가공에 있어서도 최소 가공 식품 산업이 소비자들의 요구에 부합되는 분야로 부각되고 있다.

5. 식품가공의 문제점

식품가공이나 저장 중에 영양소가 손실되거나 유해성분이 생성되는 경우가 있다. 예를 들면 식품의 저장 중에 기름이 산화하면 과산화물 같은 유독한 성분이 생긴다. 이때 이런 현상을 방지하기 위한 기술이 필요하다. 최근 영양학 지식이 진보함에 따라서 종래의 상식이 번복되는 경우도 생긴다. 예를 들면 식이섬유소(dietary fiber)는 주로 식물성 식품에 함유된 불소화성 성분이다. 과거의 영양학에서는 불필요한 것으로 생각되었으나 지금은 건강유지에 각종 중요한 역할을 한다. 식물(植物)에는 Cellulose 외에 hemicellu lose나 pectin질 같은 난소화성 다당류가 존재한다. 식물 gum질이나 해조류에 함유된 한천 등도 난소화성 다당류이다. 이러한 것들을 총칭하여 식이섬유소라 한다.

이것은 저칼로리로 각종 생리작용을 가지고 있다. 난소화성 다당류는 물을 잘 흡수하여 gel을 형성하는 성질이 있어 소화관을 자극함에 따라 소화관을 통과하는 시간이 빠르게 되어 변비가 방지된다. 체장(滯腸)시간이 길어지면 그동안 유해성분이 흡수되나 빨리 통과하면 방지된다. 이 효과에 의하여 대장암이 방지된다. 또 콜레스테롤의 흡수를 방해하는 작용이 있다. 이러한 결과로서 당뇨병, 비만, 동맥경화 등의 성인병 예방에 관계된다고 생각되고 있다.

따라서 곡류를 정백(精白)하지 않은 현미나 압맥이 건강식품으로 각광을 받고 있다. 또 식품가공시에 식이섬유소를 첨가하여 제품으로 하고 있다. 식품을 가열하면 영양가 손실이 일어나는 경우가 많다. 특히 비타민류 중 비타민 C와 비타민 E는 손실되기 쉬우므로 주의할 필요가 있다. 예를 들면 신선한 완두콩에는 비타민 E(tocopherol)가 100g중 1.73mg이 있으나 이것을 통조림으로 하면 0.04mg으로 감소한다. 식품을 가열하면 영양가가 감소할 뿐만 아니라 여러 가지 성분간어 반응을 일으켜 영양가가 손실되는 경우도 있다. 예를 들면 우유의 단백질인 카제인(casein)을 포도당과 혼합한 상태로 가열하면 갈색화반응이라는 식품 성분간 반응을 일으켜 소화흡수는 되나 성분이 변하므로 체내에서 이용되지 않고 뇨 중에 배설되어 버린다.

식품가공시에는 이러한 반응을 억제하는 연구가 필요하다.

6. 식품가공의 새로운 동향

앞에서 서술한 바와 같은 문제점을 충분히 고려하면서 최근의 식품 가공동향을 살펴보면

첫 번째, 가능한 한 영양소 손실을 적게 하면서 자연풍미를 손상하지 않는 기술, 혹은 자연의 풍미를 부여하는 기술이 개발되고 있다. 즉 천연지향(天然志向)이다.

두 번째, 에너지절약 기술이 연구되고 있다. 에너지절약이라는 것은 단순히 에너지를 절약하는 의미만이 아니고 품질에도 관계가 있다. 즉, 투입하는 에너지가 적으면 신선한 맛있는 제품이 얻어진다.

세 번째, 새로운 식량자원의 개발 혹은 종래에는 폐기하였던 것을 유효하게 이용하는 기술, 혹은 대체원료에 의한 제품개발 등 자원의 활용을 위한 연구와 개발이 행해지고 있다.

네 번째, 건강 기능성 식품, 즉 건강지향, 성인병 예방, 특수 영양보강 식품 등에 대한 소비자의 수요가 증가함에 따라 식품에 각종 기능성 물질(오메가 3 지방산, 셀레늄, DHA, Ca, Fe, 키토산, 올리고당 등)을 첨가하는 것이 일반화되고 있다.

다섯 번째로는 생물공학(Biotechnology)의 식품에의 이용이다. 현재 연구 개발되어 있는 생물공학의 기술은 거의 식품공업에도 응용되어 있다.

이상의 다섯 항목은 서로 관련되어 연구 개발되기도 한다.

초고온 순간살균

식품을 살균하는데는 보통 가열처리를 하는 경우가 많으나 100℃ 전후의 온도로 살균하면 식품성분의 손실이 현저하다. 즉 가열온도가 높아질수록 단시간에 살균이 가능하고 비타민 B_1(thiamine)의 분해는 온도의 영향보다는 가열시간의 영향이 크므로 즉 비교적 저온에서도 분해된다. 식품성분을 비교적 손실하지 않고 살균효과를 높이려면 가능한 한 고온에서 단시간 처리하는 것이 유리하다. 이러한 이유에서 최근에는 초고온순간살균(超高溫瞬間殺菌)을 하고 있다. 이러한 기술이 가능하기 위해서는 화학공업이나 기계장치면의 기술발달이 필요하다. 초고온 순간살균된 식품을 무균 공장 내에서 살균된 용기에 충진하면 완전 무균상태의 포장식품이 제조된다. 이와 같은 기술을 무균충진 포장기술이라 부른다. 소위 (long life milk-L.L우유) 제조에 응용되고 있다.

순간동결

냉동은 식품을 가열하지 않고 보존하는 중요한 수단으로 몇 가지 방법이 있다. 가열살균이나 가열농축을 대신하는 기술로서 주목되고 있다.

식품을 동결기(freezer) 등으로 완만동결하면 세포 내에 생기는 얼음 결정이 커져 세포막을 파괴한다. 이것은 식품을 해동할 때 세포성분이 유출되어 품질을 나쁘게 하는 원인이 된다. 이때에 액체 질소로 동결하면 식품은 수 초 동안에 동결된다. 이것은 해동하여도 세포는 전혀 손상을 받지 않으면서 신선한 품질로 유지될 수 있다.

막처리기술(膜處理)

예를 들면 정밀 막여과에 의하여 미생물을 제거한 병 생맥주 제조가 가능하다. 특히 미세한 막을 사용하면, 단백질 분자나 콜로이드(粒子)와 향기성분 등 저분자 물질을 분리할 수 있다. 과즙을 가열하지 않고 농축할 수 있고 치즈 유청(cheese whey)에서 단백질을 회수할 수 있다.

치즈를 응고시킨 후의 상등액(whey)을 과거에는 버렸으나, 공해의 원인도 되고 영양가 높은 단백질이 함유되어 있으므로 이것을 회수하여 이용한다. 특히 물만을 분리하는 역침투(逆浸透) 하는 기술도 있다. 가열하지 않고 농축 가능하며 신선한 향(flavor)을 보존할 수 있다.

Retort식품

종래의 통조림법은 통조림의 열전도가 나쁘기 때문에 에너지 소모가 많았다. 여기서 한층 연구된 것이 유연성 포장용기인 retort pouch를 사용하면 내부를 유동시킬 수 있어 효율적으로 살균될 수 있다. 용기제조에서 판매할 때까지의 전 에너지로 비교하면 통조림에 비하여 약 50 % 정도의 에너지를 절약할 수 있다. 특히 가열살균 공정에서는 식품성분의 손실이 1/4정도로 크게 저하된다.

방사선조사

식품에 방사선을 조사하여 보존성을 높이는 연구가 세계적으로 행해지고 있다. 사용되는 방사선은 γ 선으로 조사된 식품에 방사선능을 일으킬 우려는 없다. 이 방사선조사도 열을 사용하지 않고 살균할 수 있어 주목되고 있다. 그러나 완전살균에는 꽤 많은 선량을 조사해야 하므로 식품성분에 끼치는 영향이 크다. 특히 균등조사가 어려우므로 현재에는 완전 살균선량의 1/100 정도의 소량을 조사하여 살충, 발아방지 등의 특수효과를 목적으로 하고 있다.

식품의 방사선조사 기술은 지난 반세기 동안 선진국 중심의 다각적인 연구에 의하여 발전되어 왔으며, 현재의 어떤 위생화 처리 방법보다도 효과적이고 미생물학적, 독성학적, 유전학적, 영양학적 안전성이 확보된 유용한 기술로 평가되고 있다.

최근에는 방사선 조사를 이용한 ready-to-eat 식품의 위생화, 발효식품의 저장 및 저염화, 특수식품제조, 기능성 소재의 개발, 화학독성 물질의 저감화 분야의 연구가 광범위하게 진행되고 있다.

식물성단백질재료

축육의 다량섭취는 건강면에서 바람직하지 않다.

대두 단백질 같은 양질의 식물성 단백질을 재료로 가공식품(조리식품)을 개발할 필요가 있다. 대두 단백질과 소맥 단백질을 재료로 많은 가공식품이 제조되고 있다.

폐기물이용

식품공업에서는 종래의 폐기물에서 유효성분을 회수하는 것은 공해의 측면에서도 필요하다. 치즈 유청에서의 단백질 회수, 감자전분 제조시의 폐액에서 단백질을 회수하는 시험 등도 연구되고 있다. 흥미있는 예로는 동물의 뼈 이용이다. 뼈의 성분은 칼슘, 단백질로서 이것을 유용하게 이용하기 위해서 특수한 분쇄기로 분쇄하여 초미립자(超微粒子) 형태로 만들어 식용 가능하게 된다. 일반적으로 생물에서 나오는 폐기물을 생물자원(biomass)이라 하며 이것을 유효하게 이용하기 위한 연구가 세계적으로 행해지고 있다.

향미성분 연구

맛없는 재료에서 맛있는 것을 만든다는 것이 요점이다. 향미성분 개발의 최근의 경향은 가능한 한 천연에 가까운 것을 요구하며 여러 가지 재료에서 천연조미료를 만들고 있다. 이것은 단백질 재료에 단백분해효소를 작용시켜 glutamic acid 성분만을 빠지지 않게 하는 방법이다. 이에 따라 인스턴트 식품의 맛이 차츰 고급화 되고 있다.

최근의 모조대용(copy) 식품은 향미성분 연구의 진보와 동시에 씹는 맛 등의 물성을 내기 위한 제조기계의 진보가 공헌하고 있다. 대용품이라는 의미에서는 소비자의 반발을 일으키는 경우도 있으나 한정된 자원을 생각하면 고급품을 저렴하게 이용할 수 있다는 점에서 연구 개발되고 있다.

향기성분은 갈색반응(당과 아미노산 성분간의 maillard 반응)을 이용함으로써 식품의 향을 만들어내고 있다.

또 대두 단백질의 경우는 대두 특유의 콩비린내를 제거할 필요가 있다. 최근 두유 제조기술에서는 탈피한 대두를 뜨거운 물과 수증기로 가열하여 효소를 실활시켜 나쁜 냄새의 발생을 억제하고 있다.

식염의 감소기술

한국인의 식염섭취량이 많아 저염화하기 위한 연구가 진행되고 있다. 식염은 식품에 보존성을 주는 요인이므로 식염을 감소시키는 경우 여기에 대체할 수 있는 방부효과를 생각해야 한다. 유기산을 증가시켜 pH를 저하시키거나 알코올을 첨가하여 방부력을 보완하고 있다.

Bio-Technology

식품재료는 동식물체이므로 생물공학의 응용분야로서 의약품과 함께 가장 중요한 영역이다. 미생물을 이용하는 발효식품은 생물공학의 원류로 생각해도 좋다. 식품가공에 있어서 생물 공학(bio-technology)적 기술은 주로 미생물 공업 분야와 효소 공업 분야에 많은 발전을 시켜왔다. 유전자 전환 미생물을 이용한 아미노산 발효나 효소 생산은 광범위하게 실용화되고 있다. 고정화(固定化) 미생물, 고정화효소, 세포배양기술 등이 식품공업에도 이용되고 있다. 예를 들면 고정화 효소에 의해 우유의 살균이나 유당의 분해가 행해지고 있다.

전분에 α-amylase를 작용시켜 액화한 다음 β-amylase를 작용시키면 맥아당이 얻어진다. 이 경우 가지절단 효소로 전분가지 친 곳을 자르면 맥아당의 수량(收量)이 크게 상승한다. 이 기술에 의해 맥아당이 싸게 생산될 수 있다. 맥아당은 서당(설탕)보다 달지 않고 건강에도 좋다. 또 포도당에 이성화효소(gluco-isomerase)를 작용시키면 약 40%의 과당이 생겨 매우 단 당액이 얻어진다.

이 기술은 고정화 효소를 이용해서 많은 청량음료의 감미료로 이용되고 있다. 그 외에 충치가 생기지 않는 당류의 개발, 저열량 혹은 무열량(non-calory)의 감미료의 개발이 이루어지고 있다. 전분과 설탕에서 특수한 효소를 사용하는 것이 실용화되고 있다.

당류 중에는 장내 유산균을 증식시켜 건강에도 좋고 저칼로리로 건강증진에 도움이 되는 새로운 당류개발이 이루어지고 있다.

나노기술 및 미세 캡슐화

나노기술(Nano Technology)은 원자나 분자의 수준에서 물질들을 조작하고 만들어서 전혀 새로운 성질과 기능을 가진 소재나 시스템을 구현한다. 1980년대 STM(scanning tunneling microscope)이 발명되면서 구체화되었다. 비타민 A, C, E 및 무기질 등의 고 기능성 물질들은 대부분 산소와 접촉하여 산화되거나 식품의 가공·조리 중에 손실된다. 이때 산소 차단성이 좋은 생물 고분자로 코팅하여 나노 크기(100 nm 이하)로 제조하면 체내 이용률을 극대화 할 수 있을 뿐만 아니라 기능성을 오래 유지할 수 있어 기능성식품 및 화장품 원료로 사용된다. 미국, 일본, 유럽 등에서는 이러한 산소에 안전한 나노 크기의 고기능성 물질의 생산에 많은 연구가 진행되고 있다.

미세 캡슐화 기술은 고체, 액체, 기체상의 물질들을 적절한 조건에서 원하는 물질이나 향기성분 등을 미세 캡슐 안에 포장하는 것으로 의약품, 산업 재료, 식품 등에 이용되고 있다. 이 기술은 영양성분, 생리활성 물질 등의 불안정한 성분들을 빛, 산소, 수분, 온도 등과 같은 외부 요인들로부터 보호하여 손실을 줄이고 산화를 방지하며 저장성을 향상시킬 수 있다. 예컨대, ω-3계 고도불포화 지방산인 docosahexaenoic acid(DHA)는 성인병 예방, 치료 및 뇌기능 향상 등에 매우 유용하지만 쉽게 산소와 반응하여 산패를 야기하는 단점이 있다. 이 성분에 항산화제인 α-tocopherol을 첨가하면 산패를 억제하는 데 효과적이지만 이것 또한 열과 산소에 불안정하다는 문제가 제기된다. 이를 해결하기 위해서 DHA와 α-tocopherol을 함께 미세 캡슐화하면 저장 안정성을 증가시킬 수 있다. 미세 캡슐용으로 이용되는 물질로는 알긴산염, 녹말, 젤라틴 등이 있으며, 우청 단백질은 우유 지방질의 코팅과 유용 미생물의 고정화에 이미 이용되고 있다.

기능성 식품

21세기에는 식생활 및 경제여건의 발달로 식품의 영양성과 기호성 이외에 인체에 대한 기초적인 생리 활성의 중요성을 재인식하게 되어 전세계의 관심이 집중되고 있다. 식품 중에는 생리활성 기능을 나타내는 여러 가지 성분이 존재한다.

이들 성분은 섭취 후 생체 방어계, 호르몬계, 신경계, 순환계, 소화계 등에 작용하여 기능을 조절하면서 건강유지(병의 예방)와 병의 치유에 직접적으로 기여하고 있음이 여러 연구에 의해 확인되고 있다.

현대인의 건강에 대한 가장 큰 문제는 노화나 성인병의 주원인인 활성산소로 인한 과산화지질 생성, 세포막 손상, 유전자 손상 등으로 알려져 있으며, 유전자 손상으로 인한 암 발생 뿐만 아니라, 노화나 성인병 방지는 우선 활성산소의 소거와 면역력 증대에 있다. 활성산소 제거에는 항산화 물질의 섭취가 중요하며, 면역력 향상은 미국 암 연구소(NCI) 등에서 연구가 진행되어 그 성과 보고가 계속되고 있다. 또한 1989년부터 암을 예방할 수 있는 식품을 개발하기 위해 장기적인 연구를 시작하면서 designer food라는 용어를 사용했는데 이는 기능성 식품의 개념과 유사한 의미를 가지고 있으므로 이 때부터 기능성 식품에 대한 본격적인 연구가 시작되었다고 해도 과언은 아닐 것이다. 암과의 관계에 대한 연구 결과 암의 예방에 부분적으로 효과가 있는 것으로 밝혀진 식품 소재 40개를 선택하고, 이 중 특히 마늘, 양배추, 감초, 대두, 생강, 당근, 셀러리, 파슬리는 암 예방 효능이 큰 것으로 알려지고 있다.

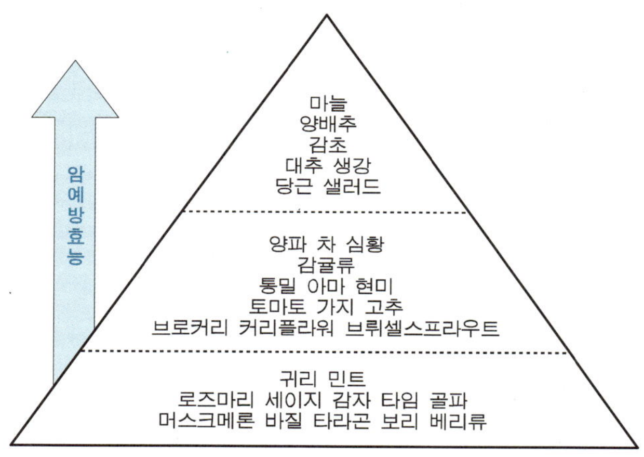

그림 4-3 Designer Food(암예방 식품)

7. 가공식품의 유통

1 식품의 포장 기술

현재의 식품 유통·판매의 형태는 과거와는 크게 달라져 있다. 과거에는 유리병이나 신문지, 셀로판지, 종이 등으로 싸서 판매되던 식품이 플라스틱 포장 재료와 포장기기의 기술 진보로 매우 편리하게 되어 오늘날의 식품가공·유통으로부터 플라스틱을 떠나서는 생각할 수 없는 단계에 달해 있다.

플라스틱 포장 재료는 성질이 다른 여러 종류가 있어서 수증기, 산소, 휘발성 성분에 대한 투과성, 차단성의 정도, 물리적 강도 등이 달라서 목적에 따른 소재를 선택할 수도 있으며 두 가지 이상 적층(laminate)할 수도 있다. 또, 플라스틱 필름의 등장에 따라서 진공포장기술이 더 한층 진보되어 용기 내의 공기를 완전히 제거할 수 있어 식품에 포장재를 밀착시킬 수 있으므로 정균효과가 기대되어 외관적으로 상품성을 높이는 효과도 있다. 가루의 산화방지나 호기성 미생물 번식억제를 위해 공기를 이산화탄소나 질소 가스로 바꾸는 치환 포장을 함으로써 다공질의 조직·구조를 가진 식품의 형태 변형도 억제할 수 있다.

열교환기의 개발 및 알루미늄 호일과 플라스틱 필름을 적층한 종이 용기의 개발, 무균 충진 포장 장치의 개발로 L.L우유(Long Life Milk), L.L과즙(Long Life Fruit Juice)이라는 상온에서도 미생물에 의한 변패나 부패의 우려가 없는 제품이 등장하였으며, 방습성이 높은 플라스틱 포장 재료, 흡습성이 높은 실리카겔, 생석회, 활성 알부민 등의 사용으로 건조식품의 안정적 유통도 가능하게 되었으며, 주성분이 철분이나 ascorbic acid인 탈산소제도 용기 중의 산소와 화합·산화하여 용기 중의 산소를 완전히 흡수함으로서 비교적 긴 shelf life의 상품으로서 유통 가능하게 되었다.

알코올의 살균작용은 옛날부터 알려져 있어 된장, 간장, 절임류 등의 식품에 첨가하거나 만두·어묵 등에 분무함으로써 보존기간을 연장하는 것이 실용화되고 있다. 알코올을 마이크로캡슐에 봉입한 알코올 발생제가 개발되어 포장 용기 내에서 서서히 기화하여 현저한 정균효과와 전분의 노화방지, 지방 및 지용성 성분의 산화방지 효과도 기대되고 있는 첨가제이다.

2 가공식품의 유통형태(pattern)

공장에서 생산된 상품이 공장에서 소비자에게 가기까지의 과정을 유통이라 한다. 청과물, 생선, 식육 등에도 독특한 유통과정이 있으나 가공식품의 유통에도 여러 가지 유통형태가 있다.

유통형태는 가공식품의 저장성의 여부, 가격의 고저, 소비습관, 계절성 등에 따라 다르다.

가공식품의 유통 형태를 분류하면 표 4-2와 같다.

표 4-2 cold chain의 유통형태

유통의 형태			목 적
산 지	냉장창고		수확한 것 저장
	화차		중계지에의 수송
중계지	하수냉장창고·가공공장		중계지가공, 저장시설에서의 저장가공
	트럭 및 화차		소비지에의 수송
	대형냉장고		하역장의 저장
	소형냉장트럭		supermarket 등에의 배송
	냉장 show case		소매점, supermarket 등에서의 진열
소비자	가정	냉장고	조리할 때까지의 저장
		자유보관 또는 조리	

③ 콜드체인(Cold chain)

콜드체인은 비교적 새로운 유통 방식으로서 신선식품 혹은 부패하기 쉬운 식품을 생산에서 소비까지 계속 저온으로 신선한 상태로 소비자에게 전달하는 유통체계이다. 즉 신선식품의 선도를 떨어뜨리지 않도록 혹은 가공식품이 변질되지 않도록 저온을 유지하여 생산자로부터 소비자 손에까지 전달한다. 그 저온은 약 $-20°C$ 이하의 냉동과 $0\sim10°C$ 의 냉장 2가지 방법이 있다.

최근에는 냉동 체인($-18°C$ 이하), 칠드체인(chilled chain)($-2\sim2°C$), 냉장체인($2\sim10°C$)의 3단계로 분류하는 것이 많다.

유제품 등은 냉장 유통된다. 냉동식품의 경우도 표 4-2에서와 같이 산지를 냉동식품공장으로 바꾸면 전부 같은 유통구조가 된다.

콜드체인의 효과는

· 저장이 가능하므로 일정하게 규칙적으로 출하할 수 있고, 염장, 방부제의 사용 등이 필요 없다.

· 품질보증, 규격화가 가능하다.

식생활과 외식문화

1. 우리나라 외식산업의 발전과정

1 정 의

우리의 전통적인 식사문화는 가족의 상징으로서 가정의 기능 중 가장 큰 비중을 차지하였으며 가정 내에서 조리되어 가족들이 함께 모여서 먹는 공식(共食)을 원칙으로 해 왔다.

그러나 과학과 문명의 발달로 산업구조가 확대되면서 가족의 일원이 사회에 참여하게 됨으로써 가족들의 가정 내 공식의 기회는 점차 감소되었고 점심, 저녁 중 한끼 또는 두끼 이상을 가정 밖에서 개별적으로 식사를 해결하게 되었다. 따라서 가정의 식생활을 기준으로 구분하여 볼 때 가정 내에서의 식생활을 내식(內食)이라 하고 가정 밖에서의 식

생활을 외식(外食)이라 정의하였다.

미국에서는 1950년대 산업화 단계에 들어가면서 「Foodservice Industry」 혹은 「Dining-out Industry」로 불리워지기 시작했으며 1970년대에 일본에서는 일본의 전문지 「마스코미」가 외식산업(外食産業)이라는 용어를 처음 사용하여 보급시켰는데 일반적인 정의는 가정 외에서 조리 가공된 음식을 만들어 상품화하여 제공하는 식생활 전체를 의미한다. 1970년에 오사카에서 개최된 만국박람회를 계기로 급속히 발전된 식당이나 레스토랑 사업 등으로 외식산업이 급성장하면서 우리나라에도 영향을 미쳤으며 70년대 후반에서부터 80년대로 접어들면서 외식산업이 사회, 경제적으로 비중이 점차 확대되었는데 이는 국제적인 대규모 행사와 관광산업 발전 등에 기인하고 있다.

또한 식품산업과 외식산업의 발달로 인하여 완전조리식품, 급식, 출장연회, 도시락, 택배사업 등의 다양한 소비형태의 발전으로 가정 내 식생활에서도 외식의 개념이 자리잡게 되었다. 따라서 식생활에 있어서의 외식개념의 범주는 다음과 같다.

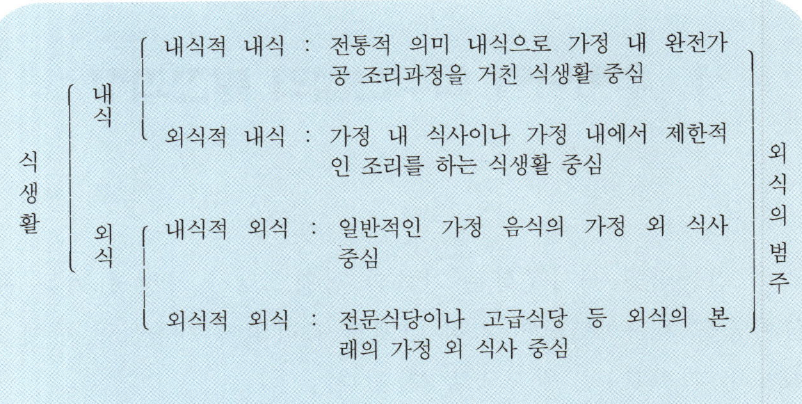

② 발전과정

외식산업은 사회, 경제, 문화적 생활양식의 변화와 국민경제소득의 증가에 따른 외식형태의 변화에 따라 다양화되고 세분화되어 왔다.

식생활 양식의 변화에서 중요한 것은 식(食)의 레저화와 식(食)의 간편성이다. 식생활의 간편화를 지향하는 측면에서는 쉽게 해결한다는 것과 손쉽게 식사를 준비한다는 것으로 분류할 수 있는데 외식의 경우에는 쉽게 식사를 해결하려는 측면의 욕구가 강하다.

바쁠 때 간단하게 비교적 저가격대로 신속하게 먹고 싶은 욕구가 햄버거, 라면, 후라이드치킨 등과 같은 패스트푸드(Fast food)의 확대를 가져오게 하였다. 외식산업의 시대에 따른 발전과정을 살펴보면 B.C. 3000년경 농경사회가 태동하기 시작한 식문화는 생존을 위한 생계의 수단으로 시작하여 18세기 산업사회에서는 대량생산의 내식 위주 형태로 전개되었다. 가정에서 행하였던 관, 혼, 상, 제의 의례행사에 참여한 가족, 친지, 이웃들의 협동과 마련한 음식을 서로 먹고 즐기는 풍습이 집단급식의 형태를 이루었다고 볼 수 있으며, 농번기에는 집에서 만든 먹거리를 바구니에 담아 일터로 음식을 갖다 주기도 하였고, 명절 놀이나 여행으로 먼 거리를 이동할 때 음식물을 휴대용으로 준비하거나 철도역 등에서 판매하는 도시락 문화 등의 식문화 형태를 이루었다고 볼 수 있다.

그림 5-1 농부들의 새참

20세기 후반의 산업화, 고도화, 정보화 사회에는 소비자의 기호와 취향에 따라 음식의 종류와 질을 선택하는 것으로 양보다는 질(Quality)의 시대로 전환되고 있으며, 21세기로 접어들어 디지털 시대의 구매세력인 신세대들이 외식문화에 익숙해져 있고 대형할인매장 성장과 크고 전문화된 외국계 프랜차이즈 레스토랑의 계속적인 증가 추세를 보여 미래의 외식산업은 고도의 기술과 감각으로 외식문화가 예술문화와 세계화로 더욱 향상될 것이다.

그러므로 외식의 이용에 있어서 외식문화의 외적, 양적 팽창과 더불어 질적 성장의 변화를 꾀하고 있는 국내 외식산업 발전요인을 살펴보면 사회, 경제, 문화, 기술적인 면, 서비스에 대한 인식 등 여러 요인들이 복합적으로 작용하여 왔다. 외식산업의 성장 배경 및 요인에 대하여는 다음과 같다.

(1) 경제적인 요인

국민 1인당 GNP는 1985년($2,229)에서 1997년($10,315)사이 약 5배가 증가하였다(표 5-1 참조).

표 5-1 연도별 국민총생산, 1인당 GNP, 국민가처분소득

연도 \ 구분	국민총생산		1인당 GNP		국민가처분소득(억원)
	억 원	달 러	만 원	달 러	
1985	813,123	934	194	2,229	720,301
1990	1,787,968	2525	417	5,886	1,605,481
1995	3,773,498	4894	835	10,823	3,354,238
1996	4,184,790	5200	9,162	11,385	3,702,953
1997	4,532,764	4766	9,811	10,315	4,004,985
1998	4,443,665	3177	9,433	6,744	3,831,794
1999	4,827,442	4058	10,224	8,595	4,179,173
2000	5,219,592	4817	11,046	9,770	4,582,158
2001	5,515,575	4273	11,618	9,000	4,838,143

자 료 : 통계청, 국민계정(2002년기준)

1998년 이후 IMF로 경기침체현상이 나타나 국민 1인당 GNP가 하락세를 보였다. 2000년에 접어들면서 외식업계에도 불황이 예고되었지만 "가격파괴", "고품질 저단가 전략"을 시도하면서 진정한 경쟁력 시대가 시작되었고 외식문화의 개혁이 점차 이루어졌다. 또한 2003년에는 주 5일 근무제 도입으로 외식·관광 문화가 활성화되면서 국내경기 불황을 극복하는 전략으로 할인 쿠폰 마케팅 또는 경품 이벤트 등으로 고객의 유입과 이목을 집중시킬 것으로 예상된다.

(2) 사회적인 요인

대량생산으로 인하여 소비성 문화가 팽창되면서 생활방식의 가치관에 변화가 오고 여성의 사회진출의 증가(표 5-2참고)와 핵가족화 등으로 가정의 식문화 개념이 바뀌고 있다. 또한 가족, 친지, 친구 모임이나 행사들을 가정 밖에서 치루는 경향이 많아지고 있고 레저문화가 다양화되면서 외식의 기회가 증대되고 있다.

1995년부터 현재까지는 소비자들의 식생활이 건강과 웰빙음식의 신메뉴 개발에 관심이 모아지면서 음식의 질을 높이고 있다.

표 5-2 연도별 여성경제활동 인구 추이

구분 \ 연도	1970	1980	1990	2000
여성 경제활동 인구(천명)	3,615	5,412	7,509	9,069
전체(구성비)	(100.0)	(100.0)	(100.0)	(100.0)
취업률(%)	(97.2)	(96.5)	(98.2)	(96.7)
실업률(%)	(2.8)	(3.5)	(1.8)	(3.3)
여성 경제활동 참가율(%)	39.3	42.8	47.0	48.6
남성 경제활동 참가율(%)	77.9	76.4	74.0	74.2

* 통계는 모두 생산가능인구를 15 세 이상으로 조정한 것임.
  자 료 : 통계청, 경제활동인구연보, 2003 년에서 정리

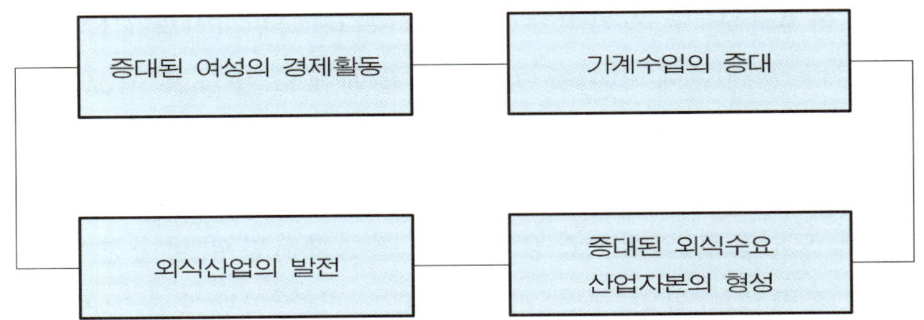

자료 : 이정자, "한국에서의 외식산업 프레차이즈에 관한 연구", 「관광학」,
제9호, 한국관광학회, 1985, p. 214

그림 5-2 여성의 경제활동과 외식산업

(3) 문화적인 요인

식문화의 양식이 서구화되고 전통적 식습관이 퇴조하면서 외식형태의 변화와 외식시장에 많은 영향을 미치고 있다. 따라서 현대사회에서는 간편하고 신속하게 식사를 해결해 주는 fast food 음식점들이 소비자의 욕구를 충족시켜 주고 있어 서구식 식문화의 정착이 이루어지고 있다. 또한 문화예술과 세계화를 반영한 외식문화가 점차 확산되어 외식업체에서는 마케팅 전략으로 캐릭터 상품 유행과 co-op 활성화를 전개하고 있다.

그 예로 KFC와 워너브라더스사, 맥도널드와 디즈니사, 롯데리아와 포켓몬 등 애니메이션 캐릭터를 접목시켰고 KFC는 OKcashbag과 KTF, 롯데리아는 SK Telecom 등 타업종 간의 전략적 제휴를 맺었다.

(4) 기술적인 환경 변화

주방기기의 현대화와 과학화, 컴퓨터 시스템 도입, 첨단 산업의 기술 도입 및 주변 환경의 현대화와 Central Kitchen System 등 효율적인 업소경영 방식의 도입도 가능해지고 있어 외식산업의 생산성 증대와 원가절감에 기여하고 있다. 외식업체들은 메뉴의 차별화로 다양한 sauce 개발, 건강식 메뉴, 피자 도우(dough)의 차별화 등의 기술개발과 Quality campaign을 전개하여 식재료와 조리과정을 공개하고 메뉴의 열량을 고객이 직접 설치된 영양 계산기로 산출해서 선택하는 프로그램이 여성고객의 다이어트 관리에 많은 호응을 얻고 있다.

 또한 대부분 외식업체에서는 위생시설관리체제로 HACCP System이 도입되면서 위생시설 설비, 조리원의 개인위생, 식재료 검수설비 및 주방기구 세척·소독기구들의 시설설비관리가 이루어지고 있다.

(5) 외식 기회의 확대 추세

 1980년대 중반부터 1990년대 초기에는 국민소득 증대에 따라 외식의 빈도가 증가하며 국제화, 도시화의 추세에 따라 가정 밖에서의 생활하는 시간이 늘어나고 자동차 보유 가구가 증대되면서 여가생활에 따른 외식의 기회가 많아지고 있는 추세이다.

(6) 고객의 변화

 식사문화가 배고픔의 욕구충족에서 점차적으로 고객의 취향과 스타일에 따라 외식의 형태를 선택하고 있다.

 2000년 초기에는 IMF여파로 인한 경기불황으로 전체적으로 외식시장의 성장률은 다소 부진하였으나 건강식에 대한 관심과 24시간 컴퓨터 작업으로 시간을 아끼기 위한 SOHO(Small Office Home Office)족들과 벤처기업의 활성화로 Take-out 전문점이나 배달음식점들의 점유율이 높아지고 있는 추세이다. 고객들은 고객감동 수준의 서비스의 질을 추구하고 있고 점차 세분화되는 시장환경과 다양화되는 고객 욕구의 변화에 따른 운영방침을 세워야 할 것이다. 따라서 이런 외식산업의 성장 요인들은 외식업계를 선진화시키고 외식문화의 질적 성장에 크게 기여할 것이다.

 우리나라 외식산업의 1900년~1990년대의 발전 과정은 어떻게 변화되었는지에 대한 내용은 표 5-3에 나타내었다.

표 5-3 한국 외식산업의 성장과정

연 도	G N P	성 장 과 정
1900년대	0	전통음식점 중심의 요식업 태동 식량자원부족으로 침체('45년 166점포) 식생활 및 식습관의 가내 주도형
이문설렁탕(1907), 용금옥('30), 곰보추어탕('30), 한일관('34) 조선옥('37), 안동장('40), 고려당('45), 남포면옥('48), 하동관('48)		
1960년대	$100~210	식생활의 궁핍 및 침체기(6.25전쟁 후) 밀가루 위주의 식생활이 유입(미국 원조품) 분식의 확산 및 식생활의 개선문제 부상
뉴욕제과('67), 개인업소 및 노상 잡상인 대량 출현		
1970년대	$248~1,644	영세성 요식업의 우후죽순 출현 경제개발 계획에 따른 식생활 향상 해외브랜드 도입 및 프랜차이즈의 태동
난다랑('79. 7) : 국내프랜차이즈의 효시, 가나안 제과('76) 롯데리아('79. 10) : 서구식 외식 시스템의 효시 및 시발점		
1980년대 (전반)	2,194~4,127	외식산업의 태동기(요식업 → 외식산업) 영세난립형 체인속출(햄버거, 국수, 치킨, 생맥주) 해외유명브랜드 진출 가속화
아메리카나('80), 윈첼('82), 다림방('82), 짱구짱구('82), 웬디스('84), 피자헛('84), KFC('84), 장터국수('84), 신라명과('84), 하이델베르그('84), 투모루타이거('84)		
1980년대 (후반)	2,194 → 4,127	외식산업의 적응성장기(중소기업, 영세업체 난립) 식생활의 외식화, 레져화, 가공식품화 추세 패스트푸드 및 프랜차이즈 중심이 시장 선도 패밀리레스토랑, 커피숍, 호프점, 베이커리, 양념치킨 약진
맥도날드('86), 피자인('88), 코코스('88), 도토루('89), 쟈뎅('89), 나이스데이('89), 크라운 베이커리('88), 만리장성('86)		
1990년대	$5,569~10,000	외국산업의 전환기(산업으로서의 정착 : '95) 중·대기업의 신규진출 러시 및 유명브랜드 도입 프랜차이즈의 급성장 및 도태, 시스템의 출현(외식근 대화)
시즐러(패밀리), 스카이락(패밀리), T.G.I. Friday's, 베니건스, 토니로마스, 테니스, 마르 쉐, 토마토 앤 오니언.		

2. 미국, 일본의 외식산업과 발전과정

1 미국의 외식산업과 발전과정

미국의 외식산업(Food Service Industry)은 1827년 Delmonicos 사가 레스토랑을 창업하면서 시작되었다고 볼 수 있으나 이때는 음식을 제공하는 점포 기능으로만 수행했다. 외식산업화가 본격적으로 시작되기는 1950년에 들어서면서 햄버거 업체인 맥도널드(1955)가 창업되고 켄터키 프라이드 치킨(Kenturky Fried Chicken(1952)), 데니스 버거킹(Dennys Burger King(1954)), 피자 헛(Pizza Hut(1958)) 등이 창업되면서 프렌차이즈 산업을 시작했고 운영방침인 QSC(Quality, Service, Cleanliness) System으로 운영하면서 외식산업의 본격적인 공업화 시대를 전개하였다.

1960년에는 프랜차이즈 시스템의 도입으로 외식업계가 기업화되고 경영기능이 강화되면서 통제와 관리가 편리하고 원가절감에 기여할 수 있는 체인기업 경영이 확립된 시기라 할 수 있다.

표 5-4 미국의 외식산업 발전과정

구 분	1930년대	1940년대	1950년대	1960년대	1970년대 전반	1980년대	1980년대 후반
1인당 GNP (U$)	440	750	7,879	2,800	4,952	11,996	16,760
성장단계	요식업의 외식산 전환기	발전기	도약기	사회적으로 인정받는 시기	성숙기	성숙기	성숙기
좋은 점포입지	도심, 리조트	공항, 교외, 리조트	공항, 교외, 하이웨이	공항, 교외, 하이웨이, 리조트	도심재개발지역, 공항, 교외, 리조트, 해외	도심재개발지역, 공항, 교외, 리조트, 하이웨이	대도시, 도심재개발지역, 교외, 리조트
마케팅전략의 변화	생산자 지향	개인판매 지향	개인판매 지향 측면에서 대량 판매 지향	시스템의 확립, 대량판매 지향	새로운 concept, 업태론 발생	고객세그멘트(segment)에 의한 업태, 신감각대응	건강지향, 고객욕구의 다양화 대응에 의한 업태변화, 고령화지향
주력외식의 동향	1935년 Howard Jonn-son 아이스크림 체인 출현	driving, 기내식, 군대식	· 디즈니랜드오픈 · food service system의 등장 · 외식 체인 다수 출현	· 외식체인 확립 · 프랜차이즈시스템 급성장	· 2회의 오일쇼크에 의한 경영변혁	· 기업의 소프트 경제화 · 내식과 외식의 경쟁가열	· 그루메지향 · 민족(ethnic)요리붐 · 기업의 매수·합병에 의한 계열화 등
외식시대의 테마	외식산업시스템의 출현	부분적 분야에서 합리화 추진	외식산업시스템의 대두	외식산업으로서의 성장	외식산업의 변혁	외식산업과 소비자에의 소프트화	외식산업의 본격 산업화 스타트
특기사항		· Dunkin Dounuts · Big Boy (coffee shop chain) · Diary Queen (fast food chain) 설립	· 단품주의 · low-price, low-cost · self-service철저→ 객석철폐 · take-our 도입 · quick service와 cleanliness의 상품화 · McDonald, Kentucky Fried Chicken · Bruger King 설립	· franchise system → national chain화 → 성장기업속출 · Pizza, Fish & Chips 동 신상품 기업진출 · 대기업에 의한 매수 · 식품메이커 최초로 진출 · restaurant 증가	· franchise로부터 직영으로 · franchise의 독점화 · coffee shop의 역할→조식메뉴의 개척→상품확대 · down town에로의 회귀 · 소매권주의 메뉴 다양화 · 소형화와 대형화 (좌석도입의 이극분화)	· 외식업체간 매수 · 합병증가 · 자본력, 경영기술력, 마케팅력, 인재력이 중요시됨	· 유럽, 일본, 동남아시아 자본이 미국 외식산업에 진출 · 외식메뉴의 급속한 국제적 다양화

1970년에는 제 1 차, 2 차 오일쇼크로 기업경영 면에서 변혁이 추구되고 경영체질이 강화되었으며 미국의 외식기업의 해외진출로 인해 외식기업의 국제화가 이루어진 시기로 패스트푸드 점포의 급성장이 이루어지고 전세계로 보급되었다.

1980년대에는 소비자의 욕구가 건강지향적으로 되어가면서 일반식과 건강식의 조화로운 메뉴개발 등 외식업체의 운영방침을 고객의 욕구를 충족시키는 데 필요한 전략에 주력하게 되었다.

1995년부터 2000년 초반의 경우 외식시장의 개념이 「가격할인 전략」을 전개하여 고객 유입과 고급화를 통한 내실 다지기로 외식문화의 변화가 예상된다. 특히 전체적으로는 프랜차이즈 사업이 활성화 될 것으로 보이며 소비자들의 외식소비 경향이 웰빙개념(well-being)으로 변화되어가고 있다.

이상과 같이 미국 외식업계의 발전과정에 대한 내용은 표 5-4와 같다.

2 일본의 외식산업과 발전과정

일본의 외식산업의 기업화 단계는 1960년대에 동경올림픽(1964) 등 국제적인 대규모 행사가 개최되었고 1970년대 초반에는 미국의 대형 외식업체의 상륙으로 패스트푸드와 패밀리 레스토랑(Family restaurant) 등 체인조직을 갖춘 패스트푸드 산업의 활성화로 외식의 대중화 현상이 나타나면서 본격적인 외식산업의 발전을 맞게 된다.

1970년대 식생활의 특징은 국민소득 증가에 따라 소비성활의 양식이 변화되면서 서구화 현상이 나타났으며 가치관의 변화가 소비형태의 변화를 초래하였고 레저문화 유입 등으로 외식문화의 일대 전환기를 맞게 되었다.

1980년대의 경우 급속한 성장세를 유지하면서 프랜차이즈의 가속화와 대기업이 외식시장에 참여하므로 외식의 붐이 조성되는 시기이다. 이때부터 외식산업은 주방시스템의 자동화, 컴퓨터 기기의 도입 및 점포 종합 관리시스템 구축 등 성숙한 외식 산업으로 발전하는 시기라 할

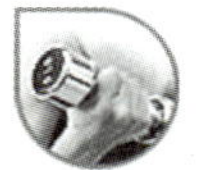

수 있다.

　1990년대의 경우 국민 식생활의 양식의 변화와 외식 수요의 증대, 소비자 생활양식의 개별화 추세 및 레저문화의 다양화의 경향이 나타났으며, 소비자 욕구를 충족시키기 위한 일본 고유의 민속, 민족 요리점 등을 출현 시켰고, 해외 진출을 계획하는 등의 관심을 기울이게 되었다. 2000년 전후의 경우 일본의 경제도 불황과 디플레이션 마저 겹쳐 소비자들의 수입이 감소되고 물가는 내리고 소비력도 감소되었다. 일본 외식시장도 다각적인 경영 전략을 계획하여 고품질 저가격, 서비스 향상, 메뉴의 다양성, 입소문 전략 등으로 활성화시키고 있다.

3. 외식산업 구조

1 외식산업 구조의 특성

　고도의 산업화에 따른 소득 증대, 국제화 및 여성의 사회진출 등으로 우리의 생활양식과 식생활은 편의와 간편성을 추구하게 되었고 경제적인 여유와 함께 생활 수준의 향상으로 외식이 생활화되면서 편의식품 이용이 증가되고 식문화의 서구화 현상이 우리의 식생활에 적응되면서 패스트푸드(Fast food) 이용이 급증하고 있다.

　패스트푸드는 바쁘게 생활하는 현대인들에게 먹기에 간편하고 신속하게 음식을 제공하면서 싼 가격으로 판매하기 위해 개발된 음식으로 패스트푸드 식당은 주로 프랜차이즈 시스템(franchising System)으로 운영되며 이 시스템의 특징은 본부(franchisor)에서 식품구매, 음식의 생산방법 등을 표준화하여 운영방침(know how)을 개발한 후 가맹점(franchisee)을 모집하여 제품의 독점 판매권을 부여하고 표준시설을 설비해 주는 Chain System으로 똑같은 음식의 질(Quality)과 청결한 점포환경, 고객 만족의 서비스를 제공한다. 패스트푸드 점은 서양음식을 상품으로 하는 장소가 많고 간편성을 위주로 운영되고 있고 청소년과 젊은 층을 대상으로 급성장하고 있다. 패스트푸드에 대한 대학생들의 외식행동 조사 연구에서 패스트푸드를 선호하는 동기는 간편성, 쾌적성으로 평가되었다.

국내의 패스트푸드 산업은 1979년 롯데리아의 개점을 시작으로 1986년 아시안게임, 1988년 서울 올림픽을 계기로 외국 유명 브랜드와 자체 신규 업체들의 외식시장 참여가 활성화되었다. 외국업체로는 세계 유명 햄버거 업체와 도너츠 업체가 유입되었고 국내 보급형 패스트푸드로는 면류체인점, 프라이드치킨, 피자점 수도 계속 증가하므로 시장확대가 가속화되고 있다. 2000년대 초기의 국내 패스트푸드업계 매출액 및 매장수 변화 추이는 표 5-5와 같다.

표 5-5 국내 패스트푸드업계 매출액 및 매장수 변화 추이

(단위 : 억원)

브랜드명	회사명	매출액(억원)			증가율(%)		점포수			성장률(%)	
		2001	2002	2003 (예상)	01vs02	02vs03	2001	2002	2003 (예상)	01vs02	02vs03
롯데리아	(주)롯데리아	5,400	5,400	5,400	0	0	750	850	850	13.3	0
BBQ	(주)제너시스	2,700	3,100	4,500	14.9	45.2	1,400	1,350	1,700	▼ 3.6	25.9
맥도날드	(주)신맥, 맥킴(주)	2,860	2,800	3,000	▼ 2.1	7.1	321	361	361	12.5	0
KFC	(주)두산 외식BG	2,233	2,500	2,500	12	0	236	226	236	▼ 4.2	4.4
파파이스	(주)TS해마로	1,298	1,301	1,600	0.2	23	185	211	250	14.1	18.5
버거킹	(주)두산 식품BG	1,100	930	930	▼ 15.5	0	113	114	124	0.9	8.8
하디스	(주)세진 푸드시스템	210	150	165	▼ 28.6	10	25	21	21	▼ 16	0
계		15,801	16,181	18,095	2.4	11.8	3,030	3,133	3,542	3.4	13.1

자 료 : 월간식당 2003.2 P167

또한 우리나라 도시가구의 월평균 식료품비 지출액에서 외식비의 비중이 1970년대에는 1.9%에 불과했으나 1994년에는 28.9%로 급격히 증가하였으며 1990~1994년 동안 식료품비 전체의 연평균 증가율은 11.5%에 불과한 반면 외식비 연평균 증가율이 21.6%로 외식의 증가율이 점차 높아지고 있음을 알 수 있다. 영양적인 면에서는 패스트푸드의 소비가 크게 증가하게 되면서 이는 기호성 위주로 선택하는 식품이기 때문에 영양소 섭취의 불균형 현상을 일으켜 잠재적인 영양소 결핍을 초래할 수 있다는 점에 관심이 모아지면서 학술적인 연구가 진행되었다.

모 등의(1994) 조사에 의하면 우리나라에서 핵가족화에 따른 가족단위의 외식이 증가하면서 어린이들의 고객 비중이 높아지고 있으며 특히 패스트푸드 점의 고객으로는 청소년 및 청년층이 대부분으로 이들의 식습관은 우리의 전통 식문화에 큰 영향을 줄 것이며 패스트푸드의 편중된 영양소를 섭취하게 되므로 바람직한 식습관을 갖도록 균형 잡힌 영양교육이 반드시 필요하다고 강조하였다.

② 외식산업의 동향

외식시장이 급변하고 있다. 경기활성화와 더불어 사회의 구조적 측면과 문화의 양상 변화가 가장 큰 영향력을 행사하여 점차 외식비가 증가되고 있다.

여성의 사회진출과 핵가족화 현상이 심화됨에 따라 식사 패턴이 공식화(公食化)에서 개식화(個食化)로 변화해 가고 있으며 외식 비율이 급증하고 있는 실정이다. 또한 대기업이 외식산업에 참여하고 있는 비율이 높아질수록 해외 브랜드 상륙은 더욱 가속화 될 것이다. 2000년부터는 외식업계의 메뉴트렌드가 웰빙(well-being)식품에 대한 관심이 높아지고 있으며 광우병, 조류독감 파동으로 인하여 외식 소비자들의 초점이 식재료의 건강과 안전에 모아지고 있는 추세이다. 또한 한정식, 향토음식 등 건강 관련 음식점과 외식 형태의 경우 테마, 퓨전, 배달 및 테이크 아웃 전문점 등이 급부상 될 전망이다. 국내 외식시장의 동향이 어떠한지에 대한 내용은 표 5-6과 같다.

표 5-6 국내 상륙 해외 외식브랜드 도입 현황

2000. 3

종류	브랜드명	국내업체	제휴업체	기술도입 내용	기간	도입 년도	점포수	99년 매출액 (억원)
햄버거	롯데리아	롯데리아(주)	日롯데리아	51:49 합작		79	482	3,500
	버거킹	(주)두산 식품BG	美버거킹	3-4%	10	82	62	500
	맥도날드	신맥(서울)	美맥도날드	30:70 합작		88	175	1,900
		맥킴(부산)		51:49 합작		91		
	하디스	(주)세진푸드시스템	美하디스푸드시스템	3.5%	20	90	22	180
치킨	KFC	(주)두산생활산업BG	美트라이콘레스토랑	3.2%	10	84	152	1,400
	파파이스	(주)TS해마로	美AFC파파이스	3.6%	10	94	160	1.166
피자	피자헛	한국피자헛(주)	美트라이콘레스토랑	美직영		84	160	1,800
	시카고피자	(주)토로나코리아	日토로나	70:30		88		
	도미노피자	D.P.K인터내셔날	美도미노피자	3%		89	124	300
	미스터피자	(주)한국미스터피자	日미스터피자	기술제휴 (단독운영)		90	110	150 (직영점만)
	스바로	(주)세진푸드시스템	美스바로	3.5%		96	2	
	리틀시저스	(주)태홍	美리틀시저스	3.5%		96	3	
패밀리레스토랑	코코스	(주)코코스	美코코스	1%	10	88	30	285
	T.G.I.F.	(주)푸드스타	美T.G.I.F.	3%	10	92	13	388
	판다로사	신동방	美판다로사	3%	10	92	2	
	스카이락	제일제당	日스카이락	2%	10	93	19	215
	씨즐러	바론즈인터내셔날	美씨즐러	3%	10	95	2	67
	토니로마스	(주)이오코퍼레이션	日토니로마스	3%	10	95	4	75
	베니건스	동양제과	美베니건스	3%	20	95	9	286
	칠리스	(주)퍼시픽스타	美칠리스	2.7%	20	96	2	55
	마르쉐	덕우산업	스위스모벤픽	3%	10	96	5	110
	우노	코오롱고속관광	美우노	3%	20	97	2	
	아웃백 스테이크하우스	(주)그레이트필드	美아웃백 스테이크하우스	3%	10	97	3	75
아이스크림	배스킨라빈스	(주)비알코리아	美배스킨라빈스	33:67 합작	20	85	460	560
	하겐다즈	한국하겐다즈	(주)美하겐다즈			91	13	100
	TCBY	한국TCBY(주)	美TCBY			94	70	20
	데어리퀸	한국데어리퀸(주)	美데어리퀸	3.2%		94		
도넛	던킨도너츠	(주)비알코리아	美던킨도너츠	33:67 합작	20	86	150	160
면류	기소야	(주)공영식품	日하마사코그룹	53:47		90		
	기조암	고송식품	日大和제작소	기술제휴		91		
	아소산		日야마도	기술제휴		95	4	
커피	스타벅스	(주)에스코코리아	美스타벅스			99	3	
	디드릭	(주)SGS컨텍크	美디드릭			99	2	
	도토루	한국도토루(주)	日도토루			88	42	

자 료 : 월간식당 2000년 4월

(1) 해외 외식 브랜드 도입

최근 기술도입 또는 제휴업체를 미국, 일본, 홍콩, 프랑스 등으로 확대시키고 있으며 업종도 햄버거, 피자, 치킨, 스테이크, 시푸드, 면류와 후식인 아이스크림, 커피 등으로 다양화되고 있다. 해외 외식브랜드 도입현황은 다음의 표 5-6과 같다.

(2) 패스트푸드 업계

패스트푸드는 신속한 서비스와 편의성을 갖고 상대적으로 낮은 가격으로 식품을 제공하는 업태로 식품 자체보다 서비스 속도와 스타일(Style) 때문에 다른 것과 구별되고 있다.

패스트푸드 시스템은 외식산업의 공업화를 가능케 했고 생산과정의 일관성과 서비스 상품의 품질관리를 가능케 해 준다는 점에서 외식산업의 대변혁을 가져왔다.

국내 패스트푸드 시장의 주류를 이루고 있는 업종은 햄버거, 치킨, 피자, 면류 등으로 시장동향을 살펴보면 햄버거 업체의 경우 1994년 1800억원에서 1999년에 약 6000억원 시장과 피자의 경우 1994년 900억원에서 1999년 2300억원 시장을 형성하는 급성장을 이루고 있다. 치킨시장의 경우 메뉴의 차별화, 신 메뉴 개발 등으로 점차 성장세를 보이고 있다. 1999년 경우 연간 KFC, 파파이스 업체가 각각 1400, 1166억원 시장을 형성하는 등 높은 성장률을 보이고 있다.

(3) 단체급식

단체급식이 외식업계에 신종 유망업종으로 대규모의 기업 참여도가 높아지고 있다. 국내 단체급식 시장에 참여한 브랜드는 CJ푸드시스템, 삼성에버랜드, 아워홈, 신세계푸드시스템, 현대지-네트, 이씨엠디, LG유통, 아라코 등이다.

이들 업체들은 위생관리와 고품질의 식자재 공급 등을 위해 HACCP 도입의 확대 및 전문인력의 양성 Program을 준비하고 있고 위탁급식사업과 연계한 식자재 공급 및 유통사업에 대한 시장 활성화에 주력하고 있다.

급식운영방침으로는 Central Kitchen 설립과 병원 급식 메뉴개발, 고객만족경영의 일환인 건강식이와 다양한 웰빙메뉴 개발 등에 체계적인 조직력을 강화시키고 있으며, 국내 단체급식 시장은 상업적 급식 외에도 단체급식의 영역을 점차 확대하여 실시할 것이 예상되어 시장 잠재력이 매우 클 것으로 전망된다.

(4) 패밀리 레스토랑

패밀리 레스토랑은 1987년 일본 코코스(Ccco's)사와 기술제휴한 미도파 코코스 패밀리 레스토랑이 국내에 유입되고 그 이후 10개 이상의 업체가 영업활동을 하고 있어, 국내 외식업계에 새로운 변화요인으로 나타나고 있다.

표 5-7 패밀리 레스토랑의 현황

브랜드명	국내업체	제휴업체	기술도입내용	기간	도입년도	비고
코 코 스	미도파	日코코스	로열티 3%		'88	
데 니 스	일경	美데니스	로열티 2.7%		'94	
T.G.I. Friday	아시안스타	美TGI후라이데이	로열티 3%		'92	
판 다 로 사	이가상사	美판다로사	로열티 3%		'92	
스 카 이 락	제일제당	日스카이락	로열티 2%		'94	
씨 즐 러	(주)TS엔터프라이즈	美씨즐러	로열티 3.5%		'95	
토 니 로 마 스	(주)이오	日토미로마스	로열티 3.5%		'95	
베 니 건 스	동양제과	美베니건스	로열티 3%	10년	'95	
블 루 노 트	블루노트코리아	美블루노트	뮤지션Fee제공		'95	
칠 리 스	대한사업	美칠리스	로열티 3%	20년	'95	
토마토&오니온	영육농산	日토마토&오니온	로열티 3%		'96	
메 벤 픽	아미가호텔	스위스 메벤픽			'96	
로 더 스 가 든	동신식품	홍콩 맥심그룹			'91	
L A 팜 스	화양인코퍼레이티드	홍콩 엘그란드사			'94	
코 라	한우리외식	日코라			'94	
마 르 쉐	덕우산업	스위스 뫼벤픽	로열티 3.5%		'96	

유입된 해외 브랜드 중에는 미국 브랜드가 주종을 이루는데(표 5-7 참고) 그 이유는 미국의 운영제도가 국제화되고 표준화 되어있기 때문이다.

1990년대 초 국내 외식시장에 본격적으로 등장한 패밀리 레스토랑은 패스트푸드에 비하여 메뉴 가격은 높게 책정됐지만 고품질의 음식과 서비스 및 인테리어를 제공받을 수 있어서 고객만족도를 높일 수 있는 여건이 되므로 외식업계는 앞으로 패밀리 레스토랑이 주도해 나갈 것으로 전망되며 한국적인 패밀리 레스토랑으로의 전환 가능한 운영제도를 연구 개발해야 할 것이다.

(5) 시푸드(Sea food) 레스토랑

선진국으로 갈수록 국민소득 증대에 따라 생활수준이 향상되고 건강 지향적인 외식풍토가 자리하면서 육류 중심의 식생활을 탈피하여 시푸드를 선호하는 소비층이 늘고 있어 국내 외식업계가 시푸드 레스토랑에 관심을 집중하고 있다.

시푸드 레스토랑은 생선류와 패류, 해조류의 다양한 식소재를 스테이크, 회, 구이, 찜, 샤브샤브, 샐러드, 죽, 밥, 국의 형태의 주메뉴와 부식 메뉴로 상품화한 고급 전문성 외식업태라 할 수 있다.

그러나 시푸드에 대한 식재의 다양성과 조리방법의 전문성이 개선되고는 있지만 수요창출에 대한 노하우 부족으로 정착되기에는 많은 어려움이 예상된다. 우리 입맛에 시푸드 메뉴 개발의 꾸준한 노력과 시장에 대한 치밀한 조사, 시푸드에 대한 인지도 확산이 요구되고 있다.

4. 외식산업의 위생관리와 환경문제

1 식품위생관리

식생활의 변화로 인하여 식품의 대량생산, 대량유통을 계기로 식품의 소비구조도 가정 위주의 소집단에서 집단급식과 같은 집단체제로 전환됨에 따라 집단 식중독의 발생률이 점차 증가되고 있다.

식품위생이란 식품의 생육, 생산, 제조로부터 최종적으로 사람에게 섭취될 때까지의 모든 단계에서 안전성, 건전성, 악화방지를 확보하기 위한 모든 수단을 말한다.

식품위생은 식품으로 인한 위생상의 위해를 방지하고 식품영양의 질적 향상을 도모함으로써 국민보건의 향상과 증진에 기여함을 목적으로 한다.

따라서 식중독 예방을 위한 위생관리 강화 대책으로 학교급식관련 비리조절, 학부모, 시민단체의 역할 확대, 급식업체 관리 강화, 우수 식자재 사용 확대 등을 내용으로 하고 있으며, 강화 방안으로는 HACCP System 적용을 위해 기반을 구축하며 인적자원의 교육 훈련 및 시설·설비 체계는 확대해 나가고 있는 실정이다.

HACCP란 Hazard Analysis Critical Control Point의 약칭으로 식품의 위해요소 중점 관리라고 한다.

이 제도는 식품의 제조, 가공공정의 모든 단계에서 유해를 끼칠 수 있는 요소를 공정별로 분석하고 각 과정에서 이들 위해물질이 해당 식품에 혼입되거나 오염되는 것을 사전에 방지하기 위하여 중점적으로 관리하는 식중독 예방 위생관리 감시 체계로 식품의 안전성을 최대한 확보하기 위하여 개발된 집중적인 관리 방식이다. HACCP 제도는 위해가능성이 있는 요소를 찾아 분석·평가하는 위해분석(Hazard Analysis)과 위해를 방지 또는 제거하고 안전성을 확보하기 위한 중요관리기준(Critical Control Point)으로 분류된다.

식품제조업체의 입장에서는 위해가 발생될 수 있는 단계를 사전에 선정하여 집중적으로 관리함으로써 위생관리체계 효율성의 극대화가 가능하며 HACCP 적용업소는 HACCP 마크 부착과 적용품목에 대한 광고가 가능하므로 소비자에게 회사의 신뢰성을 향상시키고 안전한 식품을 안심하고 섭취할 수 있도록 하는 이점이 있다.

대중 외식업소는 많은 사람을 대상으로 음식을 조리, 판매하기 때문에 위생관리를 소홀히 하면 경구전염병이나 식중독이 감염되어 건강을 해치는 경우가 있으므로 안전한 음식을 제공할 수 있는 철저한 위생관리 체계가 요구되며 그 대상은 식품 구매, 조리, 취급, 주방 위생시설을 포함하여 주방조리기구, 종사자의 개인위생 등이다.

(1) 식중독(Food poisoning)

식중독이란 음식물을 경구적으로 섭취하였을 때 일어나는 급성 위장염을 주요증상으로 하는 질환을 말한다. 식중독은 원인 물질에 따라 세균에 의한 것, 자연독에 의한 것, 화학성 물질에 의한 것 등으로 분류할 수 있다. 식중독 병인 물질별 발생현황에 대하여는 다음 표 5-8에 나타내었다.

그림 5-3과 같이 흔히 발생되는 세균성 식중독의 경우 대량급식업체에서 집단적으로 발생률이 높은 사고원인은

① 부적절한 조리 및 보관 온도

② 부적절한 냉각 온도

③ 오염된 시설 설비 및 교차오염

④ 개인 위생과 환경 위생관리(방충, 방서설비)

⑤ 식품 취급업자의 화농성균(손의 상처) 등 위생 관리의 부주의에 기인하고 있다.

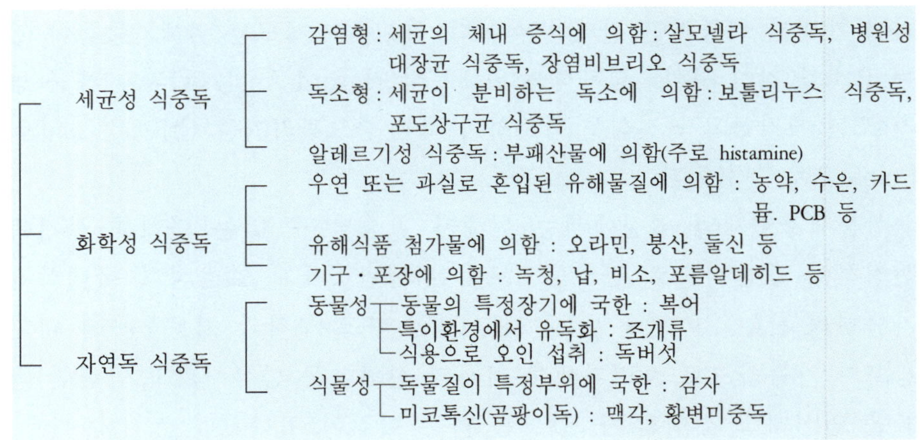

그림 5-3 원인별 식중독 분류

즉, 식품을 조리할 때 손을 거치지 않는 것이 없으며 손은 식중독과 전염병균의 침입경로가 되고 있어 손의 청결상태가 중요시되고 있으며, 식품취급업자는 반드시 손을 깨끗이 씻고 소독을 철저히 해야한다.

표 5-8 흔히 발생되는 세균성 식중독

식 중 독	잠복기(잠), 경과시간(경), 증상(중)	흔히 문제가 되는 원인식품
살모넬라성 식중독	잠 : 5~72시간 경 : 2~3일 증 : 설사 · 복통 · 오한 · 발열 · 구토 · 발열은 없음	식육(육류 · 가금육 · 난류) · 불고기 · 샐러드 · 마요네즈 · 생선 · 어패류 · 어육연제품 · 도시락 · 튀김
포도상구균 식중독	잠 : 1~7시간 경 : 1~2일 증 : 메스꺼움 · 복통 · 구토 · 두통 · 복시 · 연하곤란 · 신경장애 · 변비 · 호흡장애 *단기간에 치명률 높음	김밥 · 도시락 · 떡 · 우유 · 크림 · 유과자 · 버터 · 치즈
보툴리누스 식중독	잠 : 12~18시간 경 : 2~5일 증 : 상복부 동통 · 점혈변 · 탈수 · 허탈	불충분히 열처리된 저장품(육류 · 복합식품 · 채소류) · 절임어류 *특히 자가제조 통조림
장염 비브리오 식중독	잠 : 12~18시간 경 : 2~5일 증 : 상복부 동통 · 점혈변 · 탈수 · 허탈	근허산 어패류(생식)

(2) 위생대책

최근 식중독 발생 양상을 살펴보면 발생빈도가 가정식에서보다 식품접객업소에서의 비율이 높아져 점차 식중독 규모의 대형화 경향을 보이고 있으므로 급식소에서 보다 철저한 식품 위생관리가 필요하다.

따라서 급식소에서는 식중독 발생 사후 수습에만 주력하지 말고 급식소에서 제공되는 식품의 안전성을 근본적으로 보장할 수 있는 적극적이며 체계적인 식중독예방 관리체계 도입이 절실히 요구되어지고 있다.

식중독 예방책에 대하여는 다음과 같다.

① 식품에 식중독균이 부착되지 않도록 한다(청결수칙).

ㄱ 시설, 도마, 식칼 등의 기구, 손의 세척, 소독을 철저히 행한다.

ㄴ 정기적으로 건강관리를 하고, 손의 상처가 있는 사람과 설사가 있는 사람은 조리 작업에 종사하지 않는다.

ㄷ 조리장 내외의 청소, 청결한 복장의 착용에 노력한다.

② 식중독균을 증가시키지 않는다(신속 또는 냉장수칙).

ㄱ 식품(원재료를 포함)에는 원래 다소의 식중독균이 부착되어 있는 것이 많기 때문에 균이 증가할 수 있는 시간적 여유를 주지 않도록 신속하게 조리하여 손님에게 제공한다.

ㄴ 균이 증가하기 쉬운 온도에 방치하는 시간을 짧게 하고, 냉장고(10℃ 이하, 가능하면 5℃ 전후)에서 보관한다.

ㄷ 많은 양을 가열, 조리한 식품은 소량으로 나누어 빨리 냉각시킨다. 중요한 점은 식중독균이 있어도 그것이 식중독을 일으킬 수 있는 숫자가 되지 않는 범위 내에서 먹는 것이다.

③ 식중독균을 죽인다(가열수칙).

ㄱ 가열할 수 있는 식품(식육 등)은 충분히 가열하여 조리한다.

ㄴ 열에 강한 식중독균의 사멸을 위하여 전날에 가열조리된 식품은 손님에게 제공하기 전에 반드시 충분히 재가열한다.

2 환경문제

(1) 음식물 쓰레기 실태

〈배 경〉

국민소득 증대로 인한 소비생활의 변화, 산업화로 인한 각종 공산품의 생산증가 및 농가, 축산, 수산업의 발달로 인한 각종 식품의 생산증가는 인구증가와 더불어 매년 폐기물의 발생량은 증가시키고 있으며 국내 외식산업이 급성장하면서 외식횟수가 잦아지고 음식물의 쓰레기량도 증가하고 있다.

또한 음식물 쓰레기는 자원낭비와 환경오염으로 인하여 사회문제로 대두될 정도로 심각한 문제가 아닐 수 없다. 따라서 집단급식소의 음식물 쓰레기 줄이기 운동은 국가경제와 환경보전 차원에서 볼 때 앞으로 국가정책적으로 확대 실시되어야 한다.

쓰레기 줄이기 운동은 학교급식을 통하여 어린이의 교육적인 측면에서 학생들에게 식량의 소중함과 절약정신을 일깨워주는 계기가 될 것이며 음식물 쓰레기 줄이기 종합대책의 배경을 살펴보면 1992년도에 「좋은 식단제」를 도입하였고 1994년 9월 1일부터 음식점, 집단급식소에 대하여 「음식물 쓰레기 감량 의무화」하였으며 1995년 1월 1일부터 전국적으로 실시된 「쓰레기 종량제」, 1996년 12월 5일 환경보전위원회에서는 「음식물 쓰레기 줄이기 종합대책」, 1997년에는 「쓰레기 퇴비화 정책」 방안들이 세워졌다.

〈현황 및 문제점〉

✋ 현 황

1985년도부터 1993년까지의 가정, 대중음식점, 집단 급식소에서 버려진 음식물 쓰레기의 현황에 대하여 환경처어서 발표한 쓰레기 배출량의 내용은 표 5-9와 같다.

표 5-9 음식물 쓰레기 배출현황

연도	일반 쓰레기 배출량	음식물 쓰레기량 (음식물량,%)	5톤 트럭분으로 환산	전년대비 증감률,% (일반쓰레기)	전년대비 증감률,% (음식물쓰레기)
1985	57,158톤	11,460톤(20.8)	2,292		
1986	61,072톤	14,013톤(22.9)	2,803	6.2증가	22.6증가
1987	87,031톤	14,420톤(16.6)	2,884	9.8증가	2.9증가
1988	72,897톤	17,055톤(23.4)	3,411	8.8증가	18.3증가
1989	78,021톤	19,790톤(25.4)	3,959	7.0증가	16.0증가
1990	83,962톤	23,003톤(27.4)	4,601	7.6증가	16.2증가
1991	92,250톤	26,311톤(28.5)	5,262	9.9증가	14.4증가
1992	75,096톤	21.807톤(29.0)	4,362	18.6감소	17.1감소
1993	62,940톤	9,764톤(31.4)	3,953	16.2감소	9.4감소

자료 : 환경처.

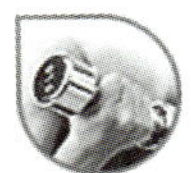

또한 1995 년도 음식물 쓰레기 발생량은 1 일 15,075 톤으로 생활 폐기물 발생량 47,774 톤/일의 31.6 % 를 차지함에 따라 음식물 쓰레기가 차지하는 점유비율은 91 년도 28.5 %에서 95 년도 31.6 %로 증가되었으며 96년도에는 약 35 %로 증가될 것으로 전망되어 선진국에 비해 많이 발생되고 있는 실정이다.

✋ 문제점

① 음식물 쓰레기 특성상 수분 함량이 80~85%로 쉽게 부패되어 수거, 운반시 악취, 오수가 발생되고 과다한 염분으로(약 3 %)퇴비화의 저해요인이 된다.

② 매립처리시 다량의 침출수로 인한 토양 및 지하수 오염 등 2 차 환경오염을 유발시킨다.

③ 부패로 인한 악취, 유해가스 발생은 대기오염의 환경오염을 유발시킨다.

④ 소각시 물기가 많아 소각온도 저하에 따른 보조연료를 추가로 사용해야 하는 문제점이 있다.

따라서 우리나라의 경우 전통적인 식생활 양식이 수분이 많은 음식, 즉 탕문화(湯文化)를 유지해 왔으며 과도한 상차림 등의 식생활 문화로 음식물 쓰레기의 처리방안이 쉽게 개선되지 않고 있다는 것이다. 그러므로 퇴비, 사료 등으로 최대한 재활용하는 기술 개발이 정립되어야 하겠다.

〈음식물 쓰레기 감량화 대책〉

음식물 쓰레기는 자원과 에너지의 낭비이며 수질, 토양, 대기의 환경오염을 유발시키는 문제를 일으킨다. 정부에서는 쓰레기 문제의 근본 해결책으로 음식물 쓰레기의 감량화, 재활용, 위생적인 소각과 매립을 계획 추진 중이며 음식물 쓰레기 적정 처리 대책으로는 감량화와 퇴비화를 추진하는 것이다.

음식물 쓰레기 감량화 대책 5 가지 방법에 대한 내용은 다음과 같다.

① 주방 오물 분쇄기(Disposer)사용

음식물을 갈아서 하수도로 배출하는 방법으로 1980년경 권장되어 왔으나 1992년부터는 수질 오염의 원인이라 하여 폐지하였다.

② 음식물 쓰레기의 사료화

가축의 사료로 재활용하는 방법으로 음식물 쓰레기는 가축의 육질을 우수하게 하는 이점이 있다.

③ 단순건조에 의한 감량화로 음식물 쓰레기를 고속 열풍 건조하는 방법

음식물 쓰레기의 수분함량을 10 % 이내로 줄임으로써 4/5 정도의 무게와 9/10 정도 부피를 감소시킬 수 있다.

④ 탈수 후 미생물에 의한 감량화로 발효에 의한 퇴비화

음식물 쓰레기를 적정수준으로 탈수한 후 호기성 미생물에 의해 분해 가능한 유기물을 미생물 또는 영양소원으로 사용 가능한 형태의 유기물질로 변환시키는 방법으로 가장 효과적인 방법이라 할 수 있다.

⑤ 바이오 가스 생산을 위한 기질로의 사용

음식물 쓰레기를 적정 수준으로 탈수한 후 혐기성 미생물의 분해작용에 의해 메탄가스로 전환하여 에너지원화 하는 방법 등이다.

또한 좋은 식단제와 조리법의 표준화 작업이 이루어져 음식물의 잔반을 줄이는 방법이다.

좋은 식단이란 위생적이며 적당량을 제공하는 균형 잡힌 식단으로 과다한 상차림을 지양하고 소비자가 먹을 만큼만 제공하는 좋은 상차림을 의미한다.

좋은 식단이 정착되기 위해서는 조리법의 표준화 작업이 이루어져야 하는데 이는 레시피(recipe)를 특정 급식소의 운영목적에 맞게 조정하는 과정으로 급식소의 운영 유형 및 사용하는 기기, 1인분량, 필요한 생산총량, 1인분의 가격, 음식의 바람직한 품질표준 등을 포함한다.

(2) 일회용품 사용 규제

서구식 패스트푸드점과 테이크 아웃 커피 전문점이 증가되면서 환경보다는 편리함만을 추구하는 소비와 판매 패턴이 1회용품 사용량을 매년마다 증폭시키고 있다. 이에 2002년 10월 4일 대형 패밀리 레스토랑

과 Take-out 커피전문점들이 환경부와 1회용품 사용 줄이기 운동을 자발적으로 협약 체결했다. 커피 등 음료수를 매장 밖에서 마시기 위해 1회용컵을 가지고 나가는 고객은 50원(커피), 100원(패스트푸드)의 예치금을 추가로 내야하며 매장에 반납시 예치금 환불 제도를 실시하고 있다. 자발적 협약 신고 포상금제 실시로 인해 1회용품 사용 규제에 대한 인지도를 높이고 공감대가 형성되었다. 또한 유상으로 제공하는 대신 업체에서는 소비자에게 비누, 노트, 휴지 등 다양한 재활용품 등을 고객에게 무상으로 제공하여 환경보호에 비용절감 등의 효과를 거뒀다.

　이상과 같이 계속 증가되는 폐기물 중 음식물 쓰레기의 위생적인 처리는 매우 중요한 일이지만 발생 전에 이를 감량화 하는 것이 더욱 중요한 일이므로 정부의 시책에 따라 지속적으로 참여하여 개선하고 노력한다면 분명히 성과를 거둘 것이다. 그래서 범 국가적 세계적 환경보전운동에 적극 동참하여 더욱 정진하여야 할 것이다.

한국인의 식생활과 건강

1. 식품섭취량의 변화

한 나라의 식생활 양식은 전체적인 식품 소비추세의 양상에 따라 좌우되며 나아가 그 나라 국민의 영양상태에 까지 영향을 미친다.

우리나라는 1960년대의 경제개발 계획이 수립되기 전까지 전체국민의 식생활수준은 매우 궁핍한 상태로 이어졌으나, 경제적 성장기를 맞으면서 식생활의 양상은 매우 다양하게 변화되어 왔다. 1970년대 중반 이후부터는 양적인 식량문제는 해결되었고 질적인 영양문제가 연령간, 지역간, 소득계층간에 따라 차별화되어 오늘날은 이에 따른 건강문제까지 제기 되고 있는 실정이다.

따라서 1969년 이후부터의 식품류별 섭취량의 변동상황을 통해서 현재 우리나라 사람이 소비하는 식품섭취량의 변화를 개괄적으로 설명해 보면 다음과 같다.

먼저 전체적인 국민 1인당 1일 평균 식품의 총섭취 열량은 표 6-1에서 처럼 평균 500 Kcal 수준에서 약간의 변화를 보여 왔다. 그 중 식물성 식품 섭취율은 1970년대의 90 % 이상의 수준에서 점차 감소하여 80년대 후반부터는 80 % 내외로 유지되는 것에 비해 동물성 식품의 섭취율은 같은 기간동안 상대적으로 증가하여 70년대 중반까지 10 % 미만이던 것이 최근에는 15 %수준으로 상향 유지되고 있다.

표 6-1 연도별 영양공급량 및 구성비

구 분	1976	1986	1996	2000	2001
에너지(Kcal)	2414	2746	2948	3010	2994
식물성(%)	92.0	88.7	84.6	85.7	84.3
동물성(%)	8.0	11.3	15.4	14.3	15.7
전분질(%)	83.4	71.0	61.2	60.1	57.1
채소류(%)	3.9	5.1	6.3	6.6	6.5
기타(%)	4.7	12.5	17.1	19.0	20.7

자료 : 한국식품연감, 2003, 농수축산신문

이같은 결과는 표 6-2의 식품류별 1인당 연간 공급량의 변동 추이에서도 나타나듯이 예전의 주요 기본 식량인 곡류와 서류 등의 식품류는 연평균 증가율이 감소하는 것에 비해 육류, 계란류, 우유류, 어패류 등의 동물성 식품류는 그 공급량이 뚜렷하게 증가되어 앞에서의 국민영양조사의 결과와 유사한 경향을 나타냈다.

이같은 동향의 주요 변화요인은 무엇보다도 국민 1인당 국민소득의 향상이 뒷받침되었으며 우리나라의 식량수급 정책, 나아가 대외교역에 따른 먹거리의 상호교류와 국민의 식품 소비성향의 변화 등의 결과로 분석할 수 있다.

표 6-2 식품류별 1인당 연간 공급량의 변동 추이

(단위 : Kg, %)

구 분	1965	1970	1975	1980	1985	1990	1994	연평균증가율
곡 류	204.4	194.9	193.0	185.0	187.8	175.4	172.1	−0.6
서 류	92.5	56.0	35.0	21.5	15.9	11.0	12.2	−6.7
설탕류	1.3	6.2	5.2	10.3	9.5	15.3	17.4	9.4
두 류	5.9	7.4	8.3	9.7	10.0	10.3	11.1	2.2
견과류	0.1	0.1	0.2	0.4	0.8	0.5	1.1	8.6
종실류	0.1	9.1	1.3	0.4	0.8	0.7	1.2	8.9
채소류	46.7	59.9	62.5	120.6	130.4	132.6	140.8	3.9
과실류	9.8	10.0	14.0	16.2	22.3	29.0	35.3	4.5
육 류	5.9	8.3	9.3	13.9	12.9	23.6	29.7	5.7
계란류	1.9	3.2	4.0	5.9	5.5	7.9	8.4	5.2
우유류	2.1	1.8	4.4	1.8	15.1	31.8	33.9	10.1
어패류	16.6	14.7	24.6	22.5	26.4	30.5	32.6	2.4
해조류	1.4	2.6	5.3	4.5	5.2	5.7	12.3	7.8
유지류	0.4	1.5	2.7	5.0	7.2	14.3	14.5	13.2

자료 : 한국식품연감(1996)

2. 영양소 섭취량의 변화

우리나라 사람의 식품소비 양상이 변화함에 따라 영양소 섭취량도 비슷한 경향으로 변화되어 왔다. 1969년부터 실시한 국민영양 조사에 따르면 1970년대 중반이후부터 영양섭취의 질적인 향상이 이루어져 80년대를 거쳐 오늘에 이르기까지 그 상승세는 지속되고 있다.

표 6-3에서 처럼 1998년의 전국 1인 1일당 평균 섭취열량은 1,985kcal로 1994년까지의 감소추세로부터 벗어나 약간 증가된 것으로 나타나고 있다. 이것은 성인환산율을 근거로 성인에게 적용시켜 보면, 성인 1인당 하루에 섭취하는 에너지 권장량의 94.5%로 산출된다(그림 6-1 참조).

표 6-3 영양소별 섭취량의 연차적 추이(전국 1인 1일)

구　분	1969	1972	1975	1978	1981	1984	1987	1991	1993	1994	1995	1998[3]
에너지(Kcal)	2105	1904	1992	1833	2052	1901	1819	1930	1848	1770	1839	1985
단백질(g)	65.6	64.7	63.6	59.5	67.2	69.3	71.1	73.0	72.6	71.9	73.3	74.2
지방(g)	16.9	19.2	19.0	22.	21.8	24.0	29.7	35.6	36.9	35.9	38.5	41.5
당질(g)	423	368	399	346	394	351	308	325	301	286	294.5	325.0
칼슘(mg)	444	486	407	412	559	481	464	519	523	556	530.9	511.0
철분(mg)	24.8	12.9	12.4	10.3	15.8	13.9	22.8	23.1	22.4	22.0	21.9	12.5
비타민A(I.U.)	1400	1504	1362	1064	1804	1681	1204	550(R.E.)	440	411	443.0	625
티아민(mg)	1.76	1.09	1.21	1.2	1.78	1.17	1.03	1.27	1.37	1.12	1.16	1.35
리보플라빈(mg)	1.28	0.77	0.77	0.8	1.24	1.04	1.11	1.24	1.11	1.19	1.20	1.09
나이아신(mg)	27.8	13.6	15.3	16.1	20.1	22.7	17.7	17.5	16.5	16.6	16.7	15.7
비타민C(mg)	89.9	73.4	78.9	68.3	67.2	58.6	51.2	92.2	92.6	93.5	98.3	123.1
동물성 단백질비(%)[1]	11.6	24.0	20.6	28.7	32.2	38.1	39.1	42.7	47.7	47.7	47.3	48.0
곡류열량비(%)[2]	85.9	83.6	82.5	78.0	75.5	72.9	67.3	65.8	63.8	61.3	61.2	58.5

자료 : 국민영양조사(1998)

1) 동물성 단백질비(%)＝동물성 단백질/총단백질×100

2) 곡류에너지비(%)＝곡류에너지/총에너지×100

3) '69～95'년까지는 가구별 칭량법. '98년도는 개인별 24시간 회상법에 의해 실시된 결과임.

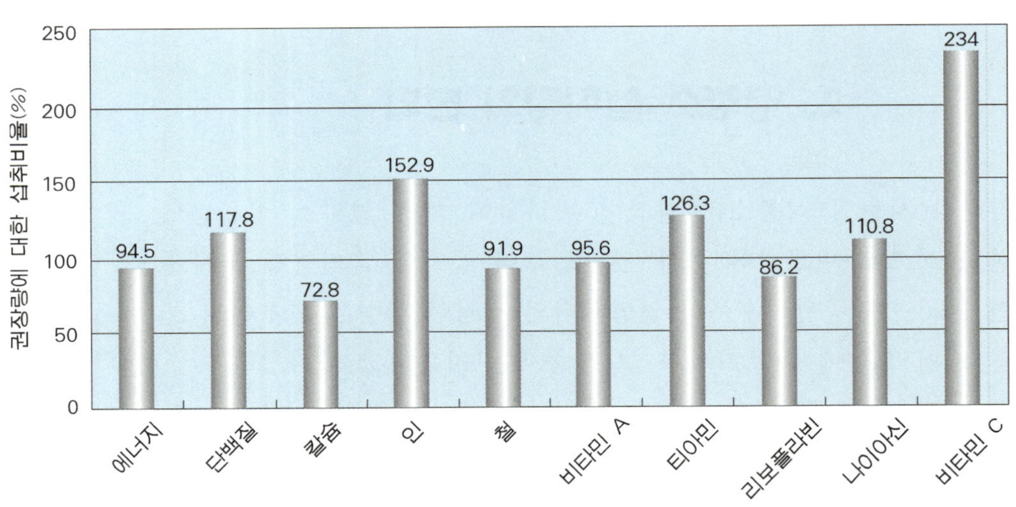

그림 6-1 영양권장량에 대한 영양소별 평균 섭취비율(국민영양조사, 1998, 전국)

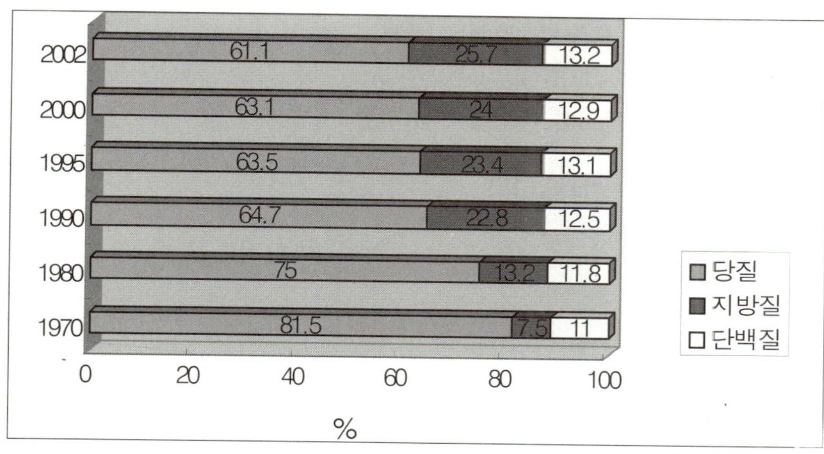

그림 6-2   연도별 공급에너지의 영양소별 구성비

(식품수급표, 2002, 한국농촌경제연구원)

이같은 경향은 식품수급표에 따른 한국인의 1인 1일당 영양소 섭취
량의 추이(표 6-4 참조)와 비교할 때 영양소간의 섭취량의 수치는 차이
가 있으나 전체적인 변화의 양상은 비슷한 결과로 설명할 수 있다.

표 6-4   한국인의 1인 1일당 영양소 섭취량 추이

연 도	에너지 (Kcal)	단백질(g)	지방(g)	당질(g)	에너지 구성비(%)		
					P	F	C
1970	2370	65.2	19.7	482.9	11.0	7.5	81.5
1975	2390	71.1	27.4	464.8	11.9	10.3	77.8
1980	2485	73.6	36.6	465.3	11.8	13.3	74.9
1985	2687	86.6	51.8	468.6	12.8	17.4	69.8
1990	2853	89.3	72.2	461.5	12.5	22.8	64.7
1994	2944	93.8	77.6	467.6	12.8	23.7	63.5

자료 : 한국식품연감, 식품수급표

즉 총섭취 열량 중 단백질, 지방, 당질의 섭취율은(그림 6-2, 표 6-4
참조) 1970년에 각각 11.0%, 7.5%, 81.5%였던 것이 2002년에 이르러서
는 이들 3대 영양소의 섭취율이 각각 13.2%, 25.7%, 61.1%로 나타나

표 6-5에서 처럼 선진국의 섭취수준과 근사하게 변화되었다.

표 6-5 나라별 영양소별 권장량 구성비율

	이상형의 구성비율(%)	한국(2002년)	미 국	일 본
단 백 질	11~12	13.2	12	12~13
지 방	20~25	25.7	30	20~30
탄수화물	63~69	61.1	58	68~57

　이것은 앞에서의 식품섭취의 변화와 일맥상통하는 결과로 당질의 주요 공급 식품인 곡류와 서류의 섭취량은 감소하는 데 비해(표 6-2 참조) 어육류와 우유류의 섭취율은 상대적으로 향상되어 단백질의 섭취율이 증가한 것으로 나타났다(그림 6-3 참조).

　이와 같이 우리나라의 영양소 섭취수준은 미국이나 일본에 비해 지방 섭취율이 약간 낮지만 오히려 이상적인 수준의 식생활을 영위하는 것으로 비교할 수 있다. 그러나 이것은 어디까지나 평균적인 수치에 불과하고 한쪽에서는 아직도 지나치게 곡류 위주의 식생활을 하는가 하면 다른 한편에서는 육류와 지방류의 과다섭취 등으로 인해 선진국형의 성인병 발병양상도 나타나고 있다.

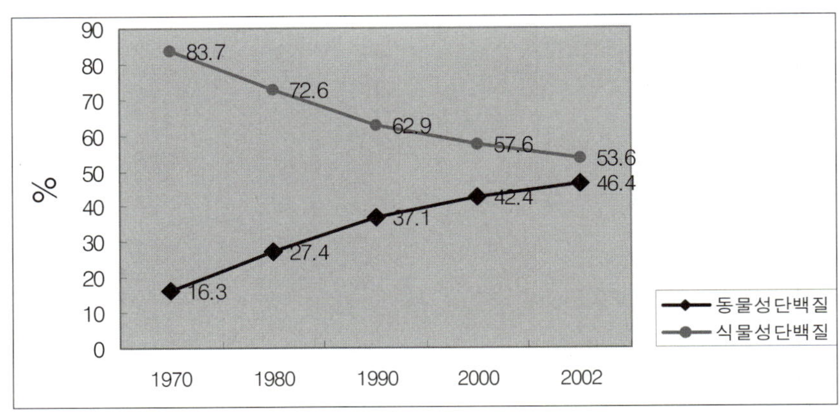

그림 6-3 연도별 공급단백질의 구성비
(식품수급표, 2002, 한국농촌경제연구원)

　　따라서 우리나라 국민의 건강유지에 필요한 표준 영양권장량을, 한국인의 활동상태에 따른 열량 소모량과 성인 1인당 열량 섭취량, 그리고 영양권장량에 대한 섭취율 등을 참고하여 표 6-6과 같이 한국인의 표준 영양권장량을 마련하여 제시하고 있다.

표 6-6　한국인의 영양권장량

구 분	연 령	체 중 (Kg)	신 장 (cm)	에너지 (Kcal)	단백질 (g)	칼 슘 (mg)	철 분 (mg)
영아	0~4개월[1]	5.6	58	500	15(20)	200(300)	2(6)
	5~11개월	9.3	73	750	20	300	8
소아	1~3세	14	92	1200	25	500	8
	4~6세	19	111	1600	30	600	9
	7~9세	27	127	1800	40	700	10
남자	10~12세	38	144	2200	55	800	12
	13~15세	54	162	2500	70	900	16
	16~19세	64	172	2700	75	900	16
	20~29세	67	174	2500	70	900	12
	30~49세	68	170	2500	70	700	12
	50~64세	68	168	2300	70	700	12
	65~74세	64	167	2000	65	700	12
	75 이상	60	166	1800	60	700	12
여자	10~12세	38	144	2000	55	800	16
	13~15세	51	158	2100	65	800	16
	16~19세	54	160	2100	60	800	16
	20~29세	54	161	2000	55	700	16
	30~49세	55	158	2000	55	700	16
	50~64세	57	157	1900	55	700	12
	65~74세	54	154	1700	55	700	12
	75 이상	52	152	1600	55	700	12
임산부	전반기			+ 150	+ 15	+ 300	+ 4[2]
	후반기			+ 350	+ 15	+ 300	+ 8[2]
수유부				+ 400	+ 20	+ 400	+ 2

㈜ 1) 모유영양아 기준권장량(괄호안의 수치는 조제유 영양아 권장량)
　　2) 철 보충제 권장
　자료 : 한국영양학회편, 한국인의 영양권장량, 제 7차 개정, 2000년

3. 한국인을 위한 식사지침

세계인의 영양섭취 수준과 음식의 소비형태는 각 나라의 국민 1인당 소득수준과 식량수급정책 및 전통적인 식문화 배경 등에 따라 달라지므로 각 나라마다 식사지침이 같을 수는 없다. 따라서 우리나라도 제반 상황을 기초로 국민의 건강한 식생할 영위를 위해 1986년에 각 단체에서 한국인을 위한 바람직한 식사지침을 다음과 같이 만들어 권장하고 있다.

한국인의 건강을 위한 식사지침(한국식량경제학술협의회, 1985)

- 여러 가지 음식을 골고루 먹자.
- 적정체중을 유지할 수 있도록 알맞게 먹자.
- 콩, 수산물, 우유 그리고 과일을 많이 먹자.
- 음식을 되도록 싱겁게 먹자.
- 식량의 낭비를 줄이고 즐거운 식생활을 하자.

국민식생활개선지침(식생활개선범국민운동본부, 1986)

- 여러 가지 음식을 골고루 먹자.
- 축산물, 수산물, 콩류를 좀더 먹자.
- 지방질을 알맞게 먹자.
- 우유를 많이 마시자.
- 음식은 되도록 싱겁게 먹자.
- 우리나라에서 나는 식품을 많이 이용하자.
- 식생활을 즐겁게 하자.

한국인을 위한 식사지침(한국영양학회, 1986)

① **다양한 식품을 골고루 먹자** : 인체가 생명을 유지하고 건강하게 매일의 생활을 영위해 나아가는 데 필요한 영양소는 약 40여 종에 달한다. 이들 영양소의 체내 역할은 다양하며, 또 영양소 상호간에 유기적인 관계에 있어서 한 영양소라도 과다 또는 부족하면 영양상 균형이 깨지게 된다.

영양상 균형이 잡힌 식품을 섭취하려면 위의 모든 영양스를 각 개인의 필요량에 만족되도록 섭취해야 하는데, 실제로 우리가 섭취하는 식품은 매우 다양하고, 또 각 식품마다 영양소의 종류와 함량이 달라 매일 섭취량을 계산하기가 어렵다. 그러므로 영양소의 조성디 비슷한 식품들을 식품군으로 묶어 이 식품군을 골고루 섭취하면 대체로 필요로 하는 영양소를 얻을 수 있다.

더욱이, 미량 영양소인 비타민과 무기질은 같은 식품군에 속하는 식품이라도 그 종류와 함량이 매우 다르다. 그러므로 다양하게 식품을 선택함으로써 영양소의 상호보완 효과를 얻어 부족되는 영양소가 없도록 하는 것이 바람직하다.

② **정상체중을 유지하자** : 우리나라는 서구 여러 나라의 경우에 비하면 과다 체중에서 오는 건강문제는 아직 비교가 안 된다. 그러나 경제수준의 향상과 더불어 생활양식이 서구화되어 가는 경향이 있고, 체중과 신장이 점차 증가하면서 성인병의 발생률과 사망률도 증가추세에 있다.

체중이란 건강과 밀접한 관계가 있어서 섭취한 열량과 소비한 열량이 서로 균형이 맞았을 때 그대로 유지될 것이다. 그러나 만일 섭취한 열량이 소비한 열량보다 더 많을 때에는 여분의 열량이 체내에 지방으로 저장되어 체중이 증가하게 된다.

그러므로 체중을 줄이고 싶을 때에는 열량만 높은 설탕·탄산음료 등의 음식이나 튀김과 같은 고열량의 음식을 적게 섭취하여 우선 열량 섭취량을 감소시켜야 하고, 또 생활에서 활동량을 늘려 열량을 더 소비하도록 하여 에너지대사의 균형을 유지해야 한다.

그러나 정상 체중 이하로 체중을 줄이는 것은 건강을 해칠 우려가 있으므로 조심해야 한다.

③ **단백질을 충분히 섭취하자** : 단백질은 성장기의 어린이나 성인에게 새로운 조직의 발달을 도와주고, 동시에 낡은 조직을 대체하여 정상적인 성장과 건강을 유지시켜 준다. 따라서, 단백질의 결핍은 체조직의 손실을 일으켜 성장부진과 체력의 약화를 초래한다.

단백질은 여러 식품에 상당량이 함유되어 있으면서도 일상생활에서 부족되기 쉬운 영양소이다. 단백질의 섭취는 곧 아미노산을 공급하기 위한 것이기 때문에 필수아미노산의 균형된 식사를 하는 것이 중요하다.

아미노산 조성에서 식물성 식품은 인체의 요구량에 비해 한두 가지 아미노산이 부족되는 경향이 있다. 반면 육류·어류·달걀·우유 등 동물성 아미노산의 보완기능이 높다. 따라서 질이 좋은 단백질의 섭취량을 늘리고, 골고루 여러 가지 식품을 섭취하며, 매일 필요한 양의 단백질을 섭취하는 것이 중요하다.

④ **지방질은 총에너지량의 20 %정도를 섭취하자** : 한국인의 경우에는 영양권장량에서 추천한 바와 같이 총열량섭취량의 20 % 정도를 지방질로 섭취할 것을 권장하고 있다. 특히, 식물성 및 동물성 유지의 섭취에 있어서 균형을 유지하도록 강조하고, 생선과 콩의 섭취도 권장하고 있다. 즉, 질적인 면에서의 필수지방산 섭취의 균형을 유지하도록 한다.

식물성 기름은 체내외에서 산패(酸敗)되기 쉬우므로 보관시 공기 및 금속과의 접촉과 높은 온도를 피하고, 신선하게 보관하며, 여러 번 튀기는 것을 삼가고, 구입시 제조일을 확인해야 한다.

⑤ **우유를 매일 마시자** : 우유는 칼슘(Ca)과 리보플라빈(riboflavin)의 함량이 많은 식품이다. 이 두 영양소는 우리 나라의 식사에서 특히 부족한데, 우유 한 컵(200 ㎖)에는 칼슘이 250 ㎎, 리보플라빈이 0.36 ㎎정도 함유되어 있어 매일 우유를 한 컵씩 마시면 이들 영양소의 섭취수준을 크게 향상시킬 수 있다.

또한, 우유의 단백질은 양적으로 많지 않지만 필수아미노산의 함량이 많아 우리나라 식사의 단백질의 질을 높일 수 있다. 그러나 우유는 철분의 함량이 적고, 비타민 D · 비타민 C · 비타민 B_1 등의 함량도 적으므로 이들 영양소의 공급은 크게 기대할 수 없다.

또한, 우유는 위궤양 · 위염 · 골다공증 · 간장질환 · 당뇨병 등의 치료 및 예방을 위해서도 권장되는 식품이다. 이러한 우유의 영양학적 효과는 우유 뿐만 아니라 요구르트 · 치즈 등의 유제품을 섭취함으로써도 얻을 수 있다.

⑥ **짜게 먹지 말자** : 식염(食鹽)의 성분이 되는 나트륨(Na)은 체내 대사에 꼭 필요한 무기질이다. 그러나 나트륨을 다량 섭취한 사람들 중에서 고혈압(高血壓)의 발생빈도가 높아 과잉의 나트륨섭취가 건강상의 문제로 대두되고 있다. 고혈압은 다른 여러 가지 합병증(合倂症)을 유발시킬 수도 있으므로 고혈압을 예방하는 것은 매우 중요하다. 최근 우리나라에서도 고혈압의 합병증으로 인한 사망률이 점차 증가추세에 있다.

한국인은 곡류의 과잉 섭취로 인하여 매우 짜게 먹는 식습관을 형성해 왔다. 우리나라 사람의 1일 평균 식염 섭취량은 20g이 넘어 서구 여러 나라보다 높은 편에 속한다. 그러므로 우리는 짜게 먹는 식습관을 고쳐 나트륨의 섭취를 줄이도록 노력해야 할 것이다.

나트륨의 섭취를 줄이려면 간장 · 된장 · 고추장 등의 사용량을 줄이고, 동시에 식염을 이용한 가공식품의 사용을 제한하며, 화학조미료의 무절제한 사용을 금해야 할 것이다.

⑦ **치아건강을 유지하자** : 설탕이 많이 함유되어 있는 식품을 먹을 때 일어나는 가장 큰 건강문제는 충치(蟲齒)의 유발이다. 충치문제는 유아기 및 학령기의 어린이에서 심각하며, 우리나라 사람의 약 90 % 이상이 충치를 가지고 있다. 설탕에 의한 충치 발생은 설탕의 총섭취량보다 섭취빈도에 의해 더 영향을 받으며, 특히 간식(間食)을 통한 섭취가 가장 밀접한 관련이 있다.

사탕·과자류·아이스크림·과일 가공식품 등 대부분의 간식은 설탕 함량도 많을 뿐만 아니라, 부착성이 높아 충치의 발생을 조장하며, 청량음료의 잦은 섭취도 충치를 유발시킨다. 이에 반하여 신선한 과일이나 야채는 구강 내에서 청정작용을 극대화시킨다. 따라서, 설탕이 많이 함유되어 있는 식품을 줄이고 신선한 과일을 섭취하도록 해야 한다.

⑧ **술, 담배 카페인음료 등을 절제하자** : 알코올음료는 열량을 제공하지만 다른 영양소가 거의 없고(Empty calorie food), 식욕을 감퇴시키며, 몇 가지 필수영양소의 흡수를 방해하기 때문에 비타민·무기질 등의 부족을 일으키기 쉽다. 또한, 만성적인 과음자는 간경변이나 지방간 등 간장질환의 발생위험이 크며, 임신 중에 알코올을 섭취하면 기형아를 낳을 확률이 높다.

그리고 흡연은 폐포 대식세포에 과산화수소의 발생을 증가시켜 폐기종(肺氣腫)을 유발하기 쉬우며, 항단백질분해효소(抗蛋白質分解酵素)의 부족을 가져와 폐를 상하게 함은 물론, 혈액 중의 HDL의 수준을 떨어뜨리고 혈청의 중성지방을 상승시켜 심장병과 말초혈관계의 질병을 높이는 경향이 있다.

또한, 카페인(caffein)은 주로 커피나 홍차에 많이 함유되어 있지만 요즈음 많이 마시는 콜라에도 상당량 함유되어 있는데, 이것은 중추신경을 자극하며, 이뇨(利尿)촉진의 효과 외에 혈압을 상승시키고, 철분의 흡수를 방해하며, 불면증을 유발시킨다. 그러므로 과량 섭취하면 부작용이 많다. 커피에 중독되면 커피를 마시지 않을 경우 두통·무기력·초조·불안 등의 증세를 보인다.

⑨ **식생활 및 일상생활의 밸런스를 유지하자** : 한 사람의 하루 일과는 쉬고·먹고·활동하는 것의 세 부분으로 나누어 볼 수 있다. 식생활은 하루 생활의 중요한 부분으로 인식되며, 일상생활과 식생활과의 관계는 다음과 같이 관련되어질 수 있다.

첫째, 섭취하는 열량과 활동에 소비하는 열량 사이에 균형을 맞추기 위하여 열량이나 한두 가지의 영양소가 편중되어 있는 음식물의 다량 섭취를 지양해야 할 것이다.

둘째, 개인의 식사의 양과 질은 그날의 일과량과 현재까지의 건강상태에 의하여 결정된다. 따라서, 식사의 질과 양 및 활동량은 운동량을 조절함으로써 건강을 유지하도록 해야 할 것이다.

셋째, 규칙적으로 식사하고 배설하며 수면을 취함으로써 일상생활과 식생활에 있어서 항상성의 관계를 유지해야 할 것이다.

넷째, 원만한 식생활은 일상생활의 성취감에 중요한 영향을 끼친다. 따라서 규칙적인 식사, 균형된 식사 및 유쾌한 식사를 하도록 노력해야 할 것이다.

⑩ **식사는 즐겁게 하자** : 가족들이 한자리에 모여 정성껏 만든 음식을 섭취할 때 가족구성원의 즐거움은 한층 더 증가될 수 있다. 즐겁고 바람직한 식사시간을 위하여 몇 가지 사항을 고려할 필요가 있다.

즉, 영양소가 골고루 섭취될 수 있도록 여러 가지 식품을 선택하고, 적합한 조리방법으로 영양소의 손실을 막는다. 식품의 특성과 조리시의 변화를 잘 이해하여 식품의 소화율을 증가시키고 가족들의 기호를 만족시킬 수 있는 방법으로 조리한다. 또한, 식품에 들어있는 미생물이나 기생충이 파괴될 수 있도록 식품에 맞는 조리온도를 선택한다. 이와 더불어 가족간의 사랑과 존경이 넘칠 때 식사시간은 하루 생활을 즐겁게 만들 수 있는 원동력이 될 수 있고, 더 나아가 밝은 사회의 기초가 될 것이다.

이상과 같은 식사지침의 과학적인 기초는 어느정도 가치가 있으며, 일반국민의 건강을 어느정도 증진시키는 효과가 있을지는 아직은 미지수다. 그러나 우리나라의 실정에 따라 만들어진 이들 식사지침은 일반국민의 영양학적인 위험인자를 감소시키는 방향으로 만들어져 있으며, 앞으로도 계속적인 영양학적 기초연구의 결과에 따라 수정되어 갈 것이다.

4. 몇 가지 성인병과 식사원칙

1 성인병이란?

성인병(Chronic illness)이라는 말은 원래 노인병(Geriatrics)이라는 어원에서 비롯된 것으로 「노인병」이라는 말의 어감이 좋지 않아 일본에서 이를 「성인병」으로 대신 쓰기 시작한 것에서 유래된다.

미국의 권위있는 만성퇴행성질환 전문위원회에서 규정한 「성인병」의 개념을 보면 다음 사항 중 한 가지라도 해당하면 바로 성인병이라고 정의하고 있다.

- 질병자체가 영구적인 것
- 불가역적인 병적 변화를 갖는 질병
- 후유증으로 불구나 무능력상태가 되는 질환
- 재활(再活)에 특수한 훈련이 필요한 질병
- 장기간에 걸쳐 지도·관찰 및 전문적인 관리 등이 필요한 질환 등

이것을 간단하게 다시 정리하면 「성인병이란 성년기 이후에 가령(加齡)·노화(老化)와 함께 점차 많이 발생하는 비전염성의 만성 및 퇴행성질환이나 불구나 무능력상태 및 기능장애 등을 말한다」라고 할 수 있다. 이러한 성인병은 20대 후반이나 30대 초반에서 나타나기 시작하여 노쇠(senility)와 더불어 문제가 심각해지는 난치성·불치성의 만성적인 퇴행성질환으로 진행된다.

생활수준이 향상됨에 따라 질병의 양상도 크게 변하여 예전에 보았던 영양실조, 전염병, 기생충병과 같은 감염성질환에 의한 이환율과 사망률은 매우 급속히 감소되고, 대신 여러 종류의 성인병들이 그 자리를 차지하고 있다. 최근 경제기획원이나 인구보건연구원 등이 조사한 바에 따르면 2000년을 기준으로 우리나라 사람의 평균수명은 남자가 70세, 여자가 78세로 발표되었다. 이처럼 노인층 인구가 증가하여 성인병의

이환율은 점점 사회적인 문제로 대두되는 실정이다. 사인별(死因別) 성인병에 관한 일반적인 질환의 종류는 다음과 같다(그림 6-4).

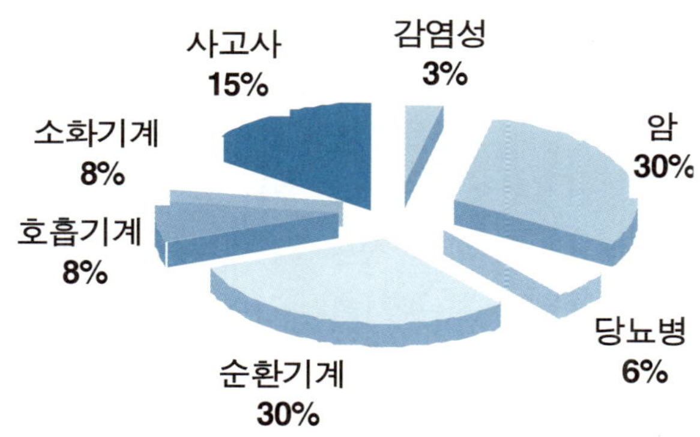

그림 6-4 인구 10만명당 주요 사망원인별 사망률
(한국통계연감, 2002, 통계청)

즉 뇌졸중, 고혈압, 심장병, 동맥경화증, 만성심장병, 만성위장병, 만성간장병, 암, 당뇨병, 비만증, 신경계질환 및 만성호흡기질환과 정신장애 등을 들 수 있다. 이들 만성·퇴행성질환 중 특히 고혈압, 뇌졸중, 동맥경화증, 심장병, 당뇨병, 만성신장병 등은 대표적인 순환기계통의 질환으로 분류된다. 연령별로 이들 순환기계통 질환의 사망률(死亡率)을 보면 20세까지는 약 6.4%, 21~40세까지는 약 16.0%, 41~60세까지는 약 28.7%, 70세 이상에서는 약 27.2%의 비율을 보이고 있어 노화(老化)에 따라 사망률이 증가하는 것을 알 수 있다(97년 사망원인 통계).

우리나라의 사망원인별 사인구조와 한국인의 10대 주요 사인(死因)의 결과에서 나타나듯이 고혈압 등의 순환기계의 질환과 암은 전체질환의 47% 이상으로 나타나 성인병은 이른바 한국인의 주요 사망원인의 질환들로 인식된다(그림 6-4와 표 6-7 참조).

이중에서 가장 중요한 원인적인 핵심질환은 고혈압, 동맥경화증 그리고 당뇨병으로서 이 3가지는 현대인의 3대 성인병으로 불리기도 한다. 이들 질병은 서로 매우 밀접하게 연관되어 있어 불가분의 관계를 이룬다. 즉 고혈압이 오래 지속되면 필연적으로 동맥경화증이 발생하고 동맥경화증이 있으면 결과적으로 당뇨병이 잘 병발되는데 사실 당뇨병의 합병증 가운데 가장 심각한 것이 바로 동맥경화증이다. 따라서 이 3가지 성인병은 마치「동맥경화증」이라는 중심톱니바퀴를 가운데 두고 '고혈압'과 '당뇨병'의 두 톱니바퀴가 서로 연결되어 연속적으로 돌아가는 상호관계에 있다.

결국 고혈압은 원인질환이고 동맥경화는 그 원흉이 되는 핵심질병이며 당뇨병은 결과적으로 병발된 속발질환인 것이다. 특히 이중에서 고혈압은 여러 가지 성인병을 유발시키는 온갖 성인병의 원인이 되는 순환기계통의 근원적인 질환이 된다.

표 6-7 인구 10만명당 주요 사망원인별 사망률

사망원인	남 자	여 자	평 균
감염성 및 기생충 질환	16.6	9.5	13.0
호흡기 결핵	9.7	3.8	6.8
암(위암, 간암, 폐암, 유방암)	155	88.2	122.1
당뇨병	22.5	22.7	22.6
순환기계질환	119.0	127.4	123.2
고혈압성질환	6.7	11.2	8.9
허혈성질환	24.0	19.0	21.5
뇌혈관질환	69.4	77.1	73.2
호흡기계질환	38.6	29.1	33.9
폐렴	9.3	7.1	8.2
소화기계질환	45.6	17.0	31.3
간질환	36.9	8.7	22.9
사고사	85.8	35.5	60.7
교통사고	36.8	13.9	25.4
자살	20.3	8.9	14.6

주) 5세 이상 인구 십만명당
자료 : 사망원인통계연보, 2000, 통계청

 따라서 전세계적인 사회적 문제로 대두된 성인병에 대해 올바르게 이해하고 효율적으로 관리하는 것은 현대인이 갖추어야 할 예방적 수단이 될 것이다. 더욱이 이들 질환은 모두 식사와 밀접한 관련이 되어 만성적으로 진행되는 대표적인 질병들이며 원인적 공통분모는 대개 체중과다 및 비만증이 배경이 되므로, 3대 성인병과 함께 비만증에 대한 간단한 설명과 식사원칙에 대해 설명하면 다음과 같다.

2 비만증

 옛날에는 살이 찌는 것을 마치 건강의 상징처럼 찬양하였고 비만한 사람은 건강면에서나 풍체면에서도 부러워하는 풍조가 있었다. 이것은 과거 우리나라의 영양문제가 대부분 영양결핍에서 오는 체중부족 또는 영양실조에 있었기 때문에 가난했던 시절에 식사를 많이 하는 것은 건강인의 상징이었고 따라서 비대한 체격을 선호하였다. 그러나 산업이 발달되어 생활이 윤택해지고 식량도 풍족하여 일반적으로 영양상태가 좋아진 오늘날에 와서는 체중과다 및 비만증이 오히려 사회문제로 대두되어 전세계적으로 기아문제와 함께 상반된 인류의 문제가 되고 있다.

 미국에서는 전인구의 4할에 가까운 사람들이 체중과다 또는 비만으로 조사되나 우리나라는 아직 국민의 몇할이 해당하는지 통계상의 발표는 없다. 그러나 비만에 따른 문제가 더 진행되기 전에 이에 대한 예방은 중요하다.

 우리나라의 비만은 주로 고소득 가족에 많으나 구미제국(歐美諸國)에서는 저소득 가족에 많은 차이점이 나타난다. 이들 나라의 저소득 가족들은 비싼 단백질 식품보다 싸게 살 수 있는 전분질 식품과 설탕이 많이 든 식품들을 다량 섭취하는 것에 그 이유가 있다. 또 한편으로는 교육수준이 낮은 탓으로 음식을 올바르게 소비하는 지식이 결여되어 있는 것도 한 원인으로 지적되고 있다.

 사람의 몸은 각 신체조직의 발달과 그 기능이 서로 잘 조화를 이룰 때 가장 건강하며, 어느 하나의 기능이나 크기가 지나치거나 부족하여 그 조화가 깨지면 병적 상태가 되는 것은 당연한 일이다. 표 6-8 에서처럼 너무 가볍거나 혹은 무겁거나 똑같이 정상인에 비해 수명이 짧은 것을 알 수 있다.

표 6-8 정상체중인의 사망률을 100으로 하였을 때 체중과 사망률과의 관계

상대적 체중	남성	여성
20% 체중미달	105	110
10% 체중미달	94	97
10% 체중초과	111	107
20% 체중초과	120	110
30% 체중초과	135	125
40% 체중초과	153	136
50% 체중초과	177	149
60% 체중초과	210	167

비만이란 의학적으로 말하면 피하지방이 비정상적으로 많아진 상태를 뜻한다. 비정상적인 양의 피하지방은 여러 가지로 건강에 불리한데 특히 당뇨병이나 고혈압 및 심장병 등의 성인병은 비만증을 갖고 있는 사람들에게 발병률이 높다. 따라서 건강하게 나이를 먹기 위해서는 무엇보다 정상체중을 유지하는 일이 가장 중요하다.

(1) 비만의 원인

우리 몸은 심장이 뛰고 호흡을 하며 여러 활동을 하면서 소모하는 열량과 음식물을 통해 섭취하는 열량이 균형을 유지할 때는 체중의 변동이 없으나, 섭취하는 열량이 더 많으면 이것이 지방으로 축적되어 체중이 증가한다. 체중의 증가는 일시적으로는 체내에 있는 수분양의 증가로 오는 수도 있으나 대부분의 체중증가는 잉여의 열량(Excess calories)이 지방조직으로 쌓이는 것에서 비롯된다. 보통 7700 Kcal의 열량이 초과되어 흡수되면 지방조직(체중)이 1Kg 늘어난다. 따라서 어떤 사람이 하루에 50 Kcal (콜라 반켄, 토마토 주스 1 컵)씩 소모열량보다 더 섭취하면 1년이면 2 Kg 이상의 체중이 늘어나게 된다.

그러면 어떤 사람이 소비하는 열량보다 더 많은 열량을 섭취하여 지방의 축적을 일으키게 되는 것인가? 이를 규명하기 위해 음식물 섭취 및 열량소모, 식욕조절 등에 대해 간단히 알아보자.

① 과식

과식을 하는 배경은 스트레스나 무료함을 먹는 것으로 해소하는 습관이 있거나 먹는 모임이나 외식할 기회가 많은 문화적 배경도 이유가 된다. 또한 일부 비만인 사람들은 음식 섭취조절에 장애를 갖고 있어 계속 많은 양의 음식을 섭취하는 것 등이 해당된다.

② 환경조절인자

가정에서 먹는 식습관의 영향이 가장 크다. 즉 조리법, 재료, 먹는 횟수, 먹는데 걸리는 시간 등이 음식섭취 습관에 영향을 준다.

③ 활동량의 저하

같은 열량을 섭취해도 활동량에 따른 소모되는 열량이 적으면 나머지 잉여 열량은 지방조직이 된다. 이것은 섭취열량을 조절하는 것 만큼이나 소모되는 열량이 중요하다는 것을 뜻한다. 오늘날의 자동차 급증은 활동량 감소의 가장 큰 원인이 된다.

④ 가족의 비만력

비만가족이란 말이 있듯이 비만은 다분히 선천적인 소질이 있으며 (표 6-9 참조) 이러한 가족력에 과잉열량 섭취의 후천적 요인까지 겹치면 쉽게 비만체격이 된다.

표 6-9 부모의 체중과 자녀의 비만율

부모의 체중상태	태어난 아이의 비만율
정상부모	9%
한쪽부모가 비만	40%
양부모가 비만	80%

⑤ 내분비 인자

갑상선 호르몬의 분비 저하와 부신피질 호르몬의 과잉 분비는 모두 비만을 초래하기 쉬운 내분비 장애에 의한 비만으로 증후성 비만(症候性 肥滿)이라 한다.

(2) 비만의 진단

비만 중에는 그 양상에 따라 두 가지 형태로 분류하는데 지방세포 (Fat cell)의 수적(Number) 증가에 의한 비만증과 지방세포의 크기 (Size)가 증가되어서 오는 비만증을 들 수 있다.

우선 지방세포의 수적 증가에 의한 비만은 비만증 자체가 심하고 일생 동안 비만증이 존재하며 팔, 다리와 배 모두에 지방질의 축적이 관찰된다. 반면 지방세포의 크기가 증가되어 생긴 비만은 비만증이 심하지 않고 성인이 되면서 뚱뚱해진 것이며 특히 지방질의 침착이 배주위에서만 생기게 되는 양상의 비만을 뜻한다. 따라서 비만증 환자를 진단하는데는 키와 체중을 측정하는 것이 가장 기본적인 판단법이 된다(표 6-10 참조).

표 6-10 신장에 따른 정상체중의 조견표

Height(m)	Men(Kg)		Women(Kg)	
	Average	Range	Average	Range
1.47	–	–	46.3	41.7~54.0
1.50	–	–	47.1	42.6~55.3
1.52	–	–	48.5	43.5~56.7
1.55	–	–	50.0	44.9~58.1
1.58	55.8	50.8~63.9	51.3	46.3~59.4
1.60	57.6	52.2~65.3	52.6	47.6~60.8
1.63	58.9	53.5~67.1	54.4	49.0~62.6
1.65	60.3	54.9~68.9	55.8	50.3~64.4
1.68	61.7	56.2~70.8	58.1	51.7~66.2
1.70	63.5	58.1~73.0	59.9	53.5~68.0
1.73	65.8	59.9~75.3	61.7	55.3~69.9
1.75	67.6	61.7~77.1	63.5	57.2~71.7
1.78	69.4	63.5~78.9	65.3	59.0~73.9
1.80	71.7	65.3~81.2	67.1	55.3~69.9
1.83	73.5	67.1~83.5	68.9	62.6~78.5
1.85	75.3	68.9~85.7	–	–
1.88	77.6	78.8~88.0	–	–
1.91	79.8	72.6~90.3	–	–
1.93	82.1	74.4~92.5	–	–

즉, Broca법을 응용한 방법을 가지고 자신의 정상체중을 산출한다.

신장이 151cm이상이면 (신장(cm) − 100) × 0.9 = 정상체중(Kg)이고
신장이 150cm이하이면 신장(cm) − 100 = 정상체중(Kg)이다.

이같은 산출법을 쓰거나 표 6-10과 같은 조견표를 갖고 자신의 정상체중 범위를 알아낼 수 있다.

정상체중보다 20 % 이상 초과하면 비만증(Obesity, Adiposity)이라 하고 40 %이상 초과시에는 고도비만(High obesity)이라 정의한다.

(3) 비만증의 식사요법

비만증의 치료에는 식사요법, 운동요법, 약물요법 및 수술요법 등이 있으며 체중의 감량속도는 1주일에 0.5~1Kg으로 하는 것이 이상적이다.

비만을 위한 식사는

① 저열량식(Low energy diet), 열량제한식(Energy restricted diet), 감량식(Reducing diet) 등으로 계획한다. 하루에 필요한 열량 산출은 신장, 체중, 활동정도 등을 기본으로 하여 계획한다.

② 단백질은 양질의 단백질을 충분히 섭취한다. 일반적으로 체중 Kg 당 1g 의 단백질을 권장한다.

③ 총열량의 50~60 %는 탄수화물로 공급하고(1일 100g이상 300g이하 범위) 지방량은 단백질을 뺀 나머지로 충당한다.

④ 기름과 소금의 사용량은 제한하고 수분은 제한하지 않는다.

⑤ 신선한 채소류와 해조류를 충분히 섭취하여 비타민과 무기질을 보충한다.

⑥ 음식의 간은 담백하게 하고 가공식품과 청량음료는 제한한다.

⑦ 술은 알코올 성분이 들어 있어 열량만 높은 식품(Empty calorie food)에 해당한다. 즉 1g 의 알코올은 7 Kcal의 열량을 낸다. 따라서 습관성음주 또는 과음은 비만의 원인이 되기 쉽다. 표 6-11은 각종 술의 열량을 나타내고 있다.

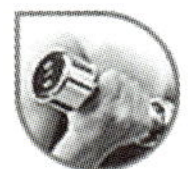

표 6-11 각종 술의 열량 성분표

종 류	알코올 함량(%)	열량 (Kcal)	비 고
위스키	40	231	1/3잔 = 80Kcal
청 주	16	104	1/3잔 = 80Kcal
소 주	25	201	한 잔 = 80Kcal
진	40	277	
맥 주	4	39	
브랜디	40	231	1/3잔 = 80Kcal
포도주	13	76	1/3잔 = 80Kcal

⑧ 과자 및 아이스크림, 초콜릿 등은 당질과 지방이 많이 들어 있어 농축된 고열량 식품에 해당하므로 가급적 제한한다(표 6-12 참조).

표 6-12 음료·과자 및 빙과류의 열량성분표

(단위 : Kcal/100g)

종 류	열 량	비 고
아이스크림	100	1컵 = 180Kcal
사 이 다	36	1잔 = 80Kcal
슈 크 림	234	1개 = 140Kcal
사과파이	281	1쪽 = 350Kcal
카스테라	325	1개 = 162Kcal
캬 라 멜	411	10알 = 123Kcal
쿠 키	485	1개 = 50Kcal
도 우 넛	418	1개 = 250Kcal
팥 빵	263	1개 = 208Kcal
잼	272	1TS = 55Kcal

⑨ 식사요법과 동시에 운동요법을 병행한다. 각자의 취미에 따라 하루에 30분 내지 1시간씩 걷기, 뛰기, 자전거 타기 등을 하되 지속적으로 서서히 운동을 하면 주로 저장지방이 소모되기 때문에 비만증에 효과적이다(표 6-13 참조).

표 6-13 각기 다른 체중에서 여러 운동이 소모하는 에너지의 양(Kcal/30분)

운동의 종류	체 중(Kg)					
	50	59	68	77	86	95
에어로빅 댄스-걷는 속도	99	114	132	150	158	186
에어로빅 댄스-조깅 속도	159	186	213	243	270	300
에어로빅 댄스-달리는 속도	204	240	276	315	351	387
농 구	207	243	282	318	357	396
자전거-4Km/시간	96	114	132	147	165	183
자전거-15Km/시간	150	177	204	231	258	285
댄 스	78	90	105	117	132	144
디스코	156	183	210	237	267	294
골 프	129	150	174	195	219	243
유 도	294	345	399	450	504	558
누워있기-앉아있기	33	39	45	51	57	63
마루청소	96	105	120	138	153	171
달리기-11.5분/1.6Km	204	240	276	315	351	387
달리기-5.5분/1.6Km	435	513	591	669	747	828
스키, 크로스칸트리	216	252	291	330	369	408
가만히 서있기	39	45	51	57	66	72
수 영-배 영	255	300	345	390	435	486
수 영-자유형	192	228	261	297	330	366
탁 구	102	120	138	156	174	195
정 구	165	192	222	252	282	312
산 책-5Km/시간	102	114	126	138	153	165
산 책-6.5Km/시간	120	141	162	186	207	228

③ 고혈압

고혈압(Hypertension)은 모든 성인병, 특히 순환기계통의 퇴행성질환의 근원적인 원인이 되는 만성질환으로, 가장 흔하고도 관리가 잘 안되는 문제의 성인병이라 할 수 있다.

우리나라에서는 고혈압의 유병률이 성인의 경우 15~20% 정도로 추정되며 40대 이후 중년층 이상에서는 가장 많은 성인병에 해당된다. 특히 고혈압은 뇌출혈, 심장병, 신장병 등의 합병증을 초래하여 가장 치사율이 높은 주요 질환들의 원인이 된다는데 문제의 심각성이 내재되어 있다.

그러면 고혈압의 기준은 무엇이며 정상적인 혈압은 어떠한 상태를 말하는가 ?

(1) 혈압상태와 고혈압의 기준

전 세계적으로 통용할 수 있는 기준은 WHO에서 정한 기준으로 혈압상태를 다음과 같이 4 단계로 규정한다.

① 저혈압(Hypotension)은 최고(수축기)혈압이 100 mmHg 이하이고 최저(확장기)혈압이 60 mmHg 이하인 경우

② 정상혈압(Normotension)은 최고가 140 mmHg 이하이고 최저가 90mmHg 이하인 경우

③ 경계역 고혈압(Bordertension)은 최고가 140~169 mmHg, 최저가 90~95mmHg인 경우

④ 고혈압(Hypertension)은 최고가 160 mmHg 이상, 최저가 90 mmHg 이상인 경우이다.

이같은 기준은 우리나라에서도 거의 절대적으로 사용되고 있는 것으로, 일단 혈압의 최고치가 140 이상이거나 최저가 90 이상이 되면 「고혈압」증이 있다고 일상적으로 판단한다.

흔히 혈압을 말할 때는 최고혈압을 문제시하는데, 의사들은 최고 보다 최저혈압을 더욱 중요시하고 있다. 최고혈압은 측정할 때마다 변화되어 다른 수치를 보이나 최저혈압은 거의 항상 일정하기 때문이다. 최저혈압이 정상보다 상당히 높을 때는 최고혈압이 별로 높지 않더라도 조심해야 하며 주의깊게 관리해야 한다.

(2) 원 인

고혈압의 원인은 매우 복잡하고 어려워 원인규명이 쉽지 않다. 보통 고혈압은 본태성 고혈압(本態性, Essential hypertension)과 속발성 고혈압(續發性, Secondary hypertension)으로 구분하여 그 원인을 규명한다.

본태성 고혈압은 전체 고혈압의 75~90 %를 차지하며 다른 병과는 상관없이 생긴 고혈압을 말하고, 속발성 고혈압은 10~25 % 정도로 다른 병이 원인이 되어 생긴 고혈압을 가리킨다.

⚫ 본태성 고혈압의 원인

① **유전적 소인** : 양친이 모두 고혈압이면 자녀의 약 80 % 이상이, 양 친중 한쪽이 고혈압이면 자녀의 약 40~50 %가 고혈압이 되는 것을 발견할 수 있다.

② **체질설** : 유전적 소인과 더불어 체형, 체격, 체중 등과 관계있다.

③ **과다한 식염섭취** : 소금속의 Sodium(Na)은 혈압상승 작용을 한다. 따라서 나트륨을 제한하면 혈압은 떨어진다.

④ **비만증** : 비만자는 정상인보다 3 배 이상 더 고혈압에 잘 걸리는 것으로 알려졌다. 살이 찐다는 것, 즉 비만해 진다는 것은 혈액을 공급하는 대상면적이 넓어진다는 것을 의미하므로 자연히 심장의 부담도 커짐을 알 수 있다.

⑤ **스트레스** : 스트레스 상태에서 분비되는 부신피질 호르몬인「아드레날린」은 혈압상승물질이 포함되어 있을 뿐 아니라 혈관을 수축시키는 작용도 한다.

⑥ **술, 담배, 커피 등** : 술은 고열량 식품으로 비만증을 야기하기 쉽고 담배는 담배 연기속의 CO 가스가 동맥경화증의 유발원인이 되며, 또한 '니코틴'은「아드레날린」의 분비를 촉진시킨다. 커피는「카페인」이 심장을 자극하여 혈압을 상승시킬 우려가 있다.

⑦ **기타** : A형의 성격이 고혈압이나 관상동맥질환과 관계가 있다고 하며, 한냉한 기후 역시 혈관을 수축시키고 교감신경을 긴장시켜 혈압을 오르게 한다. 뿐만 아니라 '과로(過勞)', 역시 고혈압 발생과 밀접한 관련이 있는 것으로 보고되어 있다.

⚫ 속발성 고혈압의 원인

속발성 고혈압을 일으키는 원인질환들은 신장병, 혈관병, 신경계통질환, 호르몬성 질환 이외에 임신중독증이나 약물중독증 등이 관계된다.

(3) 증 상

고혈압은 일반적으로 뚜렷한 증상이 없는 것이 보통이다. 그러나 자세히 관찰하면 다음과 같은 자각증상이 발견되므로 참고해야 한다.

① 머리가 무겁고 골치가 아프다.

② 어지럽고 귀에서 소리가 난다.

③ 팔, 다리가 저린다.

④ 숨이 가쁘고 가슴이 두근거린다.

⑤ 잠이 오지 않는다.

⑥ 성격이 불안하여 화를 잘 낸다.

⑦ 쉽게 피로해 지거나 쇠약해 진다.

위와 같은 증상들을 예로 들 수 있으나 고혈압과 직접 관계가 없는 경우도 있으므로 개인차가 많다는 점을 고려해야 한다.

(4) 치 료

치료는 크게 일반요법과 약물요법으로 나누어 볼 수 있는데 원인치료는 어려우므로 평소 예방에 힘쓰는 것이 가장 현명하고 바람직한 최선의 관리대책이 된다. 일반요법에는 ① 정신적 안정, ② 적당한 신체적 운동, ③ 체중조절관리, ④ 식사관리 특히 식염의 제한, ⑤ 고혈압의 Risk factor(고지혈증, 흡연, 음주, 비만, 당뇨병, 스트레스, 신경질, 운동부족, 불필요한 약물복용)들의 제거 등을 들 수 있다.

(5) 식사요법

① **식염(나트륨)의 제한** : 생리적으로 바람직한 1일 식염섭취 권장량은 8~10 g이나 보통 우리나라 사람들은 평균 15 g이상을 섭취하고 있다.

특히 우리의 김치류를 비롯한 저장식품은 소금 첨가량이 많으므로 특별히 주의해야 한다. 나트륨의 함유는 자연식품은 물론 가공식품에 특히 많이 들어 있으므로 주의하여 선택한다(표 6-14와 표 6-15 참조).

표 6-14 식품의 나트륨 성분

（단위 : 100g）

식 품 명	나트륨량(mg)	식 품 명	나트륨량(mg)
쌀	미량	토마토 주스	230
밀 가 루	1	토마토 케첩	1,300
식 빵	557	풋 고 추	0.6
카 스 테 라	258	완 두 콩	1
콘 프 레 이 크	660	파 슬 리	28
계 란	81	상 추	7
햄	110	셀 러 리	110
소 시 지	740	귤	2
닭 고 기	50	사 과	0.2
돼 지 고 기	58	복 숭 아	0.5
콩 팥	210	바 나 나	0.5
쇠 고 기	65	수 박	0.3
쇠 간	110	버 터	980
새 우	140	Bouilloncube	24,000
굴	73	(콘소매원료)	
조 개	180	베이킹파우더	9,000
두 부	7	간 장	7,325
치 즈(cream)	250	소 금	39,342
치즈(processed)	1,500	우 유	50
배 추	23	양 유	34
양 배 추	26	양 식 원 료	80
시 금 치	82	丁 香	210
케 이 크	110	콜 라	1
가 지	0.9	껌	22
당 근	31	커 피	84
애 호 박	0.2	고 추 가 루	46
토 마 토	3	후 추	16

표 6-15 가공식품에 들어 있는 식염의 양

(단위 : 100 g)

식 품 명	식염 함유량 g/100g	식 품 명	식염 함유량 g/100g
간 장	18	토 마 토 케 첩	3.0
우 스 터 소 스	7.6	크 래 커	1.2
프 로 세 스 드 치 즈	4.0	베 이 컨	2.5
체 다 치 즈	3.0	연 어 자 반	8.2
프 레 스 드 햄	3.0	건 대 구	5.2
로 스 햄	2.3	멸 치	5.1
비 엔 나 소 시 지	2.2	고 등 어 자 반	4.0
토 마 토 주 스	0.7	살 라 미 소 시 지	3.9
프 란 스 빵	1.5	된 장	11.7
식 빵	1.2	단 무 지	9.5
마 요 네 즈	2.5	콘 프 레 이 드	1.6
버 터	2.0	어 묵	2.5
낙 화 생 버 터	1.5	김 치 류	3~4.5

② **칼륨섭취** : Na의 과잉섭취는 혈압을 상승시키는 데 작용하나 1가 이온의 칼륨은(K) 혈압을 강하시킨다. 검은콩, 팥 등의 두류(豆類)는 K함량이 많고 Na함량이 적으며, 감자나 채소에도 K함량이 많다. 이에 비해 육·어류에는 K가 적고 Na이 많으므로 주의한다. 그러나 신부전 합병증이 있는 환자는 K를 과잉섭취하면 고칼륨혈증을 일으킬 수도 있으므로 주의해야 한다.

③ **에너지 제한** : 비만자는 고혈압 발생빈도가 높다. 따라서 비만자는 물론 표준체중자라도 필요한 에너지량보다 약간 적게(20 % 감량) 섭취하는 것이 효과적이다. 저열량식의 내용은 충분한 단백질, 비타민, 무기질을 섭취하되 에너지 제한은 지방과 탄수화물에서 조정한다.

④ **지질·탄수화물** : 지방과 고혈압은 직접적인 관계가 없으나 과잉섭취는 비만, 동맥경화, 고지혈증을 촉진시켜 혈압에 영향을 주게 된다. 고혈압증이 있는 환자는 비만을 시정하고 콜레스테롤 과잉섭취를 제한하며(표 6-16 참조), 동시에 포화지방산이 많은 식품은 줄이고 불포화지

방산이 많은 식품(표 6-17 참조)을 섭취한다(P/ S의 비 = 1 : 2).

또한 탄수화물의 과잉섭취도 비만증의 원인이 되므로 자당과 과당이 많은 과자류, 청량음료, 과실류 등은 너무 많이 먹지 않도록 하고 설탕은 하루 10 g 이상을 초과하지 않도록 한다.

표 6-16 식품의 콜레스테롤 함량

종 류	cholesterol (mg)	종 류	cholesterol (mg)
쇠 고 기	70	생 선	70
쇠 골	2,000	어 란	300
콩 팥	375	큰 새 우	200
염 통	150	작 은 새 우	125
쇠 간	300	게 살	125
돼 지 고 기	70	굴	200
닭 고 기	60	목 장 우 유	11
계 란	550	전 지 분 유	85
난 백	0	아이스크림	45
난 황	1,500	치 즈	120
베 이 컨	128	버 터	250
마 요 네 즈	53	마 가 린(3)	65
로 스 햄	67	마 가 린(植)	0
뱀 장 어	240	라 드	95
물 오 징 어	169	요 구 르 트	11
문 어 다 리	112	탈 지 분 유	2.8~3.2
전 복	101	분 말 치 즈	108
전 오 징 어	630	버 터 쿠 키	115
전오징어다리	1,380	와 플	171

표 6-17 동·식물성 기름의 지방산 성분(식품 100g당 성분)

종 류	지방량 (g)	포화지방산 (g)	불포화지방산	
			oleic(g)	linoeic(g)
식물성기름				
옥수수기름	100	10	28	58
콩 기 름	100	15	20	52
면 실 유	100	25	21	50
낙화생기름	100	18	47	29
마 가 린	100	18	47	14
올 리 브 유	100	11	76	7
들 깨 기 름	100	–	–	58
참 기 름	100	15	38	47
고추씨기름	100	–	18	64
동물성기름				
버 터	81	46	27	2
라 드	100	38	36	10
쇼 트 닝	100	43	41	11

⑤ **단백질** : 양질의 단백질을 충분히 섭취할 필요가 있다. 단 포화지방산이 많은 동물성 단백질은 1/3 정도로 하고 나머지는 대두와 같은 식물성 단백질을 많이 섭취한다.

4 동맥경화증

앞에서도 이미 3대 성인병 중에서 특히 동맥경화증(Atherosclerosis)은 핵심적 중심질환이 된다고 하였는데, 사실 순환기는 물론 전신의 노화에 가장 근본적인 문제가 되는 것은 바로 동맥경화증이다.

우리 인체가 건강하게 장수하려면 혈액순환이 정상적으로 유지되어 순환이 잘 되기 위해서는 동맥경화증의 발병을 미리 예방해야 한다. 동맥경화증은 일반적으로 죽상(粥狀)경화증을 말하는 것으로 동맥혈관 내벽에 '콜레스테롤'을 비롯한 중성지방, 유리지방산, 인지질 등과 같은 「지방질」이 축적되어 단단해지면, 플라크(plaque)라 하는 섬유상의 덩어리가 동맥내경을 좁아지게 하고, 탄력성을 떨어뜨려 혈액순환에 지장

을 초래하는 질환으로 정의된다(그림 6-5 참조). 동맥경화증에 가장 문제가 되는 것은 특히 관상동맥 질환으로 협심증, 심근경색증, 심부전, 급사 등의 합병증을 초래한다. 따라서 동맥경화증은 성인병의 「핵」이 되는 「원흉질환」이라 하겠다.

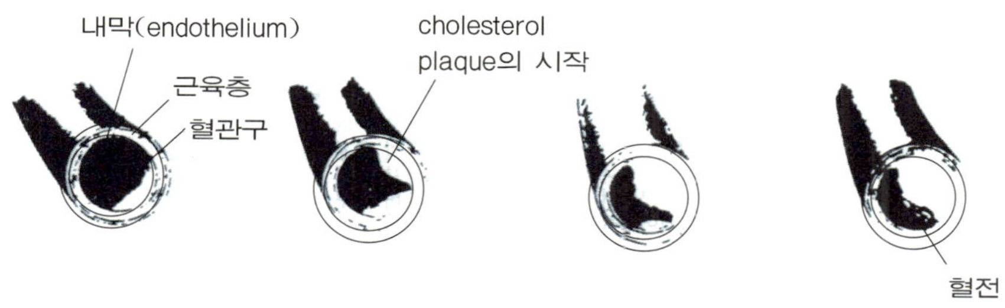

그림 6-5 콜레스테롤 플라크의 혈관 폐쇄 경위

(1) 동맥경화증의 위험인자들

동맥경화증의 발생 원인은 불분명하나 「식사」와 밀접한 관련이 있다는 견해가 지배적이다. 즉 음식물에서 얻어지는 콜레스테롤, 중성지방, 지방산, 인지질 및 고열량 등으로 인한 고지혈증(高脂血症, Hyperlipid-emia)이 가장 위험한 인자로 알려져 있다. 특히 「고콜레스테롤혈증」이 바로 죽상동맥경화증의 가장 무서운 원인적 위험인자로 지적된다.

이들 관련 위험인자들(Risk factors)에는 비가변적인자(나이, 성별, 유전, 체질 등 변경시킬 수 없는 인자들)와 가변적인자들이 있는데, 가변적인자에는 主因子(고지혈증, LDL, 고혈압, 흡연, 당뇨병, 음주 등)와 從因子(비만, 내분비이상, 피임약 등의 의약물 복용, 신경질, 스트레스, 운동부족 기타 등)로 다시 분류할 수 있다. 그러나 간단히 표현해서 3대의 위험요인을 가려내면 특히 「고지혈증」, 「고혈압」 및 「흡연」을 들 수 있다. 즉 혈중 콜레스테롤치가 250 mmHg 이상이거나, 최고혈압이 160 mmHg 이상이거나 또는 하루에 10 개피 이상의 흡연은 그렇지 않은 사람보다 3~4 배의 높은 발병률을 보이고, 이런 요인들이 2~3 가지 겹칠 때는 위험률은 20~120 배까지 상승적으로 증가된다. 그밖에도 당뇨병이나 비만증이 있으면 동맥경화증의 발생이 더욱 촉진되는 것으로 알려져 있다.

(2) 동맥경화증의 식사요법

죽상동맥경화증의 식사요법의 기본원칙은 고지혈증에 기본을 두고 다음과 같이 규정하고 있다.

① 적정체중을 유지할 것

② 양질의 단백질을 충분히 섭취할 것

③ 지방의 섭취량과 지방의 질에 유의한다(P / S의 비 = 1~2).

④ 설탕을 10 g이하로 섭취한다.

⑤ 무기질, 비타민을 충분히 섭취한다.

⑥ 식물섬유(Dietary fiber)를 하루에 20 g정도 섭취한다.

⑦ 콜레스테롤 섭취량은 하루 300 mg 이내로 한다.

⑧ 식염을 제한한다.

⑨ 술, 커피, 과자, 음료, 향신료 등 기호식품은 적당량 이용한다.

5 당뇨병

당뇨병(Diabetes mellitus)은 체내의 당대사 장애 때문에 일어나는 고혈당증이 지속되는 성인병으로 눈, 심장, 신장, 신경 및 말초혈관 등을 손상시키는 만성의 퇴행성질환 즉 복잡한 대사장애성 질환이다. 최근 우리나라도 급속한 경제성장과 생활수준의 향상, 그리고 이에 따른 과잉영양 또는 복잡한 생활에서 기인된 스트레스와 운동부족 등으로 당뇨병의 발생빈도와 유병률이 날로 증가하는 실정에 있다.

(1) 원 인

당뇨병이 어떻게 해서 발병하는지는 아직 분명하지 않다. 그러나 체내에서 당질이 이용될 때 「인슐린(Insulin)」이 부족하거나 기능이 불충하면 포도당이 이용되지 못하고 소변으로 배설되는 비정상적인 현상이 나타난다. 즉 포도당의 대사조절에 절대적으로 필요한 호르몬인 「인슐린」은 포도당이 세포 밖에서 안으로 들어가는 속도를 조절하는 주요한 혈당강하 호르몬이다. 따라서 인슐린이 부족하거나 기능이 약화되면 포도당이 근육세포와 지방세포 속으로 들어가는 속도가 늦어져 혈당이 높아지고(고혈당증) 근육세포는 포도당을 이용하지 못해 「에너지」를 만들지 못하게 된다. 이러한 비정상적인 대사 상태에 이르면 우리 인체는 지방조직 속에 저장된 지방의 분해를 증가시키고, 근육의 단백질을 분해시켜 당 대신 에너지를 방출시킨다. 이것이 바로 당뇨병 특유의 불합리한 병적인 대사변화 과정이다.

그러면 인슐린 작용의 부족은 왜 생기나? 이것은 이미 앞에서 말했듯이 그 원인은 아직도 불분명하다. 다만 인슐린을 분비하는 세포의 기능장애와 여러 호르몬과의 평형상태 파괴, 체내 조직세포의 인슐린 수용체(Receptor)의 결함 등을 그 원인으로 추정하고 있다.

(2) 증 상

당뇨병에 걸리면 여러 증상이 나타나기도 하고 또는 뚜렷한 증상이 없어 병이 상당히 진행될 때까지 모를 수도 있다. 가장 흔한 증상으로는 우선 목이 마르므로 물을 많이 마시게(多飮)되어 소변의 양이 많아지며(多尿), 병적인 대사장애와 쇠약감으로 식사를 많이 먹게 되는(多食), 소위 3다(三多) 현상이 나타난다. 그밖에 피로가 쉽게 느껴지며 발이나 손가락 끝이 저리고 습진이 잘 생기며 처중의 급격한 변동이 뒤따른다. 특히 밤중에 소변을 보러 일어날 때마다 물을 마시게 되면 당뇨병을 의심해도 좋을 것이다.

(3) 합병증

당뇨병은 합병증을 병발하여 문제를 복잡하게 한다.

① **고혈압과 동맥경화** : 당뇨병은 동맥경화를 촉진하고 고혈압을 자주 병발시킨다.

② **콩팥에 오는 합병증** : 당뇨병 환자의 약 20~30%는 말기에 이르면 신장기능에 이상을 느낀다. 신장병이 진행되면 신경화증, 요독증과 같은 무서운 결과를 초래하므로 매우 조심해야 한다.

③ **눈에 오는 합병증** : 당뇨병을 오래 앓으면 눈에 여러 가지 합병증, 즉 망막증, 백내장, 근시, 녹내장, 시신경위축 등이 병발된다. 이중에서도 가장 흔하고 시력감퇴를 심하게 초래하는 것은 당뇨병성 망막증

이다.

④ **감염증** : 당뇨병 환자는 세균감염 등에 약하다. 가벼운 감기 같은 감염에도 심한 순환기 또는 호흡기계통의 염증이나 위험상태를 초래한다(특히 폐렴, 폐결핵 등).

⑤ **위장병** : 당뇨병 환자의 위장병은 음식과는 직접 관계없이 일어나는 것이 특징이다. 급성충수염이나 췌장염, 담낭염 등이 합병증으로 자주 나타난다.

⑥ **기타 합병증** : 당뇨병 환자는 말초신경장애가 오는 수가 있고 지각신경의 마비도 많다. 소양증, 황색종, 농피증과 같은 피부병도 잘 걸리며, 갑상선 중독증과 같은 호르몬 계통의 질병도 합병증으로 나타난다.

(4) 진 단

당뇨병의 진단은 혈당검사(Blood glucose test)를 하여 이루어진다. 즉 12시간 이상의 공복 후 포도당 75g을 물에 타서 5분이내에 마신뒤 매 30분마다 2시간동안 채혈하여 혈당치를 측정한다(그림 6-6참조).

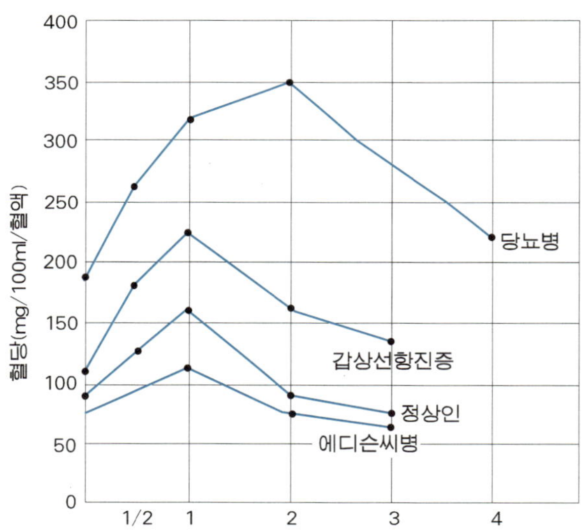

그림 6-6   당뇨병시의 포도당 내성곡선

정상인의 공복시 혈당치는 80∼120mg%인데 비해 당뇨병인 경우는 보통 140mg% 이상이다. 또한 포도당의 경구 투여 후 2시간 후의 혈당치가 200mg%를 넘어도 당뇨병으로 진단하게 된다(성인당뇨). 소아의 경우는 당뇨병의 전형적인 증상과 함께 식사와 관계없이 어느 때나 측정된 혈당치가 200mg% 이상이면 당뇨병으로 진단된다(소아당뇨). 당뇨병의 증상이 없는 경우는 당부하검사(Glucose tolerance test, 耐糖검사)를 시행하여 공복시 혈당치가 140mg% 이상이고 식후혈당이 2번 이상 200mg% 이상이면 진단이 확정된다. 한편 임신부의 경우는 정상인보다 엄격하여 공복시 혈당치가 105mg% 이상이고, 식후 1시간 혈당치가 190mg% 이상이며, 식후 2시간 혈당치가 165mg% 이상이면 당뇨병으로 진단한다.

(5) 식사요법

당뇨병의 치료는 그림 6-7처럼 크게 세 가지로 나눌 수 있다. 첫째는 누구에게나 적용되는 식이요법이고, 둘째는 운동이며, 셋째는 약물요법이다.

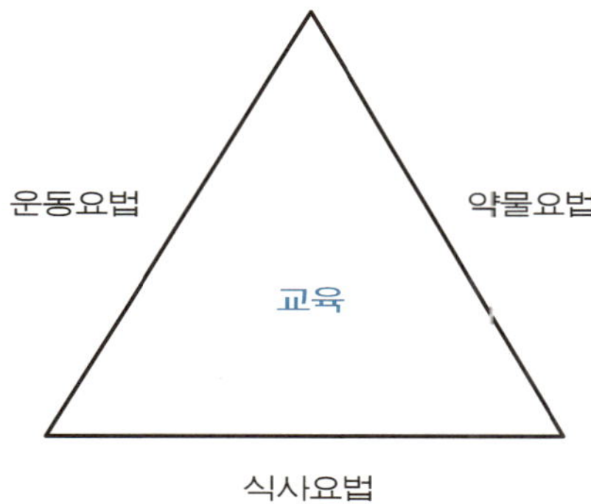

그림 6-7 당뇨병의 치료

여기서는 식사요법에 대해 설명하기로 한다.

당뇨병은 체내 인슐린의 작용 부족으로 인한 물질대사 장애에 기인한 것이므로 당뇨병 식사요법의 기본법칙도 '체내 인슐린의 작용 부족 해소'와 '정상적인 대사 상태 유지'의 치료목표에 맞추어 결정되어야 한다. 따라서 식사요법의 기본원칙은 다음 3가지로 요약될 수 있다.

① 총열량섭취량의 필요량 결정
② 3대 영양소의 균형있는 분배와 공급
③ 식사시간과 간격의 적정한 분배

총열량섭취량의 결정

환자의 표준체중을 먼저 산출한 뒤 에너지권장량을 곱하여 1일 총필요열량으로 결정한다.

즉, 총열량 = 표준체중 × 에너지권장량

예 비만자, 고령자, 중환자, 입원환자 = × 20~25Kcal

정상체중환자, 중년, 보통증세, 경노동 = × 30Kcal

가벼운 환자, 마른체격, 청소년, 중등노동 = × 35~40Kcal

소모성 질환자, 중노동, 운동선수 = × 40~50Kcal 이상

단백질 필요량

체중kg당 1~1.5g으로 충분히 공급한다. 당뇨병일 때의 단백질 공급량은 저항력 증진, 합병증 방지 등의 건강유지에 필수이며, 단백질 총량의 1/3~1/2은 양질의 동물성 단백질을 준다.

당질 필요량

1일 100g 이하와 300g 이상 섭취는 금한다. 보통 총열량의 40~50% 정도로 책정하고 복합다당류성 전분을 선택하는 것이 단순당(설탕, 꿀, 사탕, 시럽 등)을 먹는 것보다 인슐린 반응이 낮아 효과적이다.

지방 필요량

당질과 단백질 필요량을 결정한 후 나머지 열량은 지방으로 공급한다. 이때 콜레스테롤과 포화지방산 함유의 동물성 지방은 사용을 제한하고 불포화지방산이 많이 들어 있는 식물성 기름을 주로 이용한다.

무기질과 비타민 필요량

정상인과 동일하게 공급한다. 특히 Thiamine과 Ca 등을 충분히 섭취한다.

예 방

당뇨병의 예방으로는 정기적인 검사를 받는 것이 가장 중요하다. 특히 30대 후반 부터는 소변검사와 혈당검사를 정기적으로 받는 것이 좋다. 또한 당뇨병의 최대의 적은 과식이고, 과식은 비만의 원인이며, 비만은 당뇨병 발생의 가장 중요한 원인임을 깊이 명심하고 유의하여서 평소 과식을 피하도록 하고, 알맞은 식생활과 적절한 운동을 유지하도록 노력하여야 한다.

5. 기호식품과 건강

"건강을 잃으면 모든 것을 잃는다"는 말이 있다. 이처럼 귀중한 건강을 지켜주는 중요한 요소 중의 하나는 건전한 식생활이다. 인간이 건강을 유지하기 위해서는 충분한 영양섭취와 균형 있는 식생활을 영위하는 것이 필요하다. 우리의 신체는 외부환경의 변화에 대하여 개체와 환경 사이에 균형을 이루려고 조정하나 질병에 걸리게 되면 이들 개체와 환경사이의 균형이 깨어지고 결국 신체의 조절능력이 상실된다. 따라서 우리가 매일 음식물을 섭취해야 하는 것은 음식물에 들어 있는 영양소가 생명과 건강을 유지시켜 주는 필수 물질이기 때문이다. 과학이 발달하고 산업화, 전문화된 사회에서 급속도로 변모해 가는 생활 양식에 적응하기 위하여는 많은 시간과 에너지가 소모되며, 심리적인 불안감과 Stress가 유발될 가능성이 높아지므로 인간은 본능적으로 과다한 영양 섭취와 정신적인 안정을 요구하게 된다. 기호 식품이란, 영양 성분을 고려하지 않고 정신적인 위안을 목적으로 이용도가 높은 식품으로 대부분이 습관성 음식이라 할 수 있다. 기호 식품의 종류는 일반적으로 알코올 음료와 커피, 코코아, 홍차 등의 카페인음료 및 청량음료와 식품은 아니지만 담배 등이 여기 속한다.

1 알코올(Alcohol)

(1) 알코올의 섭취

알코올은 체내에서 1g에 7.1kcal의 에너지를 내며 식품(Food) 또는 약품(drug)으로 간주된다. 알코올은 사람이 사회활동을 하는데 필요한 윤활유 역할로 기분 전환제(Mood altering effect)나 정신 자극(Psychoactive drug)약품으로 작용한다고 볼 수 있다. 알코올은 예로부터 적당량을 섭취했을 경우 식욕을 돋궈 주고 소화를 촉진시키며 정신을 열어주고 숙면하게 해주는 효능이 있다고 하였다. 그러나 지나치게 마시면 중독이 되고 정신을 황폐하게 몸을 상하게 하는 독약이 된다고 하였다. 섭취된 알코올은 체내에서 위와 소장에서 빠르게 흡수되어 혈액을 통하여 간, 두뇌 및 다른 조직으로 보내진다.

(2) 체내에 미치는 영향

• 영양 장애

알코올을 장기간 과량 섭취하게 되면 중독증상이 나타나는데 알코올 중독 환자는 많은 양의 에너지를 알코올로부터 충당하게 되므로 적절한 음식물 섭취가 어려워 인체에서 필요로 하는 영양소의 공급이 원활하지 못하게 된다. 따라서 알코올에 의한 직접적인 장애는 간과 장의 기능의 손상과 영양소의 소화 흡수 장애와 이용률 저하로 인한 영양 장애를 말한다(그림 6-8 참조).

인체 내로 알코올이 흡수되면 80% 정도는 소장에서, 나머지는 위에서 흡수되어 즉시 혈액중으로 운반되어 혈중 알코올농도로 나타나게 된다. 일반적으로 술을 마셔 거나하게 취한 상태의 혈중농도는 0.05~0.1% 이하이다.

체내로 흡수된 알코올의 90% 이상이 간에서 산화되어 아세트알데히드를 거쳐 물과 이산화탄소로 최종 분해되며, 알코올 분해 능력은 사람에 따라서 다르게 나타난다. 이때 중간 산화물질인 아세트알데히드가 모두 분해되지 않고 남아있게 되면 숙취의 원인이 된다. 아세트알테히드의 혈중농도는 알코올보다 서서히 증가하여 5시간 후에 최고에 달하며, 농도가 높아짐에 따라서 오심, 구토, 오한, 두통 등의 전형적인 숙취 증상이 나타나게 된다.

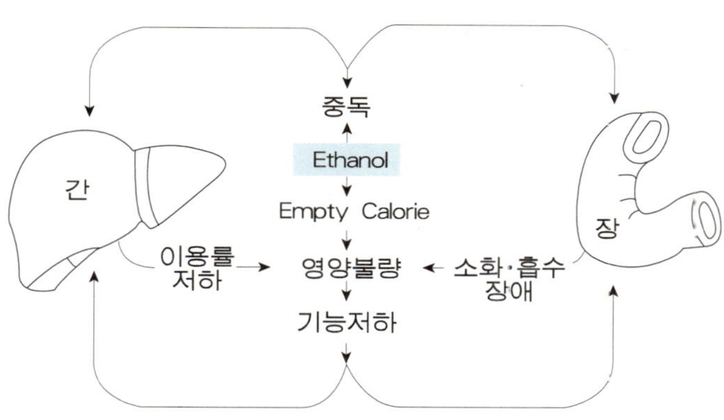

그림 6-8 알코올에 의한 영양 장애

알코올 중독 환자에서 흔히 결핍되는 영양소는 비타민 B_1(Thiamin), 엽산(Folic acid), 비타민 B_6, 망간(Mn), 칼슘(Ca), 아연(Zn) 등이 있으며 이들 영양소 결핍은 음식의 맛을 잃게 하여 식욕이 떨어지고 섭취한 영양소의 흡수를 저해시킨다. 알코올 중독 환자에게서 나타나는 간 경화증이나 간 손상 등은 알코올과 영양장애가 복합적으로 작용한 결과이다.

• 혈 압

알코올 섭취 수준이 기준량 이상이 되면 혈압이 크게 상승이 되어 고혈압 증세가 나타난다는 보고가 있다. 이는 혈중에 각종 호르몬(Cortisol, Renin, Aldosterone, Adrenalin)의 분비량이 증가하기 때문이다.

• 뇌일혈

습관성 알코올 섭취는 대뇌의 혈액순환 감소를 일으켜서 뇌일혈을 초래할 가능성이 높은데 이는 치명적이므로 사망하는 경우도 있다.

표 6-18 음주량, 혈중 알코올 농도에 따른 행동의 변화

혈중 농도(%)	음 주 량	주관적 변화 및 객관적 증상
0.02~0.04	병맥주 大0.5~1병 위스키 1잔	머리가 약간 흐릿해지며, 외견상으로 정상이나 기분이 좋아짐. 특이 체질이 아닌 이상 외견 정신이 혼란되지는 않음.
0.05~0.07	병맥주 大1~2병 위스키 2~3잔	몸에서 열이나고 건강한 느낌을 갖게되며 기분이 약간 들뜨게 된다. 차츰 사고에 대한 두려움이 나타나며 말이 많아짐. 약간 취한 상태이다.
0.08~0.10	병맥주 大2~3병 위스키 5잔	뇌로 느끼지는 않으며, 표면적으로는 게임을 하고 있는 것만 같은 느낌을 가짐. 에너지가 남아돈다는 느낌도 있음. 상당히 취한 상태.
0.11~0.15	병맥주 大4~5병 위스키 6~8잔	행동적으로 과격하게 되며, 기분이 급격히 상승하고, 수족의 동작이 원활하지 못하게 됨.
0.16~0.30	병맥주 大 6~8병 위스키 8~10잔	혼자 중얼거림, 손발을 문지름, 술을 엎지르고 제대로 앉아 있기가 어려우며 보행시 비틀거림.
0.4 전후	병맥주 大 10병 내외 위스키 1병까지	보행 및 탈의 등에 타인의 도움을 필요로 함. 절규 및 광란을 연출.
0.5 전후	병맥주 12병 이상 위스키 1병 이상	의식을 잃음. 호흡 이외의 모든 동작 정지, 호흡이 정지되면 곧 사망.

• 면역체계

알코올 중독 환자는 각종 질병에 감염되기 쉽다. 이는 백혈구 감소 현상과 엽산(folic acid), 구리(Cu), 아연(Zn) 등의 부족이 면역결핍을 초래한다.

• 간질환

간은 알코올 대사가 이루어지는 주요기관으로 알코올 섭취로 인하여 가장 많은 영향을 받는다. 알코올 중독 환자에게 흔히 일어나는 질병으로는 간기능 저하, 지방간이며 심해지면 간염이나 간 경화증으로 진전되는데 간 경화증은 간의 정상조직이 파괴되고 굳어지는 것으로 결국 환자는 사망할 수도 있다. 통계적으로 볼 때 간 경화증으로 인해 사망한 환자 중 85~90%는 알코올에 기인된 것으로 보고되고 있다.

• 신경증세

알코올 과량 섭취로 인하여 비타민(B_1, B_6, B_{12}, Niacin)의 결핍을 초래 하는데 이는 대뇌 기능의 장애를 일으켜 증추 신경계와 말초 신경계에 직접적으로 영향을 미친다. 그 결과 행동상(신체적, 심리적인 행동)의 변화와 정신 이상 증세를 나타낸다

• 위장질환

알코올은 자극성이 강한 물질이므로 소화기 내 점막에 손상을 일으켜 위염이나 식도염을 일으킨다. 또한 식욕감퇴, 구토, 상북부 통증, 설사 등의 소화장애를 일으킨다.

• 알코올과 태아

임산부가 알코올을 섭취할 경우 태아의 성장과 건강 상태에 미치는 영향은 매우 중요하다(표 6-19 참조).

표 6-19 알코올이 태아에 미치는 영양

기 간	영 향
수 태 전	수정력 저하
임 신 기 간	자연유산
	미숙아
분 만 시	사산
	태아 알코올증
분 만 후	음식 섭취 및 수면 장애

임산부가 과량의 알코올을 섭취하게 되면 태아 알코올증세(Fetal alcohol syndrome)가 나타나 성장이 지연되거나 체중 미달 상태가 오고 두뇌의 크기에도 영향을 미친다. 또한 신경장애 증세가 나타나는데 간질(Epilepsy), 뇌성마비(Spasticity) 등을 들 수 있으며 그 외 선천성 질환 등이 유발될 가능성이 높다. 따라서 알코올은 태아의 성장 및 두뇌, 신경 발달에 큰 영향을 미치므로 임산부의 음주가 경각시 되고 있다. 알코올중독자의 식생활 관리는 알코올 섭취를 중단하고 균형을 이룬 영양식 즉, 고단백질, 고당질 식사와 비타민, 무기질도 충분히 보충해 주어야 한다(표 6-20 참조).

표 6-20 알코올 중독 환자의 영양관리

영양소	식품	음 식
단 백 질		쇠고기, 돼지고기, 생선, 콩, 소맥분, 두부
탄 수 화 물		설탕, 꿀, 곡물, 감자, 고구마, 국수, 옥수수
비타민류	B_1	돼지고기, 낙화생, 콩, 소맥배아, 당근, 강낭콩
	B_2	돼지고기, 낙화생, 콩, 소맥배아, 당근, 강낭콩
	B_6	간, 치즈
	니코틴산	쇠고기, 돼지고기, 간, 소맥배아, 건조효모
	C	간, 다랑어, 연어, 고등어, 낙화생, 현미, 콩
	E	피망, 양배추, 레몬, 오렌지, 감, 시금치
		배아, 낙화생, 호두
		배아, 낙화생, 호두
무기질	칼슘	콩, 우유, 새우, 말린정어리, 멸치
	칼륨	근채류(고구마, 토란), 과실류(사과, 포도), 야채류

② 커 피

커피는 전 세계적으로 널리 알려진 기호식품으로 주요성분은 카페인이고 쓴맛을 가지는 물질이다. "악마처럼 검고 지옥처럼 뜨거우며 천사처럼 깨끗하고 연애처럼 달콤하다"라는 말은 커피광으로 유명했던 '샤

롤드 탈레랑'이 커피를 예찬한 말이다.

이처럼 커피에 대한 다양한 예찬론도 나오지만 건강에 관한 유해성 논란이 있는 식품이기도 하다.

카페인은 커피 외에도 홍차, 코코아, 콜라, 차 등에 많이 들어 있으며, 카페인이 인체에 미치는 작용은 중추신경계를 자극하여 정신을 맑게 해주며, 심장기능 촉진, 소화기관 등 평활근의 이완, 이뇨작용 및 위산 분비를 촉진시켜 준다.

개인차이는 있지만 카페인은 불면증, 불안, 흥분, 떨림, 심박수 증가 등의 증세가 나타나는 경우도 있다. 사람의 경우 카페인의 치사량은 10 g 정도(체중 Kg 당 170 mg)로 한자리에서 80~100여잔 커피를 마시는 양에 해당된다. 카페인이 인간의 건강에 어떠한 영향을 미치는지에 관하여는 많은 학술적인 연구가 진행되고 있다.

카페인의 1일 허용량은 120~150mg 정도이며, 각종 기호성 음료의 카페인 함량은 표 6-21과 같다.

표 6-21 기호성 음료의 카페인 함량

품 목		중 량(mL)	카페인 함량(mL)
커피	인스턴트 자판기	100	34.3
	드립	160	97.9
	디카페인 드립	160	0
	인스턴트	180	61.1
차	녹차	160	33.8
	실론티	240	32.9
	인스턴트 아이스티	160	18.6
탄산음료	콜라(일반)	250	27.4
	콜라(다이어트)	250	36.3
코코아 음료(인스턴트)		100	2.4
초콜릿(semi-sweet)		32	20

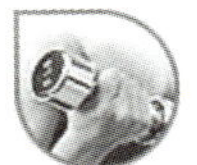

<카페인이 인체에 미치는 영향>

- 커피 속의 카페인은 중추신경계를 자극하여 일시적으로 정신을 맑게 하여 일에 대한 집중력을 높여준다.
- 위산분비를 자극시킨다.
- 소화기관이나 혈관과 같은 평활근(Smooth muscle)을 이완시킨다.
- 심장의 기능을 촉진한다.
- 이뇨제 역할을 하여 소변의 양을 증가시킨다.
- 체지방의 분해를 높여 일의 지속성을 증가시키고, 기초대사율을 높이며 근육활동 능력을 증가시킨다.
- 카페인은 글리코겐과 지방을 분해하는 작용을 한다.

카페인은 신체조직에 저장된 글리코겐과 중성지방 분해를 촉진하여 에너지 공급을 원활히 해주고 산소의 소비량도 증가시키는 작용을 한다.

- 카페인과 위장장해

카페인은 위산분비를 촉진시키고 소화기관의 근육 또는 혈관을 이완시키는 작용을 한다.

카페인은 위산분비의 자극 인자이므로 위장장해(위염, 위궤양)를 앓고 있는 환자는 삼가도록 한다.

• 카페인과 태아의 건강

임신 기간 중에 많은 양의 카페인 섭취는 태아에게 나쁜 영향을 미치는 것으로 보고되었다. 미국 식품의약국(FDA)에서는 임신 중 매일 3~6컵 정도의 카페인이 함유된 음료를 마시면 태아의 성장이 지연되거나 유산, 조산, 기형아 출산의 가능성이 높다는 연구보고가 있으므로 임신 중 과량의 카페인이 함유된 음료는 산모와 태아의 건강을 위해서 피하는 것이 좋다고 권장하고 있다. 그 밖에 카페인 성분이 심장질환, 고혈압, 골다공증 및 암 등에 영향을 미치는지에 관하여는 아직도 논란이 많으므로 학술적인 연구 결과가 더욱 더 뒷받침되어야 한다.

참고 문헌

강원대학교 식품생명공학부, 식품과 생명, 강원대학교 출판부, 2000

강인희, 조후종, 최성자, 한국 식문화 학회지, 11(4):541, 1996

강인희, 한국식생활사, 삼영사, 1993

강인희, 한국식생활풍속, 삼영사, 1984

강정식, 세계문화사, 형설출판사, 1994

곽동경, 식중독 관리, 국민영양 통권(180):2~18, 1996

'98 국민 영양조사 결과보고서, 보건복지부, 1997

구천서, 세계의 식생활 문화, 향문사, 1995

구천서, 한국 식생활 문화 학회지, 10(5):505, 1995

권태완, 강수기, 식품공업의 발달과 우리의 식생활, 한국 식문화 학회지 8(4):351, 1993

김기숙, 한경선, 음식과 식생활 문화, 대한교과서, 1997

김종근, 현대일본요리, 홍익사, 1991

김철호, 가공식품시장의 구조적 특성과 식품산업체의 상품화 전략, 한국 식품유통학회,
　20(2), 2003

김초영, 남순란, 곽동경, Fast foods의 이용실태 조사 및 영양밀도 평가에 대한 연구, 한국
　식생활 문화 학회지, 5(3):361, 1990

김태정, 손주영, 김대성, 음식으로 본 동양문화, 대한교과서, 1997

김현구, 건강기능성식품의 현황 및 전망, 식품과 산업, 9(1). 2004

농림수산부, 작물통계, 1988

도시가계연보, 통계청, 1996, 1999, 2003년

류병호, 식품과 생활습관병, 동명사, 2004

모수미, 한국 식생활 문화 학회지, 9(2):181, 1994

문수재, 개정 영양과 건강, 신광출판사, 1993

박범근, 박현진, 나노기술의 동향과 전망, 식품과 산업, 35(4), 2002

박병렬, 임붕영, 외식산업 주방관리론, 대왕사, 1995

박병학, 기초일본요리, 형설출판사, 1992

변명우, 이주운, 식품의 위생안전성 확보를 위한 방사선 조사기술의 이용, 식품산업과 산업, 36(2), 2003

비교문화연구, 서울대학교 비교문화 연구소, 일신사, 1995

사망원인 통계연보, 경제기획원 조사통계국, 1997

사진으로 보는 가정의례, 조선일보사, 1995

성인병, 제2집, 한국성인병예방협회, 1959

세계의 여행, 삼성출판사, 1970

손경희, 식품문화사, 효일문화사, 1991

손일락, "de restaurer" - 미래의 식당경영 -, 형설출판사, 1995

식품수급표, 농촌경제연구원, 2000

신효선, 신광순, 정영채, 이용욱, 개정증보 최신 식품위생학, 신광출판사, 1987

양일선, 우리나라 위탁급식 경영의 발전과 현황, 국민영양 통권(177):16~26, 1996

양일선외 1人공저, 급식경영학, 교문사, 2001

오세영, 한국 식생활 문화 학회지, 8(4):373, 1993

원더플 월드, 동아출판사, 1991

원색세계대백과사전, 동아출판사, 1983

월간식당, 1994. 7.

월간식당, 1994. 8.

월간식당, 1995. 1.

월간식당, 1995. 3.

월간식당, 1995. 4.

월간식당, 1996. 1.

월드 투어 가이드, 동아출판사, 1991

유네스코 한국위원회, 여러나라 여러국민, 1988

유영상, 이윤희, 식생활과 건강, 수학사, 1995

유태중, 식품가공학, 문운당

윤서석, 안명수, 안숙자, 식생활관리, 수학사, 1995

윤서석, 안명수외 옮김, 중국음식문화사(시노다오사무저), 민음사

윤서석, 증보 한국식품사연구, 신광출판사, 1990

윤서석, 한국 식생활 문화 학회지, 10(3):203, 1995

윤서석, 한국음식(역사와 조리), 수학사, 1993

윤혁수, 외식산업에 성공하려면, 기문사, 1997

윤혜경외 5人공저, 식품위생학, 도서출판 효일, 1998

이광규, 염초애, 김천호, 이효지, 한국 식생활 문화 학회지, 12(2):203, 1997

이광배외 8人공저, 식품위생관리학, 광문각, 2003

이규만, 음식물 쓰레기 감량화 시설 설치현황 및 관리개선 방안 추진, 국민영양 통권 (182):2~7, 1996

이기열, 식이요법, 수학사, 1997

이서래, 가공식품학, 고문사, 1992

이성우, 고려 이전의 한국 식생활사 연구, 향문사, 1986

이성우, 식생활과 문화, 수학사, 1997

이성우, 한국 식생활사 연구, 향문사, 1978

이성우, 한국 식생활의 역사, 수학사, 1997

이성우, 한국식품문화사, 교문사, 1984

이성우, 한국요리문화사, 교문사, 1985

이일하 외 3人, 인체영양과 건강, 중앙대학교 출판부, 1997

이지호, 임붕영, 외식산업 경영론(이론과 실제), 형설출판사, 1996

이철호, 새로 쓰는 우리음식 이야기, 유림문화사, 1995

이한창, 임종필, 식품미생물학, 수학사, 1997

임덕순, 한·중·일 3국의 지리와 생활문화의 비교, 정신문화연구, 1991

임영상, 최영수, 노명환, 음식으로 본 서양문화, 대한교과서, 1997

장동석외 4人공저, 식품위생학, 정문각, 1999

장지현, 문범수, 김교창, 식품위생학, 수학사, 1996

장혁래, 중국요리 입문, 지구문화사, 1996

전세열, 강지용, 류맹자, 新 식사요법(임상영양), 광문각, 1993

전희정, 이효지, 서양음식 -조리의 이론과 실제-, 교문사, 1996

최선희, 편의식품 이용 실태에 관한 연구, 성신여자대학원 석사학위 논문, 1994

한국 겔럽조사 연구소, 한국인의 식생활 라이프 스타일, 1990

한국경제연감, 전국경제인 연합회, 2000

한국식품연감, 농수축산신문, 2002

한국외식정보(주), 월간식당, 2000. 3.

한국외식정보(주), 월간식당, 2000. 5.

한국외식정보(주), 월간식당, 2000. 6.

한국외식정보(주), 월간식당, 2001. 1~12.

한국외식정보(주), 월간식당, 2002. 1~12.

한국외식정보(주), 월간식당, 2003. 1~12.

한국위생법규편찬위원, 식품위생관계법규, 광문각, 2003

한국통계연감, 통계청, 2004

홍윤호, 기능성 식품학, 전남대학교 출판부, 2003

Basic Nutrition and Diet Therapy, 7th ed., Corinne H. Robinsonet al, Macmillam (1992)

Food, nutrition and Diet Therapy, 7th ed., Krause and Mahan, Saunders (1984)

Menu Planning, Eleanor F, Eckstein, 3rd ed (1984)

Nutritional Biochemistry and Metabolism with Clinical Applications, 2nd ed., Maria. C. Linder. ELSEVIER (1992)

Nutrition and Diet Therapy, 5th ed., Sue Rodwell Williams et al, Times Mirror Mosby college puslishing (1985)

Food and Culture in America, Wadsworth Publishing Company, 1998. Palmela Goyam Kittler, M.S., Kathyn P, Sucher, Sc.D, R.D.,

Nutrition and Lifestyles, Michael Turner, Applied Science puslishers LTD., London, 1979

New Society, Levi-Stranss, Co, 1966, 22 December, 937

食文化入門, 講談社, 鄭大聲, 石毛直道, 1997

食べ物, 東京大學出版會, 1996

食の文化社, 山口貴久男　三嶺書房, 1995

食生活と文化, 石川實子外 3人, 弘學出版, 1994

食生活の設計と文化, 日本家政學會編, 朝創書店, 1994

食文化の 國際比較, 會包戶弘, 日本經濟新聞社, 1993

世界の食事文化, 石毛直道, ドメス出版, 1988

調理の文化, 杉田浩一, 石毛直道, ドメス出版, 1995

찾아 보기

(ㅂ)

(ㅅ)

▶ **저자약력**

이학박사 **김혜영**
성신여자대학교 식품영양학과 교수

이학박사 **한영숙**
성신여자대학교 식품영양학과 교수

이학박사 **표영희**
성신여자대학교 강사

이학박사 **조은자**
성신여자대학교 식품영양학과 교수

박사과정 **김지영**
우송대학교 초빙교수

문화와 식생활(개정판)

1998년　3월　7일　　초판 발행
2004년　11월　25일　　개정판 발행
2013년　1월　14일　2개정판 발행

저　　　자 • 김혜영 · 조은자 · 한영숙 · 김지영 · 표영희
발 행 인 • 김홍용
펴 낸 곳 • **도서출판 효 일**
주　　　소 • 서울특별시 동대문구 용두2동 102-201
전　　　화 • 02) 928-6644~5
팩　　　스 • 02) 927-7703
홈페이지 • www.hyoilbooks.com
e-mail • hyoilbooks@hyoilbooks.com
등　　　록 • 1987년 11월 18일 제 6-0045 호

※ 무단복사 및 전제를 금합니다.

값 14,000원

ISBN 89-85768-46-8